水生生物机器人

彭 勇 闫艳红 著

科学出版社

北 京

内 容 简 介

本书是关于水生生物机器人的科学理论、研究方法、应用技术和实验装置等内容的学术专著，是作者参考科技文献并结合多年研究成果编著而成。全书分为 11 章，主要内容包括：生物机器人的概念和类型，水生生物机器人的控制原理，脑立体定位，脑电极，脑电，脑成像，脑图谱，脑运动神经核团和脑运动神经核团与运动行为对应关系，水生生物机器人电刺激控制，水生生物机器人光刺激控制，基于计算机视觉技术和水迷宫的水生生物机器人运动检测与评估。

本书适合于生物控制、机器人、脑科学、控制科学、神经工程、人工智能、生物医学工程等相关领域的专家学者、研究人员、高校教师和研究生等使用。

图书在版编目（CIP）数据

水生生物机器人 / 彭勇，闫艳红著. — 北京：科学出版社，2024.3
ISBN 978-7-03-076765-3

Ⅰ. ①水… Ⅱ. ①彭… ②闫… Ⅲ. ①海洋机器人－研究
Ⅳ. ①TP242.3

中国国家版本馆 CIP 数据核字（2023）第 201853 号

责任编辑：阚 瑞 / 责任校对：韩 杨
责任印制：师艳茹 / 封面设计：迷底书装

科 学 出 版 社 出版
北京东黄城根北街 16 号
邮政编码：100717
http://www.sciencep.com
北京中石油彩色印刷有限责任公司印刷
科学出版社发行 各地新华书店经销
＊
2024 年 3 月第 一 版 开本：720×1000 1/16
2024 年 3 月第一次印刷 印张：14 3/4 插页：5
字数：305 000
定价：148.00 元
（如有印装质量问题，我社负责调换）

前　　言

现代多学科理论与技术的快速交叉融合，产生众多的科学技术和新兴的研究领域，生物机器人是其中之一。生物机器人是人类通过生物控制技术施加干预信号调控生物行为从而实现人类操控的生物。人类通过对生物机器人的有效控制可以使其完成多种指定的工作，完成人类难以完成甚至不能完成的艰巨或危险的特殊任务。

由于水生生物具有运动灵活性、活动隐蔽性、环境适应性及游弋不受国家领海区域限制等突出优势与特色，所以国际上越来越重视对水生生物机器人的研究与应用。我国是一个海洋大国，实施海洋战略具有十分重要的意义。水生生物机器人在面向海洋科学考察、环境生态监测、海啸地震预警、水坝质量勘察、水下事故排查、资源开发、水质监测、水上救生、水下搜索、侦察监视、海洋维权和国防军事等方面具有重要战略意义和特殊应用价值。

本书主要以鲤鱼机器人为对象，介绍了作者多年来在水生生物机器人方面进行的基础研究工作，系统介绍生物机器人的发展现状及研究进展、科学原理、学术思想、研究方法、技术手段等，旨在为大型水生生物机器人的科学研究与实际应用奠定一定的理论和技术基础。

本书由燕山大学彭勇教授、闫艳红教授撰写和审核。燕山大学彭勇教授课题组的赵洋、鲍志勇、董雪莹、问育栋、韩领军、赵政、张慧、刘晓月、张乾、王子霖、黄娅萌、左悦、杜少华在本书编写过程中给予了大力支持与协助，在此表示衷心感谢！

本书研究工作依托于国家高技术研究发展计划项目（"863"计划）完成、国家自然科学基金项目（编号：61573305）、河北省自然科学基金项目（编号：F2019203511、编号：F2022203038），特此致谢！

生物机器人是当今世界多学科交叉融合的崭新的前沿高科技领域，涉及的大量科学与技术问题还尚不十分清楚，且作者水平及科研条件有限，本书不当之处在所难免，真诚欢迎专家学者及广大读者给予批评指正，以利再版时修改与完善。引用的参考文献已在书中列出，在此向其作者致以敬意和感谢！本书得以顺利出版，科学出版社的编辑与有关工作人员做了许多工作，在此也一并衷心感谢！

彭　勇　闫艳红

2023 年 5 月

目　　录

第1章 绪 论

生物机器人是当今世界新兴的具有前瞻性和战略性研究意义的多学科交叉融合的前沿高科技领域，人类通过对生物机器人的有效控制可使其执行多种任务，具有重要的应用价值和重大的科学意义。

1.1 生物机器人

人类通过对生物机器人的控制可使其从事多种工作，积极开展并加强对生物机器人的系列和深入研究工作，不仅具有科学价值，也是十分必要的。

1.1.1 基本概念

国际上研究生物机器人已几十年了，但一直尚未见明确且简明的生物机器人的科学概念。本书作者根据学习的科技文献和自己的科研心得，提出生物机器人的基本概念。生物机器人是人类通过生物控制技术施加干预信号调控生物行为从而实现人类操纵的生物[1]。也就是说，生物机器人是既具有生物生命属性又具有机器人技术要素的特种机器人。这种表述是否准确妥当还需科学界的确认与时间的检验。

1.1.2 研究背景

1959 年，世界上第一台机器人由享有"机器人之父"美誉的恩格尔伯格发明。机器人已有多年的发展历史，服务于人类的工作和生活，承担着人类的很多工作甚至是危险性工作，大大提高了工作效率，同时也提高了人类的安全系数。例如，美国国防部高级研究计划局(Defense Advanced Research Projects Agency，DARPA)研制的称为"机器人英雄"的"行走仿生机器人(walk-man)"，能够像人一样可以与所处环境发生交互关系，操作人类工具，从事拆弹、侦查和消防等危险工作。

从 20 世纪 90 年代以来，机器人的应用已从制造领域扩大至非制造领域，而基于极限环境和非结构环境下的机器人技术研究与应用已成为机器人研究与应用的最主要方向，智能化和微型化也已成为一个重要的发展趋势，目前各种各样功能的机器人屡屡翻新、层出不穷。然而，现阶段的机械式机器人在实际应用时还不具有很高的运动灵活性和环境适应性，自主辨别能力和运动敏捷性也还不能很好地满足一些工作的要求，尤其在恶劣环境和复杂地形中机械式机器人在运动灵活性、环境适应性和能源供应等方面尚不及动物。

生物长期以来被人类用作研究对象，并在众多领域被广泛应用，随着生命科学研究与应用范围的不断扩展，也随着各方需求的不断增长和多领域的特殊需要，各学科将更加紧密交叉融合。20世纪90年代，科学家们将控制工程、信息科学、神经工程、生物医学、机械工程、材料科学、通信技术和电子学等多学科技术不断融合汇集，找到了一条崭新的应用策略和技术手段，创建了一个具有战略性研究意义的前沿高科技领域——生物机器人（biology-robot）开始惊艳出现在人类的视野中和科技的舞台上，很快受到了国际上的高度关注并引起了科学家的极大兴趣。生物机器人可以替代人类或机械式机器人完成难以胜任的特殊工作和特定任务，生物机器人的诞生使该领域正逐步成为世界交叉科学发展最前沿且最活跃的高科技领域之一。

生物在自然界中经历了数亿年的生物进化过程和优胜劣汰的物种竞择，在弱肉强食的激烈生存博弈环境中逐渐进化出灵巧的运动机构、独到的生理功能、完善的控制系统、特殊的活动方式、出色的生存技巧，显示出活动持续性长、运动灵活性高、环境适应性强、自我隐蔽性好等优点与特色。能够适应自然环境的独特身体构造和特殊的生存活动能力是目前人类研制的机械式机器人无法比拟的也是无法企及的，而以生物为载体的特种机器人——生物机器人则可以克服机械式机器人的一些缺陷，承担相应的工作和执行艰巨的任务，尤其在警用和军用领域将更具有突出的优势与特色，因而近些年来生物机器人在世界上越来越受到关注与重视。

生物机器人既是具有生物本原属性的机器人，也是具有机器人技术要素的生物，二者兼之，高度融合，既独特新颖，又复杂深奥，既能够引领世界科技的前沿研究方向，又具有战略意义的前瞻性高科技领域，是未来人类高科技的一个争夺制高点。人类在生产工作、日常生活、医学诊治、疫情防控、环境监测、生态研究、灾难搜救、海洋开发、维护治安、反恐防爆、维权斗争和军事国防等诸多领域对各类机器人的需求越来越大，对机器人的功能要求也越来越高。机器人（包括生物机器人）替代人类在恶劣环境、极端气候、灾难现场、危险场合、特殊任务中进行工作已成为人类越来越迫切的重大需求和未来科技发展的一个重要趋势。

1.1.3 研究现状

1.1.3.1 脑功能研究现状

神经系统是生命体内最复杂且最高级的生理机能系统，包括中枢神经系统和周围神经系统两部分，其中脑是最高级中枢，控制与协调身体的运动行为、内稳态和精神等生理活动。人类探索脑科学奥秘的历史已有两千多年，公元前4世纪，古希腊的神经内科医生，"西方医学之父"Hippocrates认为脑不仅参与对环境的感知，而且是智慧的发祥地[2]。从那时起，人类对自身的脑高级生理功能有了最初的认知。

早期有关脑区功能的认知主要来自于患者脑区损伤导致的功能障碍及对动物脑区实验进行电灼损毁或手术切除而出现异常表现的观察。1758 年,英国科学家卡文迪通过实验发现了大黑鱼生物电的存在。1786 年,意大利科学家 Galvani 通过实验也发现了青蛙生物电的存在,并于 1791 年将这种现象正式称为"生物电现象"。此后,随着人类对生物电认识的不断深入,人们开始采用外加电刺激的方式可重复地研究脑生理功能。

早在 1870 年就有学者通过电刺激清醒状态狗的大脑皮层对脑功能进行局部定位[3]。1908 年,Horsley 和 Clarke[4]将动物脑立体定位技术应用于神经系统的研究中,此后该方法成为脑内某一区域结构和功能研究的最重要技术之一,脑立体定位技术的发明极大提高了研究工作的效率和实验的可重复性。1913 年,Brown[5]采用电刺激的方法,研究了四种猴子经过去大脑(decerebrate)处理后电刺激中脑引起的前肢肌肉放电变化。由于 Brown 对自主神经系统的研究,发现了脑区在决定与协调内脏器官功能时所起的作用而获得 1949 年诺贝尔生理或医学奖[6]。20 世纪 20 年代,Hess[7]通过颅骨钻孔法在处于麻醉状态猫的脑内植入电极,待猫清醒后研究微电流刺激对猫行为的影响。在下丘脑诱发进食、恐惧或愤怒等行为,下丘脑被认为是情绪表达系统中的一个重要组成部分,研究发现,低电流强度刺激时猫表现为假怒现象,当增加刺激强度时则表现为攻击行为。1937 年和 1939 年,Clark[8,9]对猫小脑皮层功能进行研究,通过埋藏电极方法对猫小脑皮层作用进行大量的实验,初步划定了小脑功能分区。从此,通过脑内植入电极研究动物清醒状态下脑区功能的实验技术逐渐发展起来。从 20 世纪 50 年代开始,研究人员对非哺乳类动物脑区功能进行了大量实验研究。1958 年,Raymond[10]通过脑内植入电极方法,采用恒流电刺激研究了清醒状态的鸡和鸽子在栖息、行走、站立和飞行时的小脑功能,电刺激小脑可以引起身体晃动、旋转和身体下蹲的反应;除了在小脑中缝附近位点其余刺激位点均引起头部向刺激一侧转动,在小脑Ⅳ区和Ⅴa区分别诱发了颈部伸长和颈部缩短的反应;椎体附近引起翅膀简单的和非连续性运动。1968 年,Adams[11]对猫中脑中央灰质区进行研究发现该区域与猫的攻击行为相关,此外,还对动物脑中的攻击行为形成机制进行了研究。1975 年,Kennedy[12]对于爬行动物中脑的研究发现其中存在具有发声功能的区域。1976 年和 1978 年,Distel[13,14]对隶属于爬行动物的绿鬣蜥脑区功能进行了研究,阐述了不同脑区分别对应的行为反应类型。1982 年,Tarr[15]对爬行动物纹状体的研究发现,该区域具有发起种间展示行为的功能。2008 年和 2011 年,王文波等[16,17]研究了电刺激中脑不同脑区对大壁虎运动行为的影响,发现大壁虎处于浅麻醉状态头部固定时电刺激围脑室灰质区诱发脊柱同侧弯曲,刺激中脑被盖区诱发脊柱对侧弯曲;在自由清醒状态时对中脑被盖区施加电刺激时主要诱发向刺激同侧的转向。

1.1.3.2　脑运动区研究现状

动物的运动行为是在脑运动区控制下完成的，具有运动调控功能的动物脑功能区包括端脑(前脑)、中脑、脑干网状结构中的脑运动区、小脑。

1)端脑运动区

动物的端脑包括大脑和间脑。在动物的长期生物进化过程中，端脑得到很好发展，哺乳动物大脑中出现了新皮层，大脑皮层结构与功能进一步成熟。

1909 年，德国神经学家 Korbinian Brodmann 根据人类大脑皮层细胞形态的不同及细胞在大脑皮层上的分布划分出 52 个脑区。随着现代研究方法与实验技术的快速发展，对大脑皮层功能区定位也越来越精细。1976 年，Wetzel 和 Stuart[18]发现端脑结构直接参与激活性或意志性命令的发放，这些指令可以引起动物的运动反应。有研究表明，大脑皮层在哺乳类动物运动控制中具有广泛的生理作用，然而在对猴和猫等动物的研究中发现，皮层对运动的控制作用应该偏重于对动物远端高度分级肌肉精细运动的调控方面，对基本运动行为影响比较小。2005 年，Haiss 和 Schwarz[19]对大鼠初级运动皮层(M1 区)在自由活动状态的慢性刺激研究发现，在皮层表面除了像传统的躯体代表区外，还存在更微细水平的代表区，还发现在 M1 的胡须代表区(wM1)后内侧部进行刺激时诱发了大鼠触觉探测活动中出现的自然的和节律性的胡须运动，而刺激 wM1 的前外侧部则诱发了大鼠胡须的非节律性收缩，同时伴随复杂面部运动，结果提示大鼠 wM1 中存在控制不同反应的亚区。2010 年，Matyas 等[20]利用皮层内微电刺激和光刺激的方法研究了在基因组中插入绿藻光敏蛋白 ChR2 基因的小鼠大脑皮层，发现传统皮层功能区中的初级躯体感觉皮层在运动控制中发挥重要作用，通过皮层内微电刺激方法在初级运动皮层(M1)诱发了小鼠胡须的前伸运动和后缩运动，当使用河豚毒素抑制 M1 后，对初级躯体感觉皮层(S1)进行微电刺激诱发了胡须的后缩运动。为避免电刺激引起的扩散作用，采用河豚毒素抑制 M1 活动后，通过蓝光照射 S1 诱发了胡须的后缩运动，通过对 M1 和 S1 控制胡须运动的神经通路研究发现，M1 通过作用于脑干网状结构再通过面神经核控制胡须的前伸运动，而与之对应的 S1 首先作用于三叉神经核再通过面神经核控制胡须的后缩运动。这项研究提出了在传统的初级运动皮层控制运动的通路之外，还存在一条与之平行的通过初级躯体感觉皮层对胡须运动进行调控的神经通路。2012 年，Dylan 等[21]对东美松鼠(sciurus carolinensis)和加州黄鼠(spermophilus beecheyi)大脑皮层的微电刺激研究发现，初级运动皮层 M1 区和躯体感觉运动皮层 3a 区可以诱发比较粗糙的躯体运动模式，通过长时程皮层内微弱电刺激对不同行为反应相关的皮层区进行了定位。2013 年，Bonazzi 等[22]采用长时程微电刺激大鼠前肢运动皮层的方法，确定了其中控制复杂运动的皮层亚区空间分布图，对电刺激诱发的前肢运动进行分类和定量分析后发现，大鼠前肢代表区可进一步划分为控制前肢伸向目标并展开的范围较大的尾端区、控制前肢抓住目标物并移向身体的范围较小的吻端区、控制进食时前肢持物的外侧区三部分。

2) 中脑运动区

1966 年和 1967 年，Shik 等[23,24]对去大脑猫的中脑进行电刺激发现，刺激中脑特定区域可以诱发猫的行走和跑步，研究发现了具有运动调控功能的中脑运动区，对中脑猫楔形核附近区域进行高频电刺激时诱发了明显运动反应。1977～1986 年，文献报道，通过对脑干外侧背盖区和/或脊髓背侧的切断研究发现，这些操作不能阻断电刺激中脑运动区诱发的动作反应[25-27]。1991 年，Noga 等[28]对去大脑猫的脑干区进行电刺激，研究发起于中脑运动区的下行运动控制通路，在猫的运动相关肌肉植入电极，通过采集肌电图的方法研究运动情况，在猫的脑干或脊髓，通过可逆的冷却处理(阻断突触或纤维传递)和不可逆的小范围损毁或横断手术，发现脑干外侧背盖及脊髓背侧部冷处理阻断神经传递或手术切除后电刺激中脑运动区诱发的行为反应无明显变化，损毁或冷处理脑桥延髓的内侧网状结构(medial reticular formation，MedRF)或脊髓腹侧部后电刺激诱发的行为反应显著减弱，提示中脑运动区下行投射通路不经过脑干外侧背盖或脊髓背侧部，而经过脑桥延髓 MedRF 和脊髓的腹侧部进行传递。

3) 脑干网状结构

脑干网状结构是白质(神经纤维)和灰质(神经细胞)交织混杂的结构，包括延髓中央部、脑桥背盖和中脑网状结构，是脑内下行运动通路的重要组成部分。1980～1987 年，对哺乳动物和鸟的脑干网状结构的电刺激研究发现，起始于中脑网状结构神经元和后脑网状结构神经元的网状脊髓通路在运动调控中发挥重要控制作用，当刺激去大脑鸟的网状结构时引起行走和翅膀拍动等行为，刺激哺乳动物网状结构可诱发在跑步机上踏步运动[29-32]。1997 年，Guertin 和 Dubuc[33]对七鳃鳗的研究发现，电刺激网状结构可以诱发一系列的肢体运动。对于哺乳动物中的猴、猫和鸟类的脑区损毁研究也证实：切断网状脊髓通路或损毁发起该通路的神经元会严重破坏运动能力，进一步说明了网状结构在运动控制中具有的重要作用。1998 年，Jordan[34]阐述了动物中枢神经系统中参与运动反应的各个区域之间关系，中脑运动区存在各主要反应的运动代表区，分别接受不同上位中枢的调控作用，高位运动调控区位于大脑基底神经核群及间脑水平，中脑运动区的下位中枢——网状脊髓结构接受来自间脑、小脑和中脑的调控作用，网状结构与脊髓中央模式发生器(central pattern generators，CPG)之间存在直接的调控关系，由此推测在网状结构水平进行的运动控制会更加有效而稳定。

4) 小脑运动区

小脑的主要生理作用是维持躯体平衡、调节肌肉张力、协调随意运动。小脑并不直接发起运动和指挥肌肉的活动，而是作为皮层下的运动调节中枢配合皮层完成运动机能。因此，若切除小脑并不妨碍运动的发起和执行，但运动将是以缓慢、笨拙和不协调的方式进行。小脑与运动有关的另一个生理功能是其在技巧性运动的获得和建立过程中所发挥的运动学习(motor learning)作用。研究发现，若把向动物的眼角膜吹气刺激与声音刺激结合起来可以使其建立起对声音刺激的条件性瞬膜/眨眼反射，但若把小脑中间部第Ⅵ小叶半球部皮(HV)或间位核损毁就不能使动物建立和保持这一条件反射，提示小脑是完成这个条件反射的基本中枢。研究认为，非条件性刺激信号(向眼角膜吹气)和条件性刺激信号(声音)分别是经爬行纤维和苔状纤维通道进入小脑的，爬行纤维在这个条件反射建立过程中起到了"教师"的作用，是爬行纤维教会了浦肯野细胞如何对苔状纤维传入的条件性刺激信号做出相应的眨眼反应。这一发现的意义在于，若条件性眨眼反射这个简单运动学习过程确实在小脑中发生，则有理由相信当人类学习复杂运动时，类似学习过程也应当在小脑发生。鲤鱼的小脑是位于中脑后的一个单独体，由延脑背部平衡区发展而成。小脑由外向里为三层，分别为分子层、浦肯野细胞层和颗粒层，这三种细胞与延脑的侧线中心有功能上关联，有助于维持鱼体的平衡。小脑含有感觉神经纤维和运动神经动纤维，一部分神经纤维深入延脑，小脑由延脑前部的背面延长而出，是延脑的延长体。从生理功能看，小脑是调节与游泳、捕食有关的运动神经中枢，对于骨骼肌的紧张性也有调节作用。

近年来随着研究方法与实验手段的不断提升及研究内容的不断深化，在已有的脑区功能认知基础上，人们正在不断丰富与完善对脑结构和脑功能的认识与理解，不断探索与发现新的奥秘和新的知识。

1.1.3.3　生物机器人研究现状

生物机器人的核心技术为脑-机接口(brain computer interface，BCI)。BCI 是指脑组织与外界电子设备间的人工通路，若借助侵入式反向 BCI，利用动物作为受控本体，把电极植入与动物运动相关的脑功能区即脑运动区，在动物脑与外部设备间建立新型的信息交流与控制通道，通过电生理刺激实现脑与外界的直接交互，从而实现动物运动行为的控制。近年来，BCI 技术的快速发展使动物运动行为控制的有效性、可靠性、精确性和长久性提升到更高水平，推动了动物机器人生物控制技术的快速进步。

迄今为止，动物机器人的研究对象涉及昆虫类(如蟑螂和甲虫等)、爬行类(如海龟和大壁虎等)、鸟类(如鸽子等)、哺乳类(如大鼠和家兔等)、鱼类(如鲨鱼和鲤鱼等)。动物机器人的控制方法及技术手段也不完全相同，并随着不同学科技术的高度融合不断创新发展，出现了多种控制模式：①基于奖赏机制的电生理刺激驯化；②神经系统电刺激诱导；③通过对某种运动的脑控神经信号提取，计算机破译，再通过 BCI 反向刺激动物的神经系统进行控制；④无创性的行为控制，通过表皮电流、机械、化学、光、声和磁等刺激方式控制动物的运动行为。无创性动物机器人的研制将逐步解决因外界电极介入而引起的损伤、出血、水肿、感染、炎症及存活时间缩短等问题，以保证其可靠且长久地进行工作。由于生物机器人是利用生物的本能、灵活、运动和体力等特点与控制装置组合，在复杂环境和危险条件下执行特殊任务，同时还能够解决制约机器人实际应用的能源问题。因此国际上普遍对生物机器人给予了更多的关注和寄予了更大的希望。

1995 年，Kuwana 等[35]研究蟑螂机器人，通过遥控信号刺激安放在美洲蟑螂探须和尾须的微电极控制其运动，蟑螂背负微型摄像机和传感设备用于地震救灾或间谍侦察。2002 年，Talwar 等[36]实现了人工控制老鼠的运动，在老鼠脑内植入三对电极，其中一对电极植入在内侧前脑束(medial forbrain bundle，MFB)强化老鼠服从命令的奖赏，而另两对电极植入到对应左右胡须的体感运动皮层区(soma to sensory cortex)，刺激后能够产生胡须被碰触的虚拟触觉信号，从而实现通过刺激大脑边缘系统和感觉皮层的一个"奖赏中枢"来控制老鼠运动，这三对脑电极连接着老鼠背负的多通道遥控导航系统，通过遥控导航系统可在 500 米外控制老鼠爬树、转弯、跳跃及前行等运动，还可使老鼠完成违背其自然习性的行为，如在光线充足的室外场地完成任务，而且老鼠以平均 0.3m/s 的速度还可持续长达 1 小时的实验。2003 年，Carmena 等[37]在猴脑植入 96 根电极，实时采集抓取食物时的脑动作电位，应用计算机识别技术识别猴子脑电特征，再输出类似脉冲信号，利用猴子自身脑电控制其运动。

2005 年，俄罗斯生物学家研制出"海龟特工"，在海龟体内植入数块电子芯片，通过电极连接大脑，只要调节刺激频率就可以控制海龟左右转向、直行或止步，还能够爬到预定的目的地[38]。2006 年，美国波士顿大学研究人员将一个微芯片安装于鲨鱼的大脑，利用鲨鱼嗅觉极其敏锐的特点，将鲨鱼脑组织的嗅觉神经核团作为刺激目标，芯片可以接收上位机的指令和发出对鲨鱼的控制指令，对鲨鱼发出的控制指令作用于神经中枢嗅觉敏感区域的左右半球，这样就会有虚拟的气味刺激信号刺激鲨鱼，使鲨鱼向刺激一侧游动，这样就实现了对鲨鱼游动的控制，将鲨鱼变成"鲨鱼间谍"，同样是利用鲨鱼高灵敏度的嗅觉，研究人员又完成了对白斑角鲨游动的运动控制，后将电极植入到白斑角鲨神经中枢的嗅觉处理区，通过电刺激中枢神经嗅觉处理区使其产生虚拟味觉刺激，诱导鲨鱼根据气味进行游动[39-41]。2009 年，Kobayashi 等[42]在研究金鱼中脑内侧纵束核(nucleus of the medial longitudinal fasciculus，Nflm)是否驱动硬骨鱼类游动的实验中，通过无线控制刺激器刺激金鱼 Nflm 及其附近区域，实现了金鱼的前进和转向运动。1987～2017 年，韩国高等科学技术研究院研究人员通过给海龟施加视觉刺激诱发其产生特定行为，设计光刺激装置控制其行走路径；利用脑-机接口技术控制光刺激设备引导海龟移动；对海龟机器人提出一种混合动物-机器人交互的概念，机器人在海龟(宿主)身上通过"操作性条件反射"诱导海龟行为,利用光刺激诱导海龟转向[43-46]。2019 年,Cohen 等[47]开发无线信号采集系统记录鱼的脑电信号,连接脑电极进行无线控制。2020 年,Vinepinsky 等[48]进一步探究金鱼脑导航和定位的工作机制。

中国的科研院所和高等学校也积极开展了生物机器人方面的科学研究。2005年,南京航空航天大学研究人员进行人工制导大壁虎运动的研究,初步实现大壁虎机器人转向和前进等运动的人工诱导,并进行大壁虎脑运动神经核团空间定位和脑立体定位图谱等研究[49-51]。2006 年,山东科技大学研究人员研制机器人小白鼠,在遥控指令下能前进、左右转和原地转圈;2007 年,又研制机器人鸟,在家鸽脑内植入微电极,将电刺激信号通过脑电极施加到具有特定功能的神经核团上从而控制鸽子起飞和盘旋等[52-54]。2006 年,中国科学院自动化研究所研究人员研制微型多模式遥控刺激器和生物机器人遥控训练系统,训练大鼠和新西兰白兔在 Y 臂迷宫中听到不同声音出现左右运动;2007 年,又设计一种分析外部电刺激与动物运动行为之间关系的遥控训练系统,为研究动物行为可控性提供了试验平台[55,56]。2007 年,浙江大学研究人员实现了遥控大白鼠绕"8"字、爬楼梯、左转右转,跃上 30cm 的平台[57]。2007 年,燕山大学研究人员对水生生物机器人进行研究,初步实现鲤鱼机器人水下无线遥控前进、后退、停止运动、转向、原地转圈、上浮和下潜等运动行为及规划路径运动控制,还陆续实现草鱼、鲢鱼、鲫鱼和鲟鱼等水生生物机器人的运动行为控制;2010 年,还成功实现对家兔陆生生物机器人运动的无线遥控控制并能够控制其在中央台阶式八臂迷宫中上下台阶、前行、转向、原地转圈与原地踏步等运动[58-62]。2010 年,郑州大学研究人员研制出大鼠遥控刺激系统,控制大鼠的运动[63]。2010 年,重庆大学研究人员通过遥控黄鳝运动,实现诊疗装置在肠道内的前进、后退和定点泊位;2011 年,又控制了老鼠机器人的运动[64,65]。中国生物机器人的相关科学研究工作正在积极推进并不断取得重要进展。

1.1.4　研究意义

生物机器人是当今世界新兴的具有前瞻性和战略性研究意义的多学科交叉融合的前沿高科技领域。人类通过对生物机器人的有效精准控制可使其从事多样工作和执行多种任务,尤其在水生生物机器人领域。由于水生生物具有运动灵活性、活动隐蔽性、环境适应性、能源持续性及自由游弋不受国家领海区域限制等突出优势与鲜明特色,因此国际上越来越重视水生生物机器人的科学研究与实际应用。地球上海洋总面积约为 3.6 亿平方公里,约占地球表面积的 71%,广袤无垠的海洋蕴藏着丰富能源及各种海洋生物资源。中国既是陆地大国也是海洋大国,因而国家实施海洋战略具有十分重要的现实意义和长远意义。水生生物机器人在面向海洋科学考察、环境生态监测、海啸地震预警、水坝质量勘察、水下事故排查、物种探索、资源开发、水质监测、水上救生、水下搜索、侦察监视、反恐防暴、海洋维权和国防军事等方面具有重要的战略研究意义和特殊的实际应用价值。从世界范围来看，水生生物机器人的研究与应用也已势在必行。

生物机器人最主要和最本质的控制手段是控脑技术。脑科学是国际科技界的重点领域，机器人是国际科技界的重点领域。生物机器人是机器人中一种新型的特殊机器人，将脑科学与机器人两个重点高科技领域有机交叉融合，所以生物机器人是当今世界崭新的前沿高科技领域，是具有前瞻性、创新性、引领性和战略性的科技制高点。生物机器人借助脑科学和机器人及相关学科的理论与技术快速发展起来，并有力推动相关学科的理论与技术不断创新发展。开展并加强对生物机器人的科学研究工作，不仅具有特殊的重要的应用价值，还将具有潜在的重大的科学意义。

1.2　生物机器人类型

生物机器人是一种新型的特种机器人，也是机器人领域中的一个重要分支。生物种类繁多，不同生物在运动方面各有特色、各有千秋。生物机器人包括陆生生物机器人、飞行生物机器人、水生生物机器人和纳米机器人等类型。

1.2.1　陆生生物机器人

陆生生物的种类较多，制备不同的陆生生物机器人可以从事多种工作。

1) 昆虫机器人

1995 年，日本东京大学 Kuwana 等[35]研究蟑螂生物控制技术，利用脑立体定位仪植入电极，通过遥控信号刺激安放在美洲蟑螂探须和尾须处的微电极，控制其前进或左右转，蟑螂背负微型摄像机和传感设备用于地震救灾或间谍侦察，研发的蟑螂机器人建立带有轨迹球的计算机接口，刺激单元以一个 8 位微处理器为中心，电极由铂或不锈钢制成，将制作的电子背包放在蟑螂背上，在触角中植入不锈钢电极，将其放置于轨迹球上面，电子背包从微控制器接收命令，电极刺激整个神经束，电子背包通过刺激触角的传入神经纤维来实现有限的定向运动控制，电子背包成为一种工具，有助于更好地了解神经系统和开发昆虫神经行为、蟑螂机器人及其控制实验原理如图 1.1 所示。

2009 年，美国康奈尔大学 Bozkurt 等[66]通过昆虫变态发育早期植入技术(early metamorphosis insertion technology，EMIT)，把 MEMS 器件植入到烟草天蛾破茧 7 天前的蛹内，通过飞蛾体内 MEMS 芯片发出刺激信号控制其肌肉收缩，成功实现了控制飞蛾扇动翅膀及改变其飞行方向。

2009 年，美国加利福尼亚大学伯克利分校 Sato 等[67]将电极植入在六月鳃角绿金龟控制飞行的肌肉及神经中枢，研究发现，经负脉冲刺激后能使其不断拍动翅膀，飞离原地，而正刺激脉冲则能使其停止飞行，从而实现通过快速变换信号来控制昆虫的起落(图 1.2)。

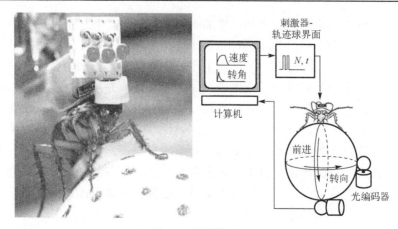

图 1.1　蟑螂机器人

图 1.2　甲虫机器人

自 2009 年以来，在美国"昆虫—微机电系统整合计划"（the hybrid insect micro-electro-mechanical systems（HI-MEMS）program）资助下，密歇根大学、加州大学伯克利分校和亚利桑那大学的研究小组分别在昆虫的神经中枢及飞行肌中植入微电极，结合无线刺激器进行昆虫机器人研究，包括绿金龟机器人[67]、拖瓜塔花金龟机器人（图 1.3）[68]、波丽菲梦斯花金龟机器人及日本独角仙机器人[69]。其中，拖瓜塔花金龟机器人在 2009 年被美国《时代周刊》杂志评为全球 50 大最佳发明之一。

图 1.3　拖瓜塔花金龟机器人

2012 年，浙江大学郑筱祥团队在国内首先开展蜜蜂机器人研究。提出一种控制蜜蜂飞行行为的昆虫-机器接口，飞行的开始和停止可通过植入蜜蜂大脑的两个金属丝电极之间电脉冲重复产生，通过成功率、响应时间和飞行时间等参数，比较不同刺激方式对蜜蜂行为的影响，该研究可为复杂飞行行为控制或进一步研究昆虫飞行神经机制提供基础(图 1.4)[70]。

图 1.4 蜜蜂机器人

2016 年，美国北卡罗来纳州立大学 Whitmire 等[71]研制蟑螂机器人，将 PFA 绝缘不锈钢丝作为工作电极植入蟑螂每个触角的鞭毛内，将公共电极植入胸腔中，将带有声学传感器的电子背包固定在其背部，将蟑螂机器人放置在 S 形路径上，施加刺激脉冲使蟑螂机器人沿着 S 形路线运动(图 1.5)。

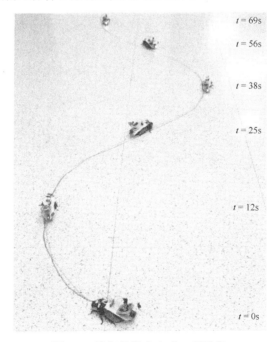

图 1.5 蟑螂机器人完成 S 型路径

2017 年，美国 Draper 学院和 Janelia 研究所共同开发蜻蜓机器人。研究人员改造蜻蜓神经系统的基因，使其能够对脉冲信号反应，为做到这一点，给蜻蜓添加一种基因，该基因能将一种名为 ospin 的光敏感蛋白质添加到神经元上，在蜻蜓背上安装电子元件，元件包含太阳能电池、传感器和电子神经元，通过元件改变光脉冲影响蜻蜓神经，达到远程操控蜻蜓飞行的目的，而太阳能电池不仅可以给元件供能同时也能给电子蜻蜓提供动力(图 1.6)[72]。

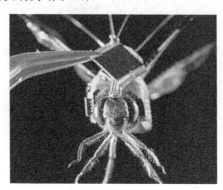

图 1.6　蜻蜓机器人

2019 年，Baker[73]开展基于反馈控制的自由飞行昆虫运动控制研究，选择甲虫作为研究对象，研制一个惯性测量一体化电子背包来远程控制甲虫，为实现水平飞行的遥控，刺激甲虫的飞行肌肉，即基底肌和第三腋肌来控制其飞行方向，在较长时间的刺激下，甲虫通过产生代偿性的飞行力而产生飞行修正，在此基础上研制一种比例导数反馈控制器，利用频率相关的电脉冲对飞行甲虫进行基于预定路径的导航(图 1.7)。

图 1.7　甲虫机器人

2)大鼠机器人

大鼠具有与生俱来的活动隐蔽性和环境适应性等方面的优势，是比较理想的生物机器人研究对象。2002 年，《Nature》杂志报道，在美国国防部高级研究计划局（DARPA）资助下，美国纽约州立大学 Talwar 等[36]分别对大鼠的躯体感觉皮质和内侧前脑束植入刺激电极，再在大鼠身上安装一个背包，其中包含基于微处理器的遥控微型刺激器，操作员使用电脑从最远 500m 距离向植入电极的大脑部位提供短暂的刺激脉冲序列，利用行为训练和虚拟奖励的方式，成功引导大鼠按规划路径进行运动，引导大鼠在三维障碍物中运动的路线，除爬梯子和下台阶外，大鼠还爬过一个陡峭的坡道(图 1.8)。

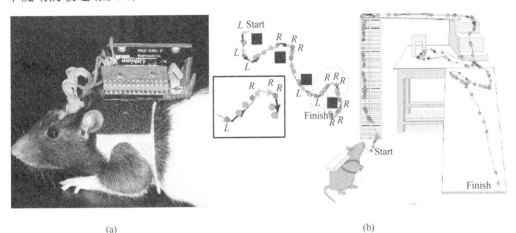

(a)　　　　　　　　　　　　　　　　　　　　(b)

图 1.8　大鼠机器人

2006 年，中国大鼠机器人由山东科技大学苏学成团队首先研制。该团队将电极植入到大鼠下丘脑的左右两侧第一躯体感觉皮层和内侧前脑束，刺激两侧第一躯体感觉皮层可控制大鼠的左转和右转，刺激内侧前脑束可使大鼠向前奔跑，控制运动行为完成的成功率达到 90%以上[74]。

2011 年，浙江大学郑筱祥团队研究了大鼠背外侧导水管周围灰质刺激诱发的运动行为及其在动物机器人导航中的应用，通过刺激大鼠的背外侧导水管周围灰质来诱发大鼠的防御行为，并研发了动物机器人的无线导航控制系统，该系统可使大鼠完成前进、左右转向和停止等动作(图 1.9)[75]。

图 1.9　微刺激器控制下的大鼠机器人

2015 年，中国科学院苏州生物医学工程技术研究所研究小组研发出一种由 μLED 作为输出光源的光学刺激器，采用无线集成芯片实现恒流驱动和亮度的连续可调，光刺激可以激活小鼠核团内光敏神经元，在次级运动皮层施加 30Hz 光学刺激可引起小鼠运动，该光学刺激器将促进光遗传学技术在小鼠脑和脊髓刺激的神经调节中的应用(图 1.10)[76]。

图 1.10　无线光刺激器应用于小鼠的实验

3) 大壁虎机器人

2008 年，中国大壁虎机器人由南京航空航天大学戴振东团队首先研制。该团队研制出与大壁虎配套使用的控制装置、肌电采集装置和电生理信号无线记录系统等，在大壁虎脑运动区植入微电极，在大壁虎背部固定刺激装置，当上位机发出控制命令，大壁虎背部的刺激装置可通过无线传输信号接收控制命令，作用其脑运动神经核团，大壁虎就会按照指令信息完成直行、转向、走规划路径等动作(图 1.11)[77]。

图 1.11　大壁虎机器人

4) 家兔机器人

2010 年，燕山大学彭勇团队成功研制家兔机器人。该团队应用控脑技术实现了家兔的前行、奔跑、左右转向、原地转圈、原地踏步、在中央台阶式八臂迷宫中上下台阶和走规划路径等运动行为的无线遥控控制，该研究运用脑 CT、脑立体定位、脑电极、电生理刺激和脑电等控脑技术对家兔脑运动区进行电刺激控制其运动行为，并自主研制了适用于家兔机器人的无线遥控系统和中央台阶式八臂迷宫装置（图 1.12）[62]。

图 1.12　家兔机器人

1.2.2　飞行生物机器人

2009 年，世界第一只机器人鸟—鸽子机器人由山东科技大学苏学成团队首先研制。该团队对家鸽脑进行研究，确定出与运动相关的神经位点，用编码的电信号刺激神经位点，成功使家鸽按照控制命令完成起飞、盘旋和落回指定位置等飞行动作（图 1.13）[78]。

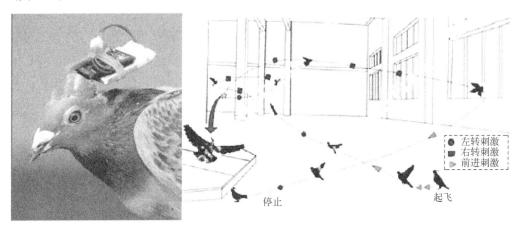

图 1.13　鸽子机器人

2019 年，Shim 等[79]提出一种完全可植入的鸽子无线导航系统，研发出一种基于 ZigBee 技术用于远程导航的手持式神经刺激控制器。采用手持控制器，通过刺激脑来控制鸽子的行为，简单的开关使用户能够自定义参数刺激，如游戏手柄，将电极插入鸽子中脑内侧网核，并与植入鸽子背部的刺激器相连，刺激器接收控制器发送的信号，向中脑内侧网核提供持续时间为 0.080ms、振幅为 0.400mA 的双相脉冲，实现了 180°转向运动。

1.2.3　水生生物机器人

水生生物在水中可自由摄食来满足其自身营养与能量的需要，而且水下环境适应能力也较强，所以可制备不同的水生生物机器人用来执行多种任务。

1) 鲨鱼机器人

2006 年，在美国国防部高级研究计划局(DARPA)的资助下，美国波士顿大学 Susan Brown 博士在鲨鱼脑内植入一枚微型芯片，利用从声波信号塔发射出定向声呐对鲨鱼运动进行控制，因鲨鱼的嗅觉敏锐，所以将鲨鱼的嗅觉神经核团选作刺激位点，将芯片植入到鲨鱼脑部，使其左右半球的嗅觉敏感区域通过植入的芯片接收控制指令从而产生虚拟的气味刺激，使鲨鱼向刺激一侧游动，实现对鲨鱼游动的远程控制，海洋巨无霸鲨鱼变成"鲨鱼间谍"，监测敌方船只或不明发射物，秘密完成各种隐蔽任务(图 1.14)[39]。

图 1.14　鲨鱼机器人

在中国鲨鱼机器人方面，燕山大学彭勇团队率先开展了相关的科学研究，应用不同的生物控制模式及科学原理积极进行了鲨鱼机器人水下运动行为控制的基础实验研究工作[80]。

2) 金鱼机器人

2009 年，Kobayashi 等[42]通过在金鱼中脑运动区域的内侧纵束(Nflm)核附近植入微电极，并开发无线控制的微刺激系统实现了金鱼机器人的转向与前进运动，将刺激电极固定在头上，通过装在鱼背上的无线控制装置连接，将该装置放置在鞍座上，驱动电源装在鱼腹部。无线刺激 Nflm 中线附近部位引起向刺激侧的转向运动，而刺激 Nflm 中线引发前进运动，用安装在鱼身上的刺激装置进行电刺激可任意诱导其前进和转向运动(图 1.15)。

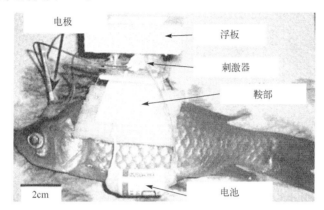

图 1.15　金鱼机器人

3)海龟机器人

2005 年，俄罗斯生物学家在海龟体内植入数块电子芯片与海龟脑组织中植入的脑电极相连接，电刺激信号通过无线遥控刺激装置产生，调节刺激频率对脑神经核团进行电刺激，可以遥控海龟完成左转、右转、前进和止步等运动行为，还能够使海龟爬到指定的目的地，将微型摄像机搭载在海龟身上，利用其来刺探情报，将海龟变成军事"间谍"(图 1.16)[38]。

图 1.16　海龟机器人

2017年，韩国高等科学技术研究院研究团队将刺激装置搭载于海龟背部，运用发光二极管(light-emitting diode，LED)结合奖励诱使海龟运动，经过五周的培训，成功控制受过训练的海龟完成航点导航任务(图1.17)[46]。

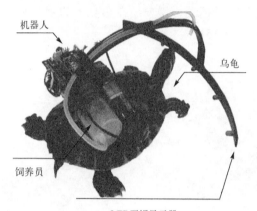

图1.17　海龟机器人

4) 鲤鱼机器人

2007年，中国第一个鲤鱼机器人由燕山大学彭勇团队研制成功。该团队将无线电刺激器搭载在鲤鱼背部，将脑电极植入鲤鱼脑运动区，应用水生生物机器人无线遥控系统向鲤鱼脑运动区施加模拟电生理刺激信号,成功实现了鲤鱼机器人的前进、左右转向、转圈、后退、停止、上浮和下潜及规划路径的水下运动无线遥控控制(图1.18)[58]。

图1.18　鲤鱼机器人

2014年，燕山大学彭勇团队为解决水生生物机器人因植入脑电极而产生脑组织的机械损伤、出血、感染和水肿等脑损伤效应问题，基于鲤鱼具有负性趋光性原理,提出鲤鱼机器人光控的学术思想，发明以 LED 为光源的光刺激装置及光控方法，将光刺激装置搭载于头部，通过 LED 光源刺激视觉器官，无论是在暗光环境还是亮光环境都能够进行控制，成功研制出在任何光照环境中应用光控方法都可实现水下运动控制的鲤鱼机器人[81,82]。

2017 年，燕山大学彭勇团队针对水生生物机器人在应用电刺激或光刺激单一方式控制时存在动物容易出现适应性和疲劳性的问题，提出了生物机器人混合刺激控制模式，具体提出了鲤鱼机器人的光-电结合刺激控制模式，设计出用于鲤鱼机器人运动行为控制的光电刺激结合装置及控制方法，应用光电结合刺激模式实现了鲤鱼机器人水下运动的控制[83-85]。

5) 鲢鱼、草鱼、鲫鱼、鲟鱼机器人

2007 年，中国第一个鲢鱼机器人、草鱼机器人、鲫鱼机器人和鲟鱼机器人由燕山大学彭勇团队研制成功。该团队在研制成功鲤鱼机器人的基础上，同时应用生物控制技术又实现了对鲢鱼机器人、草鱼机器人、鲫鱼机器人和鲟鱼机器人的前进、左右转向、转圈、后退、停止、上浮和下潜及规划路径等运动行为的水下控制[58]。

6) 肠道生物机器人

2010 年，中国第一个肠道生物机器人由重庆大学研究人员[64]研制成功。该团队针对肠道诊疗设备的驱动问题，引入一种全新的肠道诊疗设备——肠道生物机器人，利用生物体为驱动装置，携带肠道诊疗装置进入肠道内，通过体外的控制中心遥控生物体的运动，实现诊疗装置在肠道内主动前进、后退和定点泊位。该研究选取黄鳝作为肠道生物机器人的生物体，在了解其运动控制机理的基础上，设计一种刺激控制系统并实现了控制黄鳝的前进运动。

1.2.4 微型机器人

微型机器人(micro robot)是典型的微机电系统，驱动方式借助外界环境的自驱动及借助声、光和磁的场驱动。微型机器人从集 CPU 和传感器等于一身的毫米机器人及控制反馈系统与末端执行器分离的螺旋形微型机器人，发展到薄膜材料柔性软体微型机器人及纳米颗粒集群微型机器人。微型机器人具有重要的应用价值，已研制出新型的微型机器人——微生物机器人。

机器人、微机电、仿生学、分子生物学和纳米等技术的交叉融合产生了细菌微纳米生物机器人。细菌微纳米生物机器人是基于生物学原理研制出多种能够对纳米或微米空间进行操作的"功能分子器件"。细胞就是一个微纳米机器，内有分子机械机构，鞭毛是细菌的运动器官，鞭毛有嵌入细胞壁的可逆旋转的马达和延伸到外部介质中的丝动蛋白，马达与丝动蛋白连接可推动细菌运动。2003 年，Tung 等[86]将细菌作为功能组件，把大肠杆菌固定在微流道内表面，依靠细菌旋转形成一个水泵来抽运微流道内液体。2004 年，Darnton 等[87]在将黏质沙雷菌连接到聚二甲基硅氧烷镀膜的盖玻片上形成所谓"细菌毯"的功能组件，可推动微流道中液体。细菌微纳米生物机器人是由微传感器、微制动器和治疗剂按照一定程序组装起来的集合体。将细菌微纳米生物机器人用于肿瘤治疗的药物靶向递送，可携带药物运送到靶点。将细菌微纳米生物机器人注入血管内，可利用血糖和氧获得能量，按编制程序疏通血管、吞噬病菌和杀灭肿瘤细胞，在医学领域具有独特的应用前景。

利用具有趋光性的可游动藻类细胞作为运动可控的单体微型机器人，对群体机器人运动产生的集群效应作用力进行建模，通过光路设计和光斑诱导实现群体机器人的控制，实现微小物体的抓取、定向移动和定点释放。2014 年，Park 等[88]研制出由单核细胞和微珠组成的单核细胞微机器人，已用于肿瘤研究。2020 年，美国加州大学圣迭戈分校与北京科技大学共同研发以细胞为载体的微型药物递送和治疗生物机器人，可增强细胞驱动力，提高与癌细胞或细菌的结合效率，增强靶向治疗效果[89]。

趋磁细菌是受磁场控制的具有集群行为的天然微机器人，其内含有磁小体作为驱动和控制单元，能以高度有序的集群方式进行聚集和迁移。2020 年，吴芃等[90]研发了具有集群行为的微型机器人，在收到磁场控制指令后，载有溶栓剂的微型机器人聚集在血栓部位释放溶栓药物进行溶栓。

微型机器人是微电子机械系统的一个分支，具有鲁棒性强、灵活度高和运动方式多样等优点[91]。微型移动机器人多以自然界中运动迅捷高效的生物为原型，模仿昆虫及小型动物的运动方式。微型移动机器人根据其运动形式的不同可分为爬行机器人、飞行机器人和水下机器人等。微型移动机器人以其体积小、质量轻、灵活度高和运动方式多样等优点在环境监测、器件探伤和军事等领域受到广泛关注[92]。微型机器人是基于分子水平的生物学原理进行设计的机器人，细胞中酶分子实际上就是纳米机器人。纳米机器人是由生物纳米组件制成的自推进式纳米电机和其他可生物降解的纳米设备，究其本质也是微型机器人。

纳米机器人学（Nanorobotics）即分子机器人学（Molecular Robotics）是研究纳米级物体及设备的构建、装配、复制和控制的科学，是将纳米技术、化学、生物学、机器人和计算机等学科有机融合的交叉学科。纳米机器人具有微型和智能的突出特点，与无机材料部件相比，生物分子部件具有可实现通信、可靠性高、自复制和自我修复等良好性能，生物分子部件是纳米机器人的首要构成部件，故纳米机器人也被称为纳米生物机器人。纳米生物机器人能够进入毛细血管和细胞内进行处理，定点和定量给药，诊断和治疗疾病。所以，纳米生物机器人将具有广阔的重要的应用前景。

1.3　生物机器人应用

由于生物机器人有其难以替代的突出优势与显著特色，所以其应用范围是广泛且重要的，可以在以下方面具有重要用途。

1) 危险任务

在复杂和危险的环境中, 生物机器人可以替代人类从事复杂和危险的工作, 如勘测桥洞和隧道、危险环境运输、水下探险、水下作业、检测水下大坝和排除危险物等。

2) 搜索救援

生物机器人搭载救援工具进行工作则可打造成"救援型生物机器人"。生物机器人可以协助人类搜索救援, 如在地震废墟、倒塌建筑、山体滑坡、野外寻人、管道检查和水下打捞等方面执行搜索与救援任务。

3) 环境监测

应用生物机器人可发现放射污染物质、检测环境污染、监测水质、监视船舶污染、发现水上溢油、预警海啸和海底地震等。

4) 科学考察

生物机器人搭载科研仪器进行工作则可打造成"科研型生物机器人", 可对生物物种和地理环境等方面进行科学考察, 对地形地貌和生态环境等进行拍照与摄影。

5) 疾病诊治

生物机器人在医学的诊断和治疗方面能够发挥独特作用则可打造成"医用型生物机器人", 如纳米生物机器人按照指令进入人体体内进行定点给药、诊断疾病和治疗疾病等。

6) 科普娱乐

应用生物控制技术可以在动物园中遥控空中动物、陆生动物和水生动物表演节目, 丰富和娱乐人们的生活, 将科学性寓于娱乐性中, 既能够增加娱乐性和趣味性, 又能够对科学技术知识普及和宣传, 还能够引发大众的科学兴趣尤其是激发青少年热爱科学的热情。

7) 安全保卫

对于重要人物和重要场所等安全保卫工作, 除了常规措施以外, 还可应用生物机器人进行侦测、检查、搜索、巡逻以及防卫。

8) 反恐防暴

应用生物机器人可以跟踪、监视、检查和搜索可疑人员, 排除危险品, 还可提前预警甚至先发制人, 将危险情况遏制在萌芽状态。

9) 国防军事

生物机器人搭载摄像器材执行侦查任务则可打造成"侦查型生物机器人", 生物机器人搭载武器装备执行进攻任务则可打造成"攻击型生物机器人"。应用生物机器人可以空中侦察、地面巡查、跟踪监控、巡逻港口、搜寻鱼雷、保护船舶和应对蛙人等。生物机器人还可以用来进行特种作战, 甚至可以作为特种军事武备与军事人员配合执行多种特殊任务。

生物机器人可以替代人类从事繁重、困难和危险等多方面工作甚至可以执行特殊任务，能够很好地发挥出自己特有的能力完成人甚至机械式机器人所不能完成的艰难工作或高危任务。通过对生物机器人的不断深入研究和进行充分了解，我们设想，生物机器人的未来应用前景乃至特殊用途是非常广泛且十分重要的，甚至有可能会超出当今人类的认知与想象。

近年来我国生物机器人研究主要以陆生生物为主，水生生物研究尚处于起步阶段。随着我国多领域工作任务要求的不断增加与提高，水生生物机器人的研制与应用也势在必行。水生生物机器人在未来面向海洋科学考察、环境生态研究、海啸地震预警、水坝质量勘察、水上搜索救援、水下事故排查、船舶保护、水底打捞、水质监测、物种探索、资源开发、反恐防暴、侦察监视、海洋维权和国防军事等方面将具有重要的实用价值和良好的应用前景。

1.4　生物机器人展望

生物机器人具有与生俱来的结构和功能方面的突出优势与特色，因而其应用价值比较特殊、应用领域也会比较广泛。但生物机器人在发展过程中，也要受到相关技术的影响与制约，相关技术的发展对生物机器人的进步起到至关重要的作用，由于受制于多领域的相关技术，所以目前生物机器人主要还停留在实验室的基础研究阶段，距离实际应用还有很长的路要走，在生物的疲劳性和适应性及损伤性、控制的精确性和有效性及持久性等方面还存在诸多问题，当然也存在相当大的提升空间。实现生物机器人控制的精确性、有效性和持久性是目前努力的研究方向。此外，生物机器人研究也不仅仅局限于控制生物的运动行为，还应研究如何通过生物的视觉、听觉和触觉等功能来为人类服务。目前生物机器人需优先发展的几个方面如下。

1)脑运动神经核团

动物的各种运动行为是由多个脑运动神经核团来控制并协调配合精确完成的，当今主流控制方式是应用控脑技术控制动物机器人，所以脑运动神经核团的知识发现是必要前提和重要基础。与运动行为控制有关的脑运动神经核团及神经通路尚不十分清楚，脑控机制不清楚制约着运动控制的精确性和有效性，在未来研究中需将脑运动神经核团的知识发现作为重点研究工作。

2)脑电极

动物机器人控制方式主要是应用控脑技术，通过植入在脑运动区的电极施加模拟电刺激信号来控制动物的运动行为。然而，将电极植入脑内往往会导致脑损伤效应，发生局部组织的机械损伤、炎症、出血和水肿等反应，可能会在一定程度上改变获得或发射电生理信号组织的理化环境和功能，导致检测或控制不准确、不稳定甚至失败。因此，研制新型脑电极和避免电极植入引发脑损伤效应的策略与方法，是今后需要关注和研究的一个关键技术。

3）脑电信号解码技术与神经模型

深入研究生物脑电信号与运动行为之间的对应关系，即研究脑电信号与运动器官之间的对应关系，从采集的脑电信号中进行特征分析，鉴定出驱动运动器官特定动作所必需的脑电信号，再通过脑-机接口技术，利用计算机中神经模型模拟特定脑电信号对动物脑运动区进行刺激以实现精确控制。对脑电信号的精确解码可排除冗余信号的输出，精确输出可用信号，输出信号总量也大幅降低，使无线精确控制成为可能。在神经模型结构方面，对于多神经细胞模拟，尤其在形成神经网络后其求解速度将下降。因此在保证输出信号与生物信号相似性的前提下，应构建更为工程化的神经模型以提高信息处理能力。脑电信号解码技术与神经模型是提升生物机器人控脑技术的重要问题。

4）控脑机制及控脑技术

控脑技术是生物机器人最主要和最本质的控制手段。那么什么是控脑技术呢？控脑技术是指通过向脑功能区施加干预信号以操纵人或动物生物行为的技术。我们现在对控脑技术所做的这个定义，可能会随着科技的进步和认知的提升还会有所调整。目前对于生物机器人的研究主要还处于实验室研究阶段，基于控脑机制或调控机理的已有控制思路和控制模型还有待于完善。主要根据运动行为控制的神经生物学原理，选取能够导致发生人们预期运动行为的动物相关脑功能区或神经通路，应用适宜的人工信号和适宜的控制方式刺激特定脑功能区或神经通路的适宜位点，导致动物发生相应行为从而控制动物运动，通过人工信号支配动物的神经活动，将其变成运动行为受人操纵的动物。然而人工控制的可靠性和精准度还都有待提高，也需进一步探索运动系统的神经控制网络及运动调控机理。

学者们在研究生物控制中发现，在生物体内植入电极后，即使生物可存活较长时间，但多次重复刺激后生物会产生疲劳效应和适应性，这不利于长时间控制。例如，在蟑螂体内植入电极控制其直线行走时，常在后期发生走偏的现象；在鲤鱼植入脑电极进行控制时，存在长时间刺激会使鲤鱼运动行为变形不能很好完成预设的规划路径。两种动物均发生运动行为与运动轨迹的失控现象，说明无论陆生生物还是水生生物均产生了适应性和疲劳性，这可能是生物的共性问题。科学家们还发现十分有趣的并需深入研究的现象，在控制老鼠运动时，出于对危险的本能，在某种条件下必须加大刺激强度才能令老鼠实现某种运动，而有时即使加大刺激强度也无法达到预期目标，说明外来的人类控脑信号与老鼠自身的脑控信号不一致而发生抗衡时，可能存在着复杂的深奥的控脑与脑控抗衡机制，这是复杂且深刻的脑科学问题。

有关试验表明，目前其实人类对生物行为控制机理了解得还不十分透彻，甚至可以说还比较肤浅，仍需要长期、深入和系统地研究生物运动系统的神经控制网络和生物行为的神经调控机理。尽管如此，我们仍然有信心认为，随着控制工程、信息科学、脑科学、神经工程、电子技术、通信技术、传感技术和计算机等相关学科理论与技术的快速发展,将来有望找到更精准与更有效的控制策略和控制手段,从而实现生物行为的精确和可靠控制。

5) 脑-机接口技术

脑-机接口(BCI)技术是在人脑与计算机或其他电子设备之间建立的直接的交流和控制通道。其关键技术是从采集的神经信号中提取与识别出神经控制命令,再通过电子设备模拟神经命令对实验对象进行控制。通过 BCI 人就可以通过脑来表达想法或操纵设备,而不需要语言或动作。BCI 系统可替代正常外围神经和肌肉组织,实现人与计算机之间或人与外部环境之间的通信。这是神经工程领域发展起来的一种人机交互的方式。BCI 中相当重要的工作就是调整脑与 BCI 系统之间的相互适应关系,即寻找合适的信号处理与转换算法,使神经信号能够实时、快速和准确地通过 BCI 系统转换成可以被计算机识别的命令或操作信号。随着 BCI 技术的快速发展,其在生物机器人方面也被得到开发利用。生物机器人控制不仅需要电子元件的微型化和高度集成化,也需要控制系统的迭代与升级,生物体在植入电子元件后需对神经细胞信息采集与分析,随着 BCI 技术的不断发展,生物机器人的研究方法与技术手段也变得更广泛而深入。

6) MEMS 传感器技术和集成技术

生物机器人在应用中需搭载多种传感器,如视觉传感器对水下环境探测、温度传感器对温度检测、气味传感器对气体成分检测等。微机电系统(micro-electro-mechanical system,MEMS)具有功能齐全、灵敏度和可靠度高等优势,目前已基本取代传统的传感器。MEMS 技术的微型化发展对生物机器人的发展有着重要的推动作用,控制模块的设计与应用受限于生物体型和体重的限制,需高度集成化的模块设计,在有限的设计空间内需集成电源、刺激发生器、传感器和摄像机等电子元件,并在植入生物体时还需良好的生物相容性且与周围组织绝缘。可以预见,在未来的生物机器人应用中,将会植入更微型化的电极,微小芯片集成多种功能以实现微创或无损伤植入。

适宜的生物控制方法是无损或微创的方法,目前无损的经颅超声刺激技术可以实现相关脑区的刺激,可能达到控制运动行为的目的,但目前的技术尚不够成熟,理论基础与调控机制尚不清晰,还需要不断深入研究。

总之,生物机器人已成为现代世界机器人领域的特殊而又重要的发展方向之一。生物机器人是崭新的多学科交叉融合的前沿高科技领域,目前生物机器人主要还处于实验探索阶段,离实际应用还有很长一段路要走,大量的科学与技术问题尚未得到解决,目前这些问题还不十分清楚且复杂又深奥,甚至可能超过当代人类的科学认知与现有的研究能力及实验条件。尤其是水生生物机器人,在水下环境中进行无线遥控控制,情况更复杂,难度也更大,迫切需要在控制工程、信息科学、通信工程、生命科学、神经工程、材料科学、机械工程、人工智能、计算机技术和卫星导航等诸多相关的领域取得重要理论与关键技术的突破与进展。尽管生物机器人研究的道路比较崎岖和所需的时间比较漫长，需要不断地创新与发展，但其还是具有极大的发展潜力和独特的应用价值。我们有理由相信，随着科学和技术水平的不断提升与快速发展，生物控制面临的大量科学和技术问题都有望在未来得到解决，生物机器人的研究与应用具有特殊的重要的应用价值和潜在的重大的科学意义。

参 考 文 献

[1] 彭勇, 王婷婷, 闫艳红, 等. 鲤鱼机器人无线遥控系统设计与应用[J]. 中国生物医学工程学报, 2019, 38(4): 431-437.

[2] Bear M F, Connors B W, Paradiso M A. 神经科学: 探索脑[M]. 王建军主译. 北京: 高等教育出版社, 2004.

[3] Fritsch G, Hitzig E. Electric excitability of the cerebrum (Uber die elektrische Erregbarkeit des Grosshirns) [J]. Epilepsy & Behavior : E&B, 2009, 15(2): 123-130.

[4] Horsley V, Clarke R H. The structure and functions of the cerebellum examined by a new method[J]. Brain, 1908, 31(1): 45-124.

[5] Brown T G. On postural and non-postural activities of the mid-brain[C]. Proceedings of the Royal Society of London. Series B. Containing Papers of a Biological Character, 1913, 87(593): 145-163.

[6] 唐明. 解读人体: 生理现象及机制[M]. 上海: 上海科技教育出版社, 2001.

[7] 寿天德. 神经生物学[M]. 北京: 高等教育出版社, 2001.

[8] Clark S L. A prolonged after-effect from electrical stimulation of the cerebellar cortex in unanesthetized cats[J]. Science, 1937, 86(2234): 377-379.

[9] Clark S L. Responses following electrical stimulation of the cerebellar cortex in the normal cat[J]. Journal of Neurophysiology, 1939, 2(1): 19-35.

[10] Raymond A M. Responses to electrical stimulation of the cerebellum of unanesthetized birds[J]. Journal of Comparative Neurology, 1958, 110(2): 299-320.

[11] Adams D B. The activity of single cells in the midbrain and hypothalamus of the cat during affective defense behavior[J]. Archives Italiennes de Biologie, 1968, 106(3): 243-269.

[12] Kennedy M C. Vocalization elicited in a lizard by electrical stimulation of the midbrain[J]. Brain Research, 1975, 91(2): 321-325.

[13] Distel H. Behavior and Electrical Brain Stimulation in the Green Iguana, Iguana iguana L. I. Schematic brain atlas and stimulation device[J]. Brain Behavior and Evolution, 1976, 13(6): 421-435.

[14] Distel H. Behavior and electrical brain stimulation in the green iguana. Iguana iguana L. II. Stimulation effects[J]. Experimental Brain Research, 1978, 31(3): 353-367.

[15] Tarr R S. Species typical display behavior following stimulation of the reptilian striatum[J]. Physiology & Behavior, 1982, 29(4): 615-620.

[16] 王文波, 戴振东, 郭策, 等. 电刺激大壁虎(gekko gecko)中脑诱导转向运动的研究[J]. 自然科学进展, 2008, 18(9): 979-986.

[17] 王文波, 范佳, 蔡雷, 等. 电刺激大壁虎中脑诱发相反方向脊柱侧弯的研究[J]. 四川动物, 2011, 30(4): 498-501.

[18] Wetzel M C, Stuart D G. Ensemble characteristics of cat locomotion and its neural control[J]. Progress in Neurobiology, 1976, 7(1): 1-98.

[19] Haiss F, Schwarz C. Spatial segregation of different modes of movement control in the whisker representation of rat primary motor cortex[J]. The Journal of Neuroscience, 2005, 25(6): 1579-1587.

[20] Matyas F, Sreenivasan V, Marbach F, et al. Motor control by sensory cortex[J]. Science, 2010, 330(6008): 1240-1243.

[21] Dylan F C, Jeffrey P, Tony Z, et al. The functional organization and cortical connections of motor cortex in squirrels[J]. Cerebral Cortex, 2012, 22(9): 1959-1978.

[22] Bonazzi L, Viaro R, Lodi E, et al. Complex movement topography and extrinsic space representation in the rat forelimb motor cortex as defined by long-duration intracortical microstimulation[J]. Journal of Neuroscience, 2013, 33(5): 2097-2107.

[23] Shik M L, Severin F V, Orlovskiĭ G N. Control of walking and running by means of electrical stimulation of the midbrain[J]. Biofizika, 1966, 11(4): 659-666.

[24] Shik M L, Severin F V, Orlovskiĭ G N. Structures of the brain stem responsible for evoked locomotion[J]. Fiziologicheskii Zhurnal SSSR Imeni IM Sechenova, 1967, 53(9): 1125-1132.

[25] Mori S, Shik M L, Yagodnitsyn A S. Role of pontine tegmentum for locomotor control in mesencephalic cat[J]. Journal of Neurophysiology, 1977, 40(2): 284-295.

[26] Shik M L, Yagodnitsyn A S. Unit responses in the "locomotor strip" of the cat hindbrain to microstimulation[J]. Neurophysiology, 1978, 10(5): 373-379.

[27] Yamaguchi T. Descending pathways eliciting forelimb stepping in the lateral funiculus: experimental studies with stimulation and lesion of the cervical cord in decerebrate cats[J]. Brain Research, 1986, 379(1): 125-136.

[28] Noga B R, Kriellaars D J, Jordan L M. The effect of selective brainstem or spinal cord lesions on treadmill locomotion evoked by stimulation of the mesencephalic or pontomedullary locomotor regions[J]. The Journal of Neuroscience, 1991, 11(6): 1691-1700.

[29] Steeves J D, Jordan L M. Localization of a descending pathway in the spinal cord which is

necessary for controlled treadmill locomotion[J]. Neuroscience Letters, 1980, 20(3): 283-288.

[30] Eidelberg E, Walden J G, Nguyen L H. Locomotor control in macaque monkeys[J]. Brain, 1981, 104(4): 647-663.

[31] Steeves J D, Sholomenko G N, Webster D M S. Stimulation of the pontomedullary reticular formation initiates locomotion in decerebrate birds[J]. Brain Research, 1987, 401(2): 205-212.

[32] Sholomenko G N, Steeves J D. Activation of locomotion by microinjection of neurotransmitter agonists and antagonists into the avian brainstem[J]. Neuroscience (abstract), 1987, 17(2): 826.

[33] Guertin P, Dubuc R. Effects of stimulating the reticular formation during fictive locomotion in lampreys[J]. Brain Research, 1997, 753(2): 328-334.

[34] Jordan L M. Initiation of locomotion in mammals[J]. Annals of the New York Academy of Sciences, 1998, 860(1): 83-93.

[35] Kuwana Y, Shimoyama I, Miura H. Steering control of a mobile robot using insect antennae [C]. Proceedings of the IEEE/RSJ International Conference on Intelligent Robots and Systems, 1995: 530-535.

[36] Talwar S K, Xu S H, Hawley E S, et al. Rat navigation guided by remote control[J]. Nature, 2002, 417(6884): 37-38.

[37] Carmena J M, Lebedev M A, Crist R E, et al. Learning to control a brain machine interface for reaching and grasping by primates[J]. PLoS Biology, 2003, 1(2): 193-208.

[38] 袁海. 最棒的特工[N]. 重庆晚报, 2005-12-30.

[39] Brown S. Stealth sharks to patrol the high seas[J]. New Scientist, 2006, 189(2541): 30-31.

[40] Lehmkuhle M J, Vetter R J, Parikh H, et al. Implantable neural interfaces for characterizing population responses to odorants and electrical stimuli in the nurse shark, ginglymostoma cirratum[J]. Chemical Senses, 2006, 31(31): A14-A14.

[41] Gomes W, Perez D, Catipovic J. Autonomous shark tag with neural reading and stimulation capability for open-ocean experiments[J]. Eos Transactions, American Geophysical Union, 2006, 87: 36-43.

[42] Kobayashi N, Yoshida M, Matsumoto N, et al. Artificial control of swimming in goldfish by brain stimulation: confirmation of the midbrain nuclei as the swimming center[J]. Neuroscience Letters, 2009, 452(1): 42-46.

[43] Arnold K, Neumeyer C. Wavelength discrimination in the turtle Pseudemysscripta elegans[J]. Vision Research, 1987, 27: 1501-1511.

[44] Lee S, Kim CH, Kim DG, et al. Remote guidance of untrained turtles by controlling voluntary instinct behavior[J]. PLoS One, 2013, 8: e61798.

[45] Kim CH, Choi B, Kim DG, et al. Remote navigation of turtle by controlling instinct behavior via human brain-computer interface[J]. Journal of Bionic Engineering, 2016, 13: 491-503.

[46] Kim D G, Lee S, Kim C H, et al. Parasitic robot system for waypoint navigation of turtle[J]. Journal of Bionic Engineering, 2017, 14: 327-335.

[47] Cohen L, Vinepinsky E, Segev R. Wireless electrophysiological recording of neurons by movable tetrodes in freely swimming fish[J]. Journal of Visualized Experiments, 2019, 26(153): 1-11.

[48] Vinepinsky E, Cohen L, Perchik S, et al. Representation of edges, head direction, and swimming kinematics in the brain of freely-navigating fish[J]. Scientific Reports, 2020, 10(1): 147-162.

[49] 郭策, 戴振东, 孙久荣. 动物机器人的研究现状及其未来发展[J]. 机器人, 2005, 27(2): 188-192.

[50] 王文波. 大壁虎运动人工诱导的基础研究[D]. 南京: 南京航空航天大学, 2008.

[51] 王文波, 戴振东. 动物机器人的研究现状与发展[J]. 机械制造与自动化, 2010, 39: 1-7, 49.

[52] 王勇, 苏学成, 槐瑞托, 等. 动物机器人遥控导航系统[J]. 机器人, 2006, 28(2): 183-186.

[53] 卞文超, 苏学成. 放飞世界首只机器人鸟[N]. 大众日报, 2007-03-02.

[54] 杨俊卿, 苏学成, 槐瑞托, 等. 基于新型多通道脑神经刺激遥控系统的动物机器人研究[J]. 自然科学进展, 2007, 17(3): 379-384.

[55] 宋卫国, 柴洁, 韩太真, 等. 一种用于自由活动动物的微型多模式遥控刺激器[J]. 生理学报, 2006, 58(002): 183-188.

[56] 王永玲, 原魁, 李剑锋, 等. 一种新型的动物机器人遥控训练系统[J]. 高技术通讯, 2007, 17(7): 698-702.

[57] 张韶岷, 王鹏, 江君, 等. 大鼠遥控导航及其行为训练系统的研究[J]. 中国生物医学工程学报, 2007, 26(6): 830-836.

[58] 武云慧. 水生动物机器人脑控制技术的研究[D]. 秦皇岛: 燕山大学, 2010.

[59] Peng Y, Wu Y H, Yang Y L, et al. Study on the control of biological behavior on carp induced by electrophysiological stimulation in the corpus cerebello[C]. 2011 International Conference on Electronic Engineering and Information Technique, 2011: 502-505.

[60] Peng Y, Zhao Z, Zhao Y, et al. Three-dimensional reconstruction of magnetic resonance images of carp brain for brain control technology[J]. Journal of Neuroscience Methods, 2022, 366: 109428-109437.

[61] Zhao Y, Peng Y, Wen Y D, et al. A novel movement behavior control method for carp robot through the stimulation of medial longitudinal fasciculus nucleus of midbrain[J]. Journal of Bionic Engineering, 2022, 19: 1302-1313.

[62] 刘颖杰. 家兔动物机器人行为控制技术的研究[D]. 秦皇岛: 燕山大学, 2013.

[63] 李建华, 万红. 大鼠刺激器遥控系统的设计[J]. 计算机工程, 2010, 36(18): 288-290.

[64] 王振宇, 皮喜田, 魏兀, 等. 肠道动物机器人中驱动装置的刺激控制系统研究[J]. 中国生物医学工程学报, 2010, 29(5): 731-739.

[65] 皮喜田, 徐林, 周升山, 等. 无创伤老鼠动物机器人的运动控制[J]. 机器人, 2011, 3(1):

71-76.

[66] Bozkurt A, Gilmour R F, Lal A. Balloon-assisted flight of radio-controlled insect biobots[J]. Biomedical Engineering, IEEE Transactions on, 2009, 56(9): 2304-2307.

[67] Sato H, Berry C W, Peeri Y, et al. Remote radio control of insect flight[J]. Frontiers in Integrative Neuroscience, 2009, 3(24): 1-11.

[68] Sato H, Peeri Y, Baghoomian E, et al. Radio-controlled cyborg beetles: a radio-frequency system for insect neural flight control[C]. The 22nd International Conference on Micro Electro Mechanical Systems. IEEE, 2009: 216-219.

[69] Li Y, Wu J, Sato H. Feedback control-based navigation of a flying insect-machine hybrid robot[J]. Soft Robotics, 2018, 5(4): 365-374.

[70] 鲍莉. 蜜蜂简单行为诱导及光流刺激下锋电位发放的研究[D]. 杭州：浙江大学, 2012.

[71] Whitmire, Eric, Latif, et al. Sound localization sensors for search and rescue biobots[J]. IEEE Sensors Journal, 2016, 16(10): 3444-3453.

[72] 5G智能生活. 国外发明了一种蜻蜓机器人, 小心让你猝不及防! [EB/OL]. https://www. sohu. com/a/150860967_670579[2017-06-21].

[73] Baker D P. Special operations remote advise and assist: an ethics assessment[J]. Ethics and Information Technology, 2019, 21(1): 1-10.

[74] 王勇, 苏学成, 槐瑞托, 等. 动物机器人遥控导航系统[J]. 机器人, 2006, 28(2): 183-186.

[75] 林济延. 带可控静止功能的动物机器人研究[D]. 杭州：浙江大学, 2011.

[76] 袁明军, 岳森, 张云鹏, 等. 用于光遗传学神经调控的无线程控光刺激器[J]. 纳米技术与精密工程, 2015, 13(6): 420-424.

[77] 王文波. 大壁虎运动人工诱导的基础研究[D]. 南京：南京航空航天大学, 2008.

[78] 田静, 苏学成. 放飞世界首只"机器人鸟"[J]. 走向世界, 2009, 1: 70-73.

[79] Shim S, Yun S, Kim S, et al. A handheld neural stimulation controller for avian navigation guided by remote control[J]. Bio-medical Materials and Engineering, 2019, 30(5-6): 497-507.

[80] 苏晨旭. 鲨鱼运动行为诱导的基础研究[D]. 秦皇岛：燕山大学, 2015.

[81] 彭勇, 苏晨旭, 郭聪珊, 等. 一种光刺激搭载装置[P]. 中国, 201420696022. 1. 2014.

[82] 彭勇, 韩晓晓, 王婷婷, 等. 一种用于鲤鱼机器人的光刺激装置及光控实验方法[J]. 生物医学工程学杂志, 2018, 35(5): 62-68.

[83] 彭勇, 韩晓晓, 刘洋, 等. 一种光电刺激相结合的鲤鱼水生动物机器人行为控制方法[P]. 中国, 201710905248. 6. 2017.

[84] 张乾. 鲤鱼机器人的光刺激控制及机理研究[D]. 秦皇岛：燕山大学, 2021.

[85] 彭勇, 问育栋, 闫艳红, 等. 一种用于鲤鱼机器人运动行为控制的光电刺激结合装置[P]. 中国, 202211500771. 8. 2022.

[86] Tung S, Kim J W, Malshe A, et al. A cellular motor driven microfluidic system[C]. The 12th

International Conference on Solid State Sensors, Actuators and Microsystems, 2003: 678-681.

[87] Darnton N, Turner L, Breuer K, et al. Moving fluid with bacterial carpets[J]. Biophysical Journal, 2004, 86(3): 1863-1870.

[88] Park S J, Lee Y, Choi Y J, et al. Monocyte-based microrobot with chemotactic motility for tumortheragnosis[J]. Biotechnol Bioeng, 2014, 111(10): 2132-2138.

[89] Tang S, Zhang F, Gong H, et al. Enzyme-powered Janus platelet cell robots for active and targeted drug delivery[J]. Science Robotics, 2020, 5(43): eaba6137.

[90] 吴芃, 黄芃铖, 钟家雷. 用于医疗靶向微血管溶栓的仿生微型手术机器人[J]. 机器人外科学杂志, 2020, 1(3): 230.

[91] 周海, 叶兵. 机器人的发展现状及应用前景[J]. 装备制造技术, 2017, (9): 47-49.

[92] 周文博, 谭晓兰, 刘德祥, 等. 微型机器人的研究现状[J]. 信息记录材料, 2021, 22(8): 175-177.

第 2 章   水生生物机器人控制原理

生物机器人是人类通过生物控制技术施加干预信号调控生物行为从而实现人类操纵的生物。人类依据一定的科学原理和控制方法及技术手段可以实现对生物的控制，生物机器人涉及多种控制原理及控制模式，目前主要包括电、光、化学、机械、声和磁刺激等方式的控制原理。

2.1   电刺激方式控制原理

电刺激方式控制原理是目前生物机器人控制中最主要、最常用的控制原理，主要是通过刺激生物的神经系统，产生人类预期的运动行为，从而实现控制生物行为的目的，生物的神经系统是电刺激方式控制原理的结构基础。

2.1.1   神经系统

神经系统是机体对生理功能活动进行调节的最重要系统。神经系统包括中枢神经系统和周围神经系统两大部分。中枢神经系统包括脑和脊髓；周围神经其一端与脑或脊髓相连，另一端通过各种末梢装置与组织器官相联系。周围神经分为躯体神经和内脏神经，躯体神经分布于体表、骨、关节和骨骼肌，内脏神经分布于内脏、血管、平滑肌和腺体，躯体神经和内脏神经都与中枢神经系统相连，因此脑和脊神经内均含有躯体神经和内脏神经的成分。周围神经系统包括脑神经、脊神经和内脏神经三部分，即脑神经、脊神经和内脏神经中各自都有感觉和运动成分。在周围神经系统中，将神经冲动自感受器传向神经中枢的神经是感觉神经，又称传入神经；将神经冲动自神经中枢传向效应器的神经是运动神经，又称传出神经。内脏神经中的传出部分支配内脏、血管、平滑肌和腺体的运动，又称为自主神经系统或植物神经系统，自主神经系统或植物神经系统又分为交感神经和副交感神经。神经系统通过躯体和内脏的感受器感知机体内外环境的变化，再通过反射活动，一方面经躯体运动系统支配骨骼肌的收缩，另一方面通过自主性(植物性)神经支配内脏和免疫系统做出适应性反应。

神经组织是由神经细胞和胶质细胞两类细胞组成。神经细胞(神经元)是神经系统最基本的结构单位和功能单位。神经元是具有长突起的细胞，由细胞体和细胞突起构成。细胞体位于脑、脊髓和神经节中，细胞突起可延伸至全身各组织中。神经元的胞体是代谢的主要场所，也是神经元的营养中心。细胞体内有斑块状的核外染色质(旧称尼氏小体)且还有许多神经纤维。

　　细胞突起是由细胞体延伸出来的细长部分,可分为树突和轴突。轴突是神经元胞体发出的一根细而长的突起,树突是从神经元胞体发出的呈放射状的多而短的突起。轴突能够将兴奋从胞体传送到另一神经元或其他组织,树突能够接受刺激并将兴奋传入胞体。一个神经元通常只有一个轴突,也有的神经元缺乏轴突,只有树突,而且树突的多少、长短和分布是多种多样的。

　　神经元具有重要生理功能,可接受刺激、产生冲动和传递信息。神经元实现功能调控的基础是生物信息的传递,生物信息传递包括细胞膜电信号传导、跨膜信息转导、胞内信使分子介导效应以及不同神经元共同组成的信号传导环路。神经元在新陈代谢过程中,细胞中会进出不同的物质,物质进出功能为跨膜物质转运功能,是神经元赖以维持新陈代谢、维持细胞稳态和信号传导的基础。神经元电信号的产生本质是细胞内外离子交换的过程,会使细胞内外电平衡产生波动。神经元的电信号主要包括动作电位和局部电位,这是神经系统中信息传递的主要方式。动作电位是一种"全或无"式的尖峰样电压信号,传递信息时不随距离的增加而衰减,适用于长距离的信息传输;局部电位是根据外界刺激变化而幅值连续改变的一种分级电位,传递信息时随着距离的增加而衰减,若局部电位累积到阈电位水平时可爆发动作电位。

　　髓鞘对神经元的电信号传导具有重要生理意义。神经元轴突被具有绝缘作用的脂质结构所包裹,即髓鞘。轴突上髓鞘是由神经胶质细胞参与构成的沿轴突规律性分节排列的,间断处轴突"裸露"部分称为朗飞结(nodes of ranvier)。神经元的较长突起连同其外表所包被的结构是神经纤维,根据神经胶质细胞是否卷绕轴突形成髓鞘将神经纤维分为有髓纤维和无髓纤维两种。神经纤维的生理功能主要是传导动作电位即传导兴奋。沿着神经纤维传导的动作电位或兴奋称为神经冲动,简称冲动。神经冲动的传导速度受多因素的影响,如神经纤维的直径、神经纤维有无髓鞘、温度等。神经纤维直径越大,传导速度就越快;有髓纤维以"跳跃式"方式传导兴奋,因而其传导速度远比无髓纤维快;温度在一定范围内升高可加快传导速度。神经纤维受到有效刺激时会产生兴奋,兴奋过程是产生动作电位的过程,动作电位会迅速扩散,呈不衰减性传导,直至整个细胞膜都产生兴奋。

　　突触是神经元与神经元之间相接触的部位。突触传递是神经系统中信息交流的重要方式。神经元轴突的终末处分成若干细支形成突触前末梢或称终扣,突触前末梢与其他神经元或效应器细胞表面相接触形成突触,神经元末梢突触可将信息传到另一个神经元或效应器上。传出信息的神经元是突触前神经元,接受信息的神经元是突触后神经元。突触前神经元与突触后神经元不直接接触,其间的裂隙是突触间隙。突触是由突触前膜、突触间隙、突触后膜三个部分组成。神经元间的信息传递是须跨过细胞之间的间隙实现的。根据突触传递媒介物性质的不同可将突触分为化学性突触和电突触两类，化学性突触的信息传递媒介物是神经递质，电突触的信息传递媒介物是局部电流。根据突触前膜与突触后膜之间有无紧密解剖学关系，化学性突触又分为定向突触和非定向突触两种模式。定向突触释放的神经递质作用于范围局限的突触后膜上，如神经–骨骼肌接头；非定向突触释放的神经递质作用于范围较广的突触后膜上，如神经–心肌接头和神经–平滑肌接头。

　　反射是神经系统活动的基本方式。反射弧是神经反射的结构基础，包括感受器、传入神经(感觉神经)、神经中枢、传出神经(运动神经)和效应器五个部分。依据神经元在反射弧内所处的地位不同，可将其分为传入神经元(感觉神经元)、中间神经元(联络神经元)、传出神经元(运动神经元)三类。反射弧中的神经元与神经元之间、神经元与效应器细胞之间都是通过突触传递信息的。反射弧中的反射中枢部分，在反射活动的实现过程中起着关键性作用。反射中枢是指在中枢神经内调节某一特定生理功能的神经元群。中枢神经系统内的神经元数目多，联系复杂，一个神经元的轴突末梢分支可与多个神经元建立辐散式神经联系，以利信息的扩散；多个神经元的轴突末梢可与同一个神经元发生聚合式神经联系，有助于信息的总和。

　　组成生物的各种细胞、组织和器官都在进行着各不相同而又紧密联系的功能活动，当环境发生变化时，其功能也将发生相应的变化，以维持机体内环境的稳态和对外环境的适应。这是通过生物对其功能活动进行完善而精确的自动调节实现的。调节方式有三种：神经调节、体液调节、自身调节。神经调节是指通过神经系统的活动对生物功能进行的调节作用，其特点是迅速、精确、短暂、具有高度的协调和整合功能，是生物各种功能调节方式中最主要的调节方式。体液调节是指传递信息的化学物质通过体液的运送对生物功能进行的调节作用，其特点是缓慢、广泛、持久，是生物各种功能调节方式中基本的调节方式之一。自身调节是指器官、组织、细胞在机体内外环境变化时，不依赖神经或体液调节而自身产生的适应性反应，其特点是常常局限在一个器官或一小部分组织或细胞内，调节准确、稳定，但调节的幅度和范围较小。自身调节是一种局部调节，但对维持细胞、组织、器官功能的稳态仍具有一定的意义。机体内环境稳态的维持和各组织器官功能的完整统一及机体与外环境的协调平衡，都是通过这三种方式实现的，其中神经调节和体液调节是两个基本的调节方式，而神经调节是最主要的调节方式。

2.1.2　生物电

　　1949 年，Hodgkin 和 Katz[1]发现了细胞外液中的钠离子浓度对动作电位的影响，从而提出了神经冲动的离子学说，阐明了神经冲动的传导理论，揭示了兴奋过程与 Na^+、K^+ 和 Cl^- 的关系。生物电现象的发现和生物电理论的阐明，对人类认识生命活动规律具有重要的科学意义。生物电是组织细胞在生命活动过程中伴随的电现象，一切活细胞无论处于安静状态还是活动状态都存在生物电现象，如心电图、脑电图、肌电图就是记录相关细胞生物电变化的图形。生物电包括静息电位和动作电位两种类型。

静息电位是细胞在安静状态时存在于细胞膜内外两侧的电位差。细胞静息时，膜内为负电位，膜外为正电位。静息状态时细胞膜内外两侧呈现内负外正的稳定状态称为极化；细胞膜内外两侧呈现内正外负的状态称为反极化；以静息电位为标准，膜电位向负值减小的方向变化称为去极化；以静息电位为标准，膜电位向负值增大的方向变化称为超极化；细胞膜发生去极化后又恢复到原来的极化状态称为复极化。膜的离子学说解释了静息电位的产生机制，离子学说认为：膜电位的产生是由于细胞膜内外各种离子的浓度分布不均衡和细胞膜对各种离子的通透性不同形成的。静息电位的实质是 K^+ 的电-化学平衡电位。

动作电位是细胞膜受刺激时发生的一次扩布性电位变化。动作电位是一个连续的膜电位变化过程，波形分为上升相(上升支)和下降相(下降支)。上升相是膜电位去极化的过程，上升相超过 0 电位线的部分称为超射；下降相是膜电位复极化的过程。上升相和下降相形成的尖锐波形称为锋电位。动作电位的产生机制：上升支主要是细胞外 Na^+ 快速内流形成的，下降支主要是细胞内 K^+ 外流形成的。动作电位的实质是 Na^+ 的电-化学平衡电位。动作电位是可兴奋细胞受到刺激而产生兴奋的标志和共同特征性表现。

机体或细胞受到刺激后所发生的功能活动的变化称为反应。反应的形式有兴奋和抑制两种。兴奋是指机体或细胞由安静状态转为活动状态或活动由弱变强；抑制是指机体或细胞由活动状态转为安静状态或活动由强变弱。

(1)兴奋的引起。细胞的兴奋可由一次阈刺激或阈上刺激引起，也可由两次以上阈下刺激引起。当细胞受到一次阈刺激或上阈刺激时，受刺激的细胞膜 Na^+ 通道开放，Na^+ 内流，使静息电位值减小发生去极化到阈电位时即爆发动作电位。从电生理角度看，兴奋是指动作电位的产生过程或动作电位的同义语，兴奋性则是细胞受刺激时产生动作电位的能力。兴奋性的基础是静息电位，所以静息电位值或静息电位与阈电位的距离大小可影响兴奋性，如两者距离增大则兴奋性下降，反之亦然。当受到一个阈下刺激时，膜上被激活的 Na^+ 通道少，局部去极化微弱达不到阈电位水平，不能产生动作电位，这种局部去极化称为局部电位、局部反应或局部兴奋。其特点是：局部去极化的幅度与刺激强度成正比；不能远传，但可进行短距离衰减性扩布，称为电紧张性扩布；可以总和，连续给予数个阈下刺激或相邻膜上同时受到数个阈下刺激时，局部电位通过时间总和或空间总和达到阈电位可引起动作电位。

(2)兴奋的传导。膜上任何一处产生的动作电位都将沿着整个细胞膜扩布即传导。沿着神经纤维传导的动作电位为神经冲动。神经冲动是呈脉冲式的锋电位。神经冲动可通过突触或神经—肌肉接头传递。无髓神经纤维传导动作电位以局部电流形式。有髓神经纤维传导动作电位呈跳跃式，跳跃式传导速度快，较粗的有髓神经纤维传导速度快，较细的无髓纤维传导速度慢。传导的突出特点是不衰减，即动作电位的幅度和速度不因传导距离的增加而减小。动作电位一旦发生，其幅度和速度即达最大值，不受原初刺激和传导距离的影响，呈现动作电位的"全或无"现象。动作电位或兴奋在神经纤维上传导的特点：①双向性，即兴奋能从受刺激的部位向相反的两个方向传导；②完整性，神经纤维的结构和功能均完整时才能正常传导兴奋；③绝缘性，一根神经干中的各条神经纤维，各传导自己的兴奋而互不干扰，从而保证神经调节的精确性；④相对不疲劳性，用每秒 50～100 次的电刺激连续刺激神经 9～12 小时时，神经纤维始终能够保持兴奋传导的能力，与突触传递相比，显示神经传导不易疲劳。Na$^+$跨膜运动的变化主导整个神经冲动的变化。

2.1.3　电刺激控制原理

在生物机器人电刺激控制中，当前主要应用电生理技术。什么是电生理技术？作者认为，电生理技术是检测分析生物电与电刺激生物体的技术。电刺激对动物组织产生的损伤较小，操作也比较方便，且可重复进行，因此电刺激一直作为生物控制中的常用技术手段。

在对生物进行电刺激时，若要引起细胞、组织或机体发生反应引起兴奋需满足三个条件：一定的刺激强度、一定的持续时间、时间—强度变化率。在一定范围内，刺激持续的时间越短，所需的刺激强度就越强；刺激作用的持续时间短，引起组织兴奋所需的刺激强度值就越小。在刺激强度低于临界值时，即便刺激时间无限延长，也无法引起细胞的兴奋；在刺激时间足够短时，即便刺激强度无限增大，也同样无法引起细胞的兴奋。若要引起细胞兴奋就要达到细胞动作电位的阈值。当细胞膜任一处发生兴奋产生动作电位均可沿细胞膜向周围进行不衰减性扩布，表现为动作电位沿整个细胞膜传导。

国际上的生物机器人控制主要是在电生理技术基础上进行的。Kuwana 等[2]通过遥控信号刺激安放在美洲蟑螂探须和尾须的微电极来控制其运动，蟑螂背负微型摄像机和传感设备用于地震救灾或间谍侦察。Talwar 等[3]对大鼠机器人进行研究，选择大鼠左右两侧躯体感觉皮层胡须代表区(somatic sensory area，S1)和内侧前脑束(medial forebrain bundle，MFB)作为刺激目标，通过植入电极电刺激目标神经核团实现大鼠机器人控制。控制方式是通过"虚拟奖赏"实现，虚拟奖赏借鉴人工驯服动物时采用的食物奖赏思路，用电刺激神经核团 MFB 产生的兴奋代替食物奖赏，基于大鼠胡须所具有的触觉传感的生理机能，电刺激左右两侧躯体感觉皮层胡须代表区 S1 使大鼠产生胡须触碰外部物体的幻觉，使大鼠做出转向躲避动作，当大鼠能够正确改变运动方向时，通过电刺激 MFB 区域给予奖励；若未做出正确行为则不电刺激 MFB 区域，不使其产生奖励，该方法需重复训练使其产生受控行为。苏学成等[4]通过对鸽子等动物研究，给出一种基于动物自由活动状态下共性神经机制的、具有普遍适用性的运动行为控制模式，其神经机制是动物运动行为的发生起因于外界刺激或自身主观的运动意愿，且两者都是以电信号方式在神经系统中表达、传递和处理的，采用在中枢神经系统中研究与所需运动行为控制相关的脑机制及其脑代表区和这些代表区内适宜神经位点，在所选位点注入与该位点固有电信号相同的电信号，从而起到表达"外界刺激或自身主观运动意愿"的作用，于是产生所需运动行为，实现对动物运动的控制。

电刺激方式是实现生物控制的一种基本方法。然而电刺激方法也不是完美而没有缺陷的，电刺激对于神经元的胞体、轴突或树突的兴奋作用没有选择性，施加电刺激后，刺激电流很容易扩散而超出兴奋范围，且还存在兴奋过路纤维问题。尽管如此，总的来看，电刺激方式仍然是主要的控制方法。

节律运动是一种有节奏且有规律的运动，运动可以随意开始和终止，运动开始后可不在意识的控制下自动重复进行。Shik 等[5]提出动物的节律运动是由脊髓的中枢模式发生器(central pattern generator，CPG)控制的。自此，众多学者对 CPG 进行了探索，研究表明，有两种模式对神经模式发生器的形成发挥了作用：一是单个神经元的节律性兴奋，这种神经元称之为起步细胞(pacemaker cell)；二是神经网络成员间的相互拮抗性作用。节律运动是具有时间、空间对称性和周期性的，如鲤鱼的游泳就属于典型的节律运动。如图 2.1 所示，包括大脑和小脑等在内的高层中枢发出运动指令，控制位于脊髓的低层中枢 CPG，CPG 被启动后通过发出的节律信号控

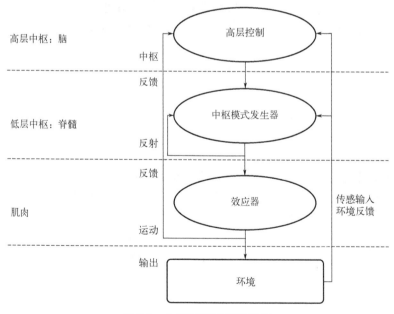

图 2.1　生物节律控制示意图

制肌肉等效应器产生运动行为[6]。高层中枢的主要机能是调控运动起始、监控运动过程、改变运动形式、躲避运动障碍和规划运动路径等。鱼类的节律运动是由脊髓CPG引起躯干肌肉的交替收缩实现的，CPG的激活、运动的启动和维护都需要高层中枢的兴奋驱动。

在鲤鱼运动控制机理研究中，Kashin 等[7]进行电刺激硬骨鱼(鲤鱼和鲫鱼)中脑诱导其游泳的研究，提出中脑区域可能是脊椎回路兴奋性驱动的控制中心，但鲤鱼中脑准确的脑运动区及相关神经通路还并不清楚。Uematsu 和 Ikeda[8]证实刺激视顶盖和内侧纵束核(Nflm)可以控制鲤鱼游泳，并记录了虚拟游泳的鲤鱼 Nflm 脑电活动，发现包括鲤鱼在内的多数硬骨鱼 Nflm 神经元可直接驱动脊髓 CPG 完成游泳，人工刺激 Nflm 可引起自然的游泳。但 Nflm 不可能是唯一与运动相关的神经核团，与运动相关的脑区、神经核团、神经元、神经纤维及神经通路是复杂的。有学者研究，通过刺激金鱼中脑 Nflm 和其周围区域所产生的运动模式被限制在二维空间，没出现上浮和下潜。这提示人们，研究鲤鱼的运动控制机制不只局限于中脑。

通过这种工作机制，在神经系统中产生各种节律运动，形成 CPG 基本模型。有学者在对 CPG 研究时发现，生物体节律运动可以适应各种非结构地面和恶劣环境，具有自主性、适应性、协调性和鲁棒性。他们通过对 CPG 的数学模型进行研究，建立了若干数学模型，也进行了机器人控制实验，但对于生物学机理还需研究。基于生物体 CPG 等底层细胞的人工刺激，诱发其节律性运动，绕过对生物体脑区的研究，直接将刺激接入生物体的运动神经元，这种方法可以提高信号的被表达性，易于使信号最大限度地接近生物自身信号形式，降低生物体的信号排异性，减少对生物体神经系统的人为影响。

关于生物机器人的研究一部分是基于动物特有的生理特点，如蟑螂的触须、天蛾的翅膀、鲨鱼的嗅觉等，而不是基于共性的生物控制机制。鲤鱼机器人主要是应用控脑技术，该技术是最本质和最有效的控制手段。苏学成等[4]提出一种普遍适用的动物机器人的脑机制和控制方法，该共性控制机制源于动物躯体运动系统的本身神经机制，中枢运动控制神经系统一般分为 3 个水平，分别为最高水平、中间水平和最低水平。"最高水平"以新皮层的联合皮层和前脑的基底神经节为代表，负责确定运动目标和制定到达运动目标的最佳运动战略；"中间水平"以运动皮层和小脑为代表，负责使运动平滑而准确地到达预定的目标，包括肌肉收缩的顺序、运动的空间和时间安排等运动战术；"最低水平"以脑干和脊髓为代表，主要负责运动的执行，包括激活某些发起目标定向性运动的特定运动神经元和中间神经元池等。在最高水平的主导下，3 个等级水平协同作用共同完成不同类型的随意运动。然而，怎样通过运动系统产生运动行为以实现对动物运动行为的控制？从探索与运动行为相关的脑机制及相关脑区出发，本书首先确定能够控制鲤鱼游动的脑区及适宜的神经位点，通过电生理信号刺激这些脑区及位点控制鲤鱼发起运动。由于鲤鱼属于低等脊椎生物，未形成完整的大脑皮层，因而在神经系统的下传通道中选取能够产生预期运动行为的相应脑区(如神经核团或神经束)并对这些脑区的适宜位点进行刺激，外来刺激会代替该位点所在部位的固有神经信息，在脑区产生虚拟信息从而产生所需的运动行为。

当今对生物机器人的控制方式是以电刺激方式为主，通过对动物脑运动区的电刺激，实现对动物机器人运动行为的有效控制。将电极植入脑区中的运动神经核团，向运动神经元施加电刺激信号，但在电刺激过程中需要确定要刺激的目标脑运动区，而且植入电极会对动物脑组织造成局部损伤，长时间使用单一控制方式还会使动物产生疲劳性和适应性，从而影响生物机器人控制的精确性和有效性，因此还需探索与研究其他的控制策略和技术手段。

2.2　光刺激方式控制原理

Lima 和 Miesenböck [9]利用光敏开关受体成功实现对果蝇的爬行和跳跃等运动行为的控制。Gradinaru 等[10]研究发现，使用蓝光照射老鼠大脑右侧 ChR2 表达的 M2 运动区，会使老鼠连续进行左转向，当关闭光源时转向则立即停止。郑筱祥团队[11]开展光遗传学研究，通过将 ChR2 光感基因导入大鼠机器人的 dPAG 脑区特定位点的兴奋性神经元集群，并施加蓝光刺激序列，激活光感基因神经元，编码"停止"和"逃逸"命令以进行老鼠机器人控制。袁明军等[12]研发了一种由 μLED 作为输出光源的光学刺激器，该刺激器能够激活核团内光敏神经元，在次级运动皮层施加光学刺激引起小鼠运动。

下面以鲤鱼为例对水生生物机器人光刺激控制原理进行说明。鲤鱼视觉中枢位于中脑，中脑的整个背部称为中脑盖又称为视盖，为非哺乳动物的视觉中枢。鲤鱼眼睛视网膜分 8 层，通过视觉器官感受外界光线，大多数鱼类可感知光的波长范围在 340~760nm 之间，不同波长对应不同的光照颜色，在日常光照条件下检测闪光灯对鲤鱼行为的影响实验，视网膜的视锥色素在蓝色、绿色和红色波长处具有峰值吸收率，并具有紫外线和近红外线光感受器。有研究发现，鲤鱼对闪光灯表现出强烈的回避行为，说明闪光灯在改变鱼的游泳方面是有效的[13]。视网膜内生理过程会受到光照的影响，光照影响着神经递质多巴胺和激素褪黑素的合成与分泌。视网膜中的多巴胺和褪黑素分别起着光信号和暗信号的作用。视网膜中能够感受光刺激的细胞是视细胞，视细胞包括视杆细胞和视锥细胞，在接受光刺激时，能够将光信号转化为神经电信号。无论视杆细胞还是视锥细胞均由内节、外节、终足和胞体四部分组成，称为光感受器。其中，外节呈细杆状的为视杆细胞，外节呈圆锥状的为视锥细胞。这两种细胞内均含有感光物质，实现光刺激信号的传导过程，在光的刺激下感光物质发生光化学变化和电位改变，致使视细胞产生神经冲动并传递至视觉中枢。视杆细胞能够感受弱光的刺激，对光照的强弱反应敏感，对不同光源的颜色反应不敏感，其所含感光物质为视紫红质；视锥细胞能够感受强光和颜色的刺激，对弱光的敏感性不如视杆细胞，但对强光和光源颜色则具有较强的分辨能力。视网膜的黄斑中央凹处只有视锥细胞，光线能够直接传递到视锥细胞，故最敏锐的辨色和感光部分在于此。

　　鲤鱼视觉器官的视网膜上视杆细胞和视锥细胞构成神经上皮组织。视杆细胞一端连接着外网状层，另一端到达色素细胞层的色素细胞。视锥细胞一端达到外网状层，另一端连接到视杆视锥层的中部。视杆细胞与视锥细胞相互交错[14]。由于鲤鱼视网膜上存在着视杆细胞与视锥细胞，鲤鱼能够感受光的强弱变化和光的颜色，因此鲤鱼光刺激控制原理主要是通过不同条件的光源进行光刺激从而实现鲤鱼机器人运动行为的控制。

　　趋光性是指当动物受到光线刺激时产生定向运动的行为。动物朝向刺激光源的运动行为称正性趋光性，动物背离刺激光源的运动行为称为负性趋光性。作者对鲤鱼进行趋光性实验，发现鲤鱼有背离刺激光源的运动行为，即具有负性趋光性，根据鲤鱼负性趋光性原理，成功实现了对鲤鱼机器人的光控。

2.3　化学刺激方式控制原理

　　在一定情况下，化学刺激方式也可以用来对生物机器人进行控制，诱导动物产生相应的运动行为，从而达到一定的生物控制目的。

　　随着分析化学技术的发展，人们在神经组织中发现了微量生物活性物质—神经递质和受体等。Loewi[15]在蛙心灌流实验中证明了神经化学传递。有学者揭示了乙酰胆碱(Acetylcholine，ACh)在神经肌接头中的作用。由于是神经末梢同肌纤维之间点对点的联系，其作用既迅速又精确，神经肌接头处释放出的 ACh 跨越突触间隙，作用于突触后 N-胆碱受体，引起离子通道的启闭而实现。Euler[16]证明交感神经末梢释放的神经递质为去甲肾上腺素(Noradrenaline, NA)，NA 和副交感释放的 ACh 共同支配平滑肌运动和腺体分泌。神经元之间互相接触并传递信息的部位构成突触，突触包括突触前膜、突触间隙和突触后膜三部分。突触前神经元轴突末梢分支末端膨大形成突触小体，突触小体内有突触小泡，突触小泡储存神经递质。突触小体面对突触间隙的膜为突触前膜。突触后神经元面对突触间隙的胞体或突起的细胞膜为突触后膜，突触后膜上有能与神经递质结合的受体。突触前膜和突触后膜之间的间隙为突触间隙。突触前神经元的活动经突触引起突触后神经元活动的过程称突触传递，突触传递包括电—化学—电 3 个环节。突触前神经元的兴奋传到其轴突分支末端时，促使突触小泡移向突触前膜并与之融合破裂释放递质，递质经突触间隙与突触后膜受体结合，引起突触后神经元活动的改变。若突触前膜释放的递质类型是兴奋性递质，则会提高突触后膜对 Na^+、K^+、Cl^-特别是对 $Na+$的通透性，允许 Na^+、K^+、Cl^-内流，其中主要允许 Na^+ 内流，从而引起突触后膜局部去极化，此称为兴奋性突触后电位，当局部电位达到一定阈值时可激发突触后神经元的扩布性兴奋。若突触前膜释放的递质类型是抑制性递质，则提高突触后膜对 K^+、Cl^-特别是对 Cl^-的通透性，引起局部超极化，此称为抑制性突触后电位，突触后膜的超极化使突触后神经元呈现抑制效应。根据突触前神经元活动对突触后神经元功能活动影响的不同，突触又可分为兴奋性突触和抑制性突触两类。由突触前神经元轴突末梢释放的传递信息的化学物质称为神经递质。根据其存在部位可分为中枢递质和外周递质两类。中枢递质中有兴奋性递质，如乙酰胆碱、谷氨酸、组胺；也有抑制性递质，如 γ-氨基丁酸、甘氨酸；还有两种功能兼有的，如去甲肾上腺素。外周递质主要有乙酰胆碱和去甲肾上腺素。

　　作者应用化学刺激方法对鲤鱼的小脑和延脑迷叶进行谷氨酸刺激实验研究。向鲤鱼的小脑和延脑迷叶注射谷氨酸钠溶液，结果显示，当向小脑和延脑迷叶内注射相同剂量的谷氨酸钠溶液时，相比小脑而言，刺激延脑迷叶时鲤鱼出现摆尾动作更明显；将谷氨酸钠溶液和对照组生理盐水分别注射到小脑和延脑迷叶中，实验表明，化学刺激小脑和延脑迷叶可诱发鲤鱼的运动行为，并且注射谷氨酸钠溶液后诱发鲤鱼的动作行为比注射生理盐水的现象要明显且稳定。由此推断，鲤鱼的小脑和延脑迷叶可能存在感受化学刺激的运动控制区，其中可能存在谷氨酸能神经元。

　　在鲤鱼谷氨酸刺激实验的基础上，应用化学刺激方法又对条纹斑竹鲨(chiloscyllium plagiosum)进行了诱导实验。鲨鱼的嗅觉非常敏锐，在鲨鱼大脑前部有两个叉(鼻囊)伸向口鼻部两侧的鼻孔，当鲨鱼嗅到气味便会转动身体来寻找气味较重的方向。有研究表明，若把鲨鱼的一个鼻孔遮住，鲨鱼便会一直打圈子而不易找到气味的方向。鲨鱼还能区分出海水含盐量以找出适合的产卵或捕猎的地点。某些鲨鱼的嗅觉器官能探测出溶在 100 万倍海水容量中一滴血液的味道，能嗅出来自动物肠道和排泄口附近的化学物质。作者通过实验发现，将沾有不同神经递质溶液的棉球放入水中，通过移动棉球则可以诱导条纹斑竹鲨进行不同方向的运动。由此推测，通过在水中释放某些化学物质可以诱导鲨鱼的运动行为。

2.4　机械刺激方式控制原理

　　机械刺激方式控制生物机器人是一个崭新的课题，可以用于生物机器人实现生物控制。作者团队[17]以条纹斑竹鲨为对象，通过机械刺激其侧线系统(lateral line system)的方式实现了鲨鱼运动行为的人工诱导，机械刺激也可作为鲨鱼机器人的一种控制方式。

2.4.1 鱼类侧线系统

侧线系统为水生脊椎动物所特有.鱼类的侧线系统包括机械接收器官(即神经丘器官和陷器官)和电接收器官(即壶腹器官)两类.机械接收器官具有感受水流速度和方向的功能,电接收器官具有感觉水环境中微弱电场变化的功能。通常情况下,鱼类皮肤上的感觉器官由感觉芽、陷器、侧线及罗伦氏壶腹器等组成,它们具有感受机械刺激、温度变化和电流大小等功能。皮肤感觉器官中高度分化呈沟状或管状的构造称为侧线(图 2.2)[18]。

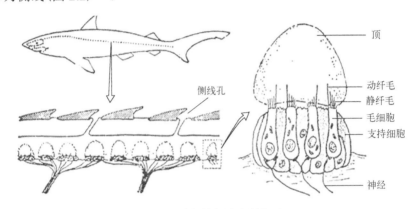

图 2.2 鲨鱼的侧线和神经丘

侧线在鱼的躯干部是单一的线,相当于背肌和腹肌的分界。侧线器官是机械感受器。神经丘是侧线的感受器,在侧线管内有规律地按一定距离分布。每个神经丘由感觉细胞、支持细胞和套细胞组成。感觉细胞表面有突起,又称毛细胞,突起包括一根长的动纤毛和数根静纤毛,器官顶部有胶性冠或顶,水的波动通过顶的摆动引起纤毛的弯曲而产生神经冲动[18]。鱼类神经丘(neuromast)位于陷在皮肤内的侧线管(lateral line canal)中。侧线管按一定路线分布并有许多管孔与体表相通,管内充满黏液。侧线管可沉入头骨内、骨质鳞内或鳞片下,形成侧线。头部的侧线有许多分支分布到背腹侧,受面神经的前侧线神经支配;躯干两侧侧线直达尾部,受迷走神经的后侧线神经支配。侧线主支分布在头部以后的躯体两侧,受第X对脑神经支配。头部侧线较复杂:眶上管位于眼眶上方,受第Ⅶ对脑神经支配;眶下管位于眼眶下方,受第Ⅶ对脑神经支配;鳃盖舌颌管位于舌部外侧,由此向前下直达下颌前端;眶后管位于眶下管与鳃盖舌颌管之间;颞管连接眶后管和鳃盖舌颌管,各管均受第Ⅶ对脑神经支配。此外,头部两侧的感觉器横枕管彼此在头部相连或在前端合并,受第Ⅶ对脑神经支配。侧线的主要功能单位是神经丘,神经丘是能起机械性刺激感受作用的器官,可感受水中机械振动的变化。在动物身上,有两种主要的神经丘:管道内神经丘和表面独立的神经丘[18]。表面神经丘位于身体表面,管道内神经丘沿着皮下充满黏液的侧线管分布。每一个神经丘由感觉毛细胞组成，毛细胞的尖端被柔韧的、胶质的顶覆盖。毛细胞的特点是具备谷氨酸能的传入连接和使用乙酰胆碱的传出连接[19]。感觉毛细胞是变异的上皮细胞，特点是由 40～50 根具有机械感受功能的一束微绒毛组成[20]，这些微绒毛由短到长大致是梯次排列的[21]。

毛细胞利用转换系统频率编码来传递刺激的方向信息。侧线系统的毛细胞产生一个恒定的主反射频率。随着机械振动通过水传输到神经丘，胶质顶弯曲发生位移。刺激强度的量级不同，造成纤毛的剪切运动和弯曲程度不同，靠近最长的纤毛或远离它。造成的结果是细胞膜离子通透性的改变，这是由纤毛的弯曲造成离子通道的开放引起的。偏向最长的纤毛导致毛细胞的去极化，增加神经递质的释放，使传入突触兴奋，信号传导频率升高。弯向较短的纤毛造成相反的结果，毛细胞超极化造成神经递质释放的速率降低。这些电脉冲沿着传入神经通向大脑，两种不同类型的神经丘都利用这种传导方式。位于动物表皮的表面器官更直接暴露在外部环境中，这些器官拥有阶梯状形成的毛束，毛束内有微绒毛，表明可能通过大范围探测功能来确定存在的事物及在周围水中运动引起的偏差程度。与此相反，侧线管的结构可以使管道内神经丘组织起来形成一个网络系统，使其能够感受更复杂的机械刺激，如探测压差[22]。随着水流流过侧线管上的侧线孔，在孔之间存在压差，在侧线管上向下推的压力不同造成侧线管内液体流动，带动侧线管内毛细胞的胶质顶移动，导致毛细胞偏向的方向与水流的方向一致，就使压力信息转化为可被毛细胞接受和转换的有方向性的变形量。刺激感受作用的毛细胞通过其传入和传出连接被统一到复杂的连接中。直接参与机械信息转化的突触利用谷氨酸盐进行兴奋性传入连接[23]。然而，各种各样的神经丘和传入连接可能导致机械感受功能的变化。例如，对斑光蟾鱼表皮神经丘进行的实验表明，神经丘是针对特定刺激频率的专一接收器，使用一条固定的鱼，防止外部刺激，一个金属球以不同频率振动，利用微电极测量单细胞的方法响应被记录并用来建立调谐曲线，揭示频率参数的选择和两个神经传入类型，一种适应于收集关于加速度的机械性刺激信息，响应 30～200Hz 频率的刺激；另一种对速度信息敏感，主要接收低于 30Hz 的刺激[24]。毛细胞的传出突触抑制并利用乙酰胆碱，旨在限制自我产生的干扰的配套放电系统中的关键参与者[25]。一条鱼移动时在水中会引发扰动，能够被侧线系统检测，可能会干扰其他生物学相关信号的检测。要防止这种情况的发生，根据生物活动，传入的信号发送到毛细胞，导致抑制，抵消由自我生成的刺激造成的兴奋，这使鱼不受自身运动的干扰，同时对运动刺激保持感知。毛细胞转换后的信号沿着侧线神经传导到大脑。可视化方法揭露了信号通常终止的区域是听内侧核（medial octavolateralis nucleus, MON）。MON似乎在机械感受信息处理和整合过程中发挥重要的作用[26]。研究表明，使用高尔基染色法和显微镜观察证明 MON 内有细胞的存在。明显的基部细胞层和非基部嵴细胞被认为在 MON 底部。同发电鱼中与电感受密切相关的侧线叶中相似的细胞比较，表明 MON 可能的计算途径。MON 可能涉及通过整合复杂的兴奋性和抑制性的并行通路来处理机械感受的信息[27]。

侧线器官不仅具有感觉水流变化的能力,还具有听觉功能,能对水中低频率振动起反应,因而鱼能够通过侧线确定水中的障碍物、同类和捕食者的位置,从而可以在光线较暗甚至没有光线的深水区域或污水中游动与生存。

2.4.2　鲨鱼侧线系统的感受器

作者团队[17]提出控制鲨鱼机器人的机械振动法。应用振动马达对条纹斑竹鲨头部的侧线器官进行了机械振动刺激实验,在其头部两侧安装振动马达各 1 个,双侧的振动马达同时接通电源,实验中未见条纹斑竹鲨对振动刺激有明显反应。

应用振动马达对条纹斑竹鲨胸鳍与腹鳍之间侧线器官进行机械振动刺激实验,在其胸鳍与腹鳍之间侧线器官的两侧安装振动马达各 1 个,双侧的振动马达同时接通电源,实验中未见条纹斑竹鲨有明显反应。

应用振动马达对条纹斑竹鲨两个背鳍之间侧线器官进行机械振动刺激实验,在其两个背鳍之间的两侧安装振动马达各 1 个,双侧的振动马达同时接通电源,当振动刺激两个背鳍之间左侧侧线时条纹斑竹鲨向右转向,反之亦然。对条纹斑竹鲨两个背鳍之间两侧侧线进行振动刺激时可引起其游动。

应用振动马达对条纹斑竹鲨尾部侧线器官进行机械振动刺激实验,在其躯体两侧安装振动马达各 1 个,振动马达的位置如图 2.3 所示[17]。双侧的振动马达同时接通电源,当进行振动刺激时条纹斑竹鲨出现向前运动的现象。

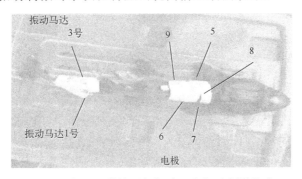

图 2.3　条纹斑竹鲨尾部侧线器官振动刺激位点

机械振动刺激侧线器官在一定程度上可以影响条纹斑竹鲨的运动行为。侧线是鱼体上重要的感觉器官,对于鱼的捕食、洄游、判别不同种群和相同个体等方面均可发挥作用。在水环境中,鱼是单凭视觉测定方位,准确性较差,侧线则能协助视觉测定远处物体的位置,侧线通过感受身体周围水流情况来测定物体位置。由于身体周围水流情况会因附近出现各种静止或运动物体而发生变化,因此一般认为,鱼类依靠侧线不仅可能感觉到运动的物体，而且还能感觉到静止的物体。对条纹斑竹鲨两个背鳍之间的振动刺激可干扰其对静止物体的判别功能，而对其头部侧线器官、胸鳍与背鳍之间侧线器官进行振动刺激实验中，却难以引起其产生运动行为，推测可能是由于机械刺激的装置或刺激位置选择得还不恰当，所以还需对其结构和功能进行深入研究，寻找行为控制更适宜的侧线刺激位点，研制更有效的机械刺激装置。

应用机械刺激方式控制生物机器人，这是一个比较新颖的具有探索性的研究工作。虽然机械刺激方式还不是生物机器人的主要控制方式与技术手段，但也可以作为一种控制方法进行研究与应用。这方面涉及的一些科学与技术问题尚不十分清楚，因此还可以从科学与技术角度进行深入研究，这对多维度研究与应用生物机器人的控制模式来说还是有益的。

2.5　声刺激方式控制原理

声音对于海洋生物十分重要，海洋生物声学研究表明，频率为 50～100kHz 的水声音信号在鱼类通信交流、定向、觅食和防卫等方面发挥着重要作用。在鱼内耳中听觉毛细胞可将声信号转化为电信号从而被神经系统识别。大多数鱼类听到声音的范围是 50～1000Hz，少数鱼能够听到超过 3kHz 的声音，仅有少数鱼可以听到大于 100kHz 的声音[28]。

鱼类的听觉特性包括听觉阈值和环境噪声对鱼类听觉的遮蔽效果、音频辨别能力、声源定位能力和对声音的记忆力等。Jewett 和 Williston[29]使用非侵入性方法于人头皮记录到听性脑干反应(auditory brainstem response，ABR)电位。Bullock[30]提出这种方法同样可应用到鱼类的听觉诱发电位(auditory evoked potentials，AEP)。Kenyon 等[31]使用 ABR 技术测得了鱼类的听觉阈值，并通过对比传统的实验方法，认为 ABR 技术是一种非侵入性、无须复杂行为驯化、测量迅速、对鱼体无损伤、实验鱼可重复利用的高效技术手段。

听觉阈值是鱼类能听到声音的最小声压值，是鱼类最基本的听觉特性。Ladich 和 Fay[32]根据金鱼的听力图比较了使用行为方法和 AEP 电生理方法所测得的结果，指出生理感知听觉阈值不等于行为反应听觉阈值,在相同条件下,将行为方法和 AEP 方法测得的数据进行平均，发现生理听觉阈值略高于行为反应听觉阈值，即 AEP 测得的听觉阈值通常低估了鱼类真正的听觉能力。因为声音的质子运动(振动)方式在水中不同，鱼更多的是依靠质子运动(振动)而不是单纯地依靠声压来感知探测。鱼类听觉阈值的大小通常是用听觉阈值曲线图的方式来表示，横轴为频率，纵轴为听觉阈值，曲线的最低点表示在对应的频率上听觉的灵敏度最高。根据曲线不仅可以了解鱼类在各种频率下的听觉阈值，而且还能判断出它们的可听频率范围[33]。根据不同鱼类听觉的声音范围,有研究人员通过放生和投放诱饵的方式对鱼类进行驯化，试验结果与每天的驯化次数、驯化时间等因素有关。马萨诸塞州的科德角海洋生物实验室对 6500 条河鲈(perca fluviatilis)进行连续播放 2 周、每天 3 次长 20s、频率为 280Hz 的声音，播放后即在投饵区内投放饲料，在 2 周后，不管在一天中哪个时段播放声音，河鲈都在 30s 内自动聚集到投饵区觅食[34]。这种驯化技术起初是为了防止饵料投放方式不当及饵料投放过剩引起水域污染。由此我们可以设想，是否可以通过该方法对水生生物运动行为进行诱导从而控制，通过声音播放与饵料投放相结合，经长期训练后通过在不同位置播放声音进行水生生物运动行为控制，进一步通过在水生生物上搭载专用装置播放特定频率的声波实现水生生物运动行为控制，这也可能是水生生物机器人的一种控制方式与技术手段。

2.6　磁刺激方式控制原理

磁场是指传递实物间磁力作用的场。磁场在生活中处处存在，也时时刻刻影响着人类与动物的行为。20 世纪，一些学者对磁罗盘效应对鸽子归巢行为的影响展开了试验研究。发现在给鸽子蒙上眼睛并且在阴天放飞后，许多鸽子都能找到回家的方向。Keeton[35]对鸽子的磁罗盘导航行为特征进行了研究，分别在一批鸽子的颈背部贴上磁性金属条与非磁性金属条，在离鸽子家巢一定距离处放飞，观测其飞行方向，直至鸽子消失在远处，目的是研究地磁场被扰乱后鸽子的归巢能力受到何种程度的影响。结果显示，晴天磁条扰乱对飞行定向影响很小，Keeton 将这种现象解释为:晴天，鸽子可以根据太阳方位(太阳罗盘)对飞行进行导航，鸽子对于磁的感知能力，可能是多种机制复合作用的结果，在鸽子的嘴喙与眼睛之间的脑部区域中存在磁性纳米颗粒，这些磁性纳米颗粒会在某种程度上与神经系统耦合，当地磁场作用下纳米颗粒产生磁性响应时，为大脑神经所感知，从而获取地磁场的方向;在白天，外界入射光会在鸽子脑部细胞中诱发自旋关联的自由基，自由基形成的内部磁场其方向在地磁场作用下形成某种有序分布，通过接连的神经系统，鸽子因而亦能感知地磁场方向[36]。根据报道，我们假想，使用磁场也可以对鸽子的飞行进行控制，通过人为设置外部磁场条件(磁场的强度、梯度和方向等)达到生物控制的目的。

不仅鸽子，很多生物都具有感知稳定磁场(如地磁场)方向的能力。某些软骨鱼自身携带的导体通过磁场时诱发电流，通过感知电流来获取磁场方向;有些生物体内顺磁物质的排布与相对定向受到地磁场的影响，生物体据此获知地磁场的方向。通过设置外部磁场条件以实现生物控制的目的，这些都是未来可以进行深入探索的研究课题。

通过大量的实验还发现，在生物控制方面存在着生物行为控制不协调性和生物行为控制不持久性。生物行为控制不协调性是由于对脑多次施加控制信号而引起脑疲劳所表现出的干预信号与动物行为不协调的现象。生物行为控制不持久性是由于对脑多次施加控制信号而导致脑对干预信号适应所表现出的动物响应行为逐渐减弱的现象。生物行为控制不协调性和生物行为控制不持久性影响着生物控制的有效性、可靠性、精确性和长时性。对此，还迫切需要不断研究新的控脑理论、控制策略、实验方法和技术手段。

当今世界生物机器人领域所运用到的主要控制原理涉及电刺激、光刺激、化学刺激、机械刺激、声刺激和磁刺激等多方面。由于动物运动神经调控系统的复杂性、动物生物进化的差异性、动物解剖形态的特征性和动物生理功能的特殊性等多种原因，因此实现动物运动行为人工控制的原理及方式也不尽相同。在生物机器人控制方面，根据实际情况，具体问题具体分析，可以应用一种控制方式即单一式控制方式，也可以同时应用几种方式即混合式控制方式。随着人类科学与技术的快速发展及多学科理论与技术的不断交叉融合，将来也可能还会有其他控制方式及技术手段，甚至出现更先进、更有效、更精准和更适宜的生物控制技术。我们深信，未来应用生物控制技术控制生物机器人来为人类服务的目的一定会实现。

参 考 文 献

[1] Hodgkin A L, Katz B. The effect of sodium ions on the electrical activity of the giant axons from sepia[J]. The Journal of Physiology, 1949, (108): 513-528.

[2] Kuwana Y, Shimoyama I, Miura H. Steering control of a mobile robot using insect antennae[A]. Proceedings of the IEEE/RSJ International Conference on Intelligent Robots and Systems [C], 1995, 530-535.

[3] Talwar S K, Xu S, Hawley E S, et al. Rat navigation guide by remote control[J]. Nature, 2002, 417(6884): 37-38.

[4] 苏学成, 槐瑞托, 杨俊卿, 等. 控制动物机器人运动行为的脑机制和控制方法[J]. 中国科学: 信息科学, 2012, 42(9): 1130-1146.

[5] Shik M L, Severin F V, Orlovskiǐ G N. Control of walking and running by means of electric stimulation of the midbrain[J]. Electroencephalogr Clin Neurophysiol, 1966, 11(4): 659.

[6] 郭聪珊. 基于运动行为控制的鲤鱼小脑脑区的研究[D]. 秦皇岛: 燕山大学, 2015.

[7] Kashin S M, Feldman A G, Orlovsky G N. Locomotion of fish evoked by electrical stimulation of the brain[J]. Brain Research, 1974, 82: 41-47.

[8] Uematsu K, Ikeda T. The midbrain locomotor region and induced swimming in the carp cyprinuscarpio[J]. Nippon Suisan Gakkaishi, 1993, 59(5): 783-788.

[9] Lima S Q, Miesenböck G. Remote control of behavior through genetically targeted photostimulation of neurons[J]. Cell, 2005, 121(1): 141-152.

[10] Gradinaru V, Thompson K R, Zhang F, et al. Targeting and readout strategies for fast optical

neural control in vitro and in vivo[J]. Journal of Neuroscience, 2007, 27(52): 14231-14238.

[11] 郭颂超. 基于光遗传学技术的大鼠机器人运动调控研究[D]. 杭州: 浙江大学, 2015.

[12] 袁明军, 岳森, 张云鹏, 等. 用于光遗传神经调控的无线程控光刺激器[J]. 纳米技术与精密工程, 2015, 13(6): 420-424.

[13] Jaewoo K, Nicholas E M. Effects of strobe lights on the behaviour of freshwater fishes[J]. Environmental Biology of Fishes, 2017, 100(11): 1427-1434.

[14] 秉志. 鲤鱼组织[M]. 北京: 科学出版社, 1983.

[15] Loewi O. Über humorale übertragbarkeit der herznervenwirkung[J]. Pflügers Archiv-European Journal of Physiology, 1921, 189(1): 239-242.

[16] Euler U. Sympathin in adrenergic nerve fibres[J]. Journal of Physiology, 1946, (105): 26.

[17] 苏晨旭. 条纹斑竹鲨运动行为诱导的基础研究[D]. 秦皇岛: 燕山大学, 2015.

[18] Bramble D M, Liem K F, Wake D B. Functional Vertebrate Morphology[M]. Boston: Belknap Press of Harvard University Press, 1985.

[19] Ghysen D C. Development of the zebrafish lateral line[J]. Curr Opin Neurobiol, 2004, 14(1): 67-73.

[20] Russell I J. The pharmacology of efferent synapses in the lateral-line system of xenopus laevis[J]. Journal of Experimental Biology, 1971, (3): 643-658.

[21] Flock Å. Ultrastructure and function in the lateral line organs[J]. Lateral Line Detectors, 1967, (12): 163-197.

[22] Peach M B, Rouse G W. The morphology of the pit organs and lateral line canal neuromasts of mustelus antarcticus (chondric hthyes: triakidae)[J]. Journal of the Marine Biological Association of the United Kingdom, 2000, 80(1): 155-162.

[23] Bleckmann H. 3-D-orientation with the octavolateralis system[J]. Journal of Physiology-Paris, 2004, 98(1): 53-65.

[24] Flock A, Lam D M K. Neurotransmitter synthesis in inner ear and lateral line sense organs[J]. Nature, 1974, (249): 142-144.

[25] Weeg M S, Bass A H. Frequency response properties of lateral line superficial neuromasts in a vocal fish, with evidence for acoustic sensitivity[J]. J Neurophysiol, 2002, 88(3): 1252-1262.

[26] Montgomery J C, Bodznick D. An adaptive filter that cancels self-induced noise in the electrosensory and lateral line mechanosensory systems of fish[J]. Neuroscience Letters, 1994, 174(2): 145-148.

[27] Maruska K P, Tricas T C. Central projections of octavolateralis nerves in the brain of a soniferous damselfish (Abudefdufabdominalis)[J]. The Journal of Comparative Neurology, 2009, 512(5): 628-650.

[28] New J G, Coombs S, McCormick C A, et al. Cytoarchitecture of the medial octavolateralis

nucleus in the goldfish, carassius auratus[J]. Journal of Comparative Neurology, 1996, 366(3): 534-546.

[29] Jewett D L, Williston J S. Auditory-evoked far fields averaged from the scalp of humans[J]. Brain, 1971, (4): 681-696.

[30] Bullock T H. Neuroethology deserves more study of evoked responses[J]. Neuroscience, 1981, 6(7): 1203-1215.

[31] Kenyon T N, F Ladich, Yan H Y. A comparative study of hearing ability in fishes: the auditory brainstem response approach[J]. Journal of Comparative Physiology A-neuroethology Sensory Neural & Behavioral Physiology, 1998, 182(3): 307-318.

[32] Ladich F, Fay R R. Auditory evoked potential audiometry in fish[J]. Reviews in Fish Biology and Fisheries, 2013, 23(3): 317-364.

[33] 邢彬彬, 殷雷明, 张国胜, 等. 鱼类的听觉特性与应用研究进展[J]. 海洋渔业, 2018, 40(4): 495-503.

[34] Halvorsen M B, Wysocki L E, Popper A N. Effects of high-intensity sonar on fish[J]. Acoustical Society of America Journal, 2006, 119(5): 3283.

[35] Keeton W T. Magnets Interfere with Pigeon Homing[J]. Proceedings of the National Academy of Sciences, 1971, 68(1): 102-106.

[36] 张浩. 鸽子归巢之谜无终解[N]. 中国社会科学报, 2011-12-29.

第 3 章 　脑立体定位

电刺激控制方式是生物机器人最常用的方式，通过植入脑电极刺激生物的神经系统产生人类预期的运动行为从而实现生物控制。水生生物机器人电刺激控制方式的应用涉及适宜的脑立体定位方法和脑立体定位装置等方面，鲤鱼机器人电刺激控制方式的应用则需专用的脑立体定位方法及配套装置。

3.1 　脑立体定位方法

脑电极是生物机器人控脑技术的一个核心装置，对生物机器人控制的精确性和有效性具有显著影响。若将脑电极能够准确植入脑神经核团，则需在动物的颅骨表面建立坐标系，故需要相应的适宜的脑立体定位方法。

3.1.1 　颅骨表面坐标系平面的确定与电极定位区的建立

如图 3.1 所示，将鲤鱼颅骨表面正中线与头部和躯干第一片鱼鳞交界处的交点定为坐标系原点，记为 O 点；以上嘴唇中点为唇点，记为 B 点；将唇点之上的垂直高度 H 处且与 O 点在同一水平高度的点定为参考点，记为 A 点，把经过原点和参考点的直线作为标准线，选定经过标准线的水平面为水平基准面，经过标准线且与水平基准面垂直的平面定为矢状面，经过原点且与水平基准面和矢状面均垂直的平面定为冠状面[1]。

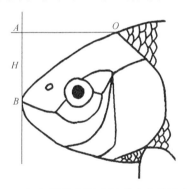

图 3.1 　鲤鱼颅骨表面坐标系建立的示意图

如图 3.2 所示，鲤鱼颅骨表面标志与颅内脑的各结构有着一定的立体对应关系，根据对应关系在颅骨表面建立植入电极的坐标区，每一个坐标区即为一个坐标系。以中线为轴使得鱼体两侧对称，则背鳍第一根鳍棘居于身体中线上，设从第一根鳍棘至原点方向是正中线方向，从鱼嘴至头部与躯干交接处(即头部与躯干第一片鱼鳞交界点)，在头部皮肤表面沿正中线用钝物划一直线，记为 L5；以左眼眶上边缘为基准，平行于 L5 划一直线 L4；以右眼眶上边缘为基准，平行于 L5 划一直线 L6；以左眼眶前边缘和右眼眶前边缘为参照点，经过并垂直于 L5 划一连线 L7；以左眼眶后边缘和右眼眶后边缘为参照点，经过并垂直于 L5 划一连线 L8；以两侧鳃盖骨与两块眼眶骨交接活动关节点为参照点，经过并垂直于 L5 划一连线 L9；以头部与躯干第一片鱼鳞交接点为参照点，经过并垂直于 L5 划一直线 L10。将颅骨表面划成 6 个定位区，即 6 个脑电极坐标区：A 区、B 区、C 区、D 区、E 区和 F 区[1]。

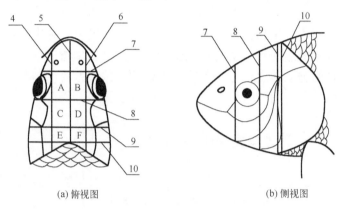

(a) 俯视图   (b) 侧视图

图 3.2   鲤鱼颅骨表面电极定位区示意图

3.1.2   颅脑三维坐标系的建立

实现鱼类的运动行为控制须清楚鱼脑的结构和运动神经核团的三维立体坐标，所以脑图谱的三维坐标系与植入电极时所参照的坐标系须一致。作者通过对鲤鱼颅脑进行磁共振扫描和手术解剖实验，掌握了鲤鱼颅骨结构和脑组织在颅腔内的相对空间位置，基于此建立了一套比较完整、简捷、相对于鱼体固定的脑部三维坐标系，以此来确定脑组织在所建坐标中的空间位置。

将鲤鱼麻醉，利用磁共振成像(magnetic resonance imaging，MRI)技术对颅脑扫描成像，成像序列选用 T2WI 快速自旋回波扫描序列，层厚为 0.8mm。再将鲤鱼手术解剖，刮去头皮，暴露颅骨，观察颅骨结构及特征，与鲤鱼颅脑磁共振图像对比。打开颅腔暴露脑，观察鱼脑和颅骨的位置特点。结合颅骨特点、脑与颅骨的位置关系，建立鲤鱼颅脑三维坐标系。通过手术发现鲤鱼颅骨表面有明显解剖学标志，如顶骨与额骨的分界线——冠状缝及顶骨之间、额骨之间的矢状缝。冠状缝与矢状缝是颅骨结构重要的解剖标志点，但从鲤鱼脑外部特征来看，此标志点并不明显，而顶骨与上枕骨的交点在外部的表现有较明显的一个界限点，此点为颅骨与躯体的交界处，即第一片鱼鳞处。图 3.3 为鲤鱼颅骨图，其中图 3.3(a)为鲤鱼颅骨俯视实物图，图 3.3(b)为鲤鱼颅骨俯视示意图，图 3.3(c)为鲤鱼颅骨侧视实物图，图 3.3(d)为鲤鱼颅骨侧视示意图。

以头部与躯干交界处第一片鱼鳞前缘为始点，在鲤鱼颅骨上向鱼吻部方向开一长方形口。清除脑脊液，暴露脑组织，观察到第一片鱼鳞前缘垂直向下方向为鲤鱼

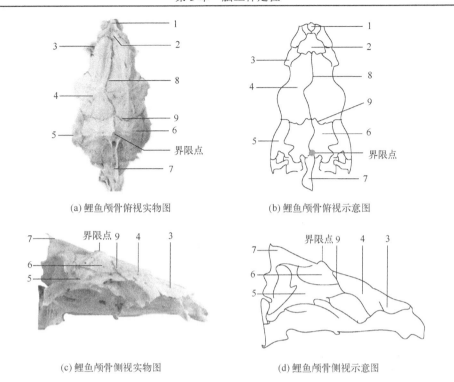

(a) 鲤鱼颅骨俯视实物图　　　　　　　　　(b) 鲤鱼颅骨俯视示意图

(c) 鲤鱼颅骨侧视实物图　　　　　　　　　(d) 鲤鱼颅骨侧视示意图

图 3.3　鲤鱼颅骨图

1. 前筛骨；2. 中筛骨；3. 侧筛骨；4. 额骨；5. 翼耳骨；6. 顶骨；7. 上枕骨；8. 矢状缝；9. 冠状缝

中脑前缘(图 3.4)，与磁共振图像中第一片鱼鳞前缘垂直向下观察到的脑组织相同(图 3.5)。

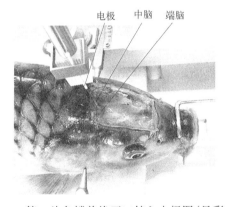

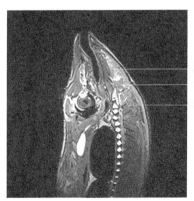

图 3.4　第一片鱼鳞前缘开口植入电极图(见彩图)　　　图 3.5　鲤鱼颅脑磁共振图像(侧视)

　　构建脑图谱还需在脑组织中建立参考点，若以鲤鱼第一片鱼鳞前缘为原点 O，垂直向下植入电极容易使电极植入中脑与端脑之间的缝隙中,无法准确建立参考点。

根据观察，选择沿第一片鱼鳞后缘在颅骨上开口，第一片鱼鳞后缘垂直向下则为小脑中部(图 3.4、图 3.5)，这个位置点方便电极植入，参考点就可以建立并确定下来。

建立鲤鱼颅脑三维坐标系的方法：以头部与躯干交界处第一片鱼鳞后缘作为原点 O；前颚骨中点定义为唇点 B；将唇点垂直高度上与过原点向鲤鱼吻部方向延长的线垂直相交的点定为参考点 A；把通过原点和参考点的线作为基准线；将经基准线且与两眼眶下缘最低点连线平行的平面定义为水平基准面；将通过基准线且与水平基准面垂直的平面定义为矢状基准面；将经原点且与水平基准面、矢状基准面二者都垂直的平面定义为冠状基准面。将经原点的水平基准面、冠状基准面和矢状基准面分别作为水平零平面、冠状零平面和矢状零平面，其中水平零平面与矢状零平面的交线作为 Y 轴，由尾部指向头部方向为正方向；冠状零平面与矢状零平面的交线作为 Z 轴，竖直向上为正方向；水平零平面与冠状零平面的交线为 X 轴，由右侧指向左侧为正方向。如图 3.6 所示为鲤鱼颅脑三维坐标系原理图，其中图 3.6(a) 为三维坐标平面示意图，图 3.6(b) 为三维坐标值示意图。

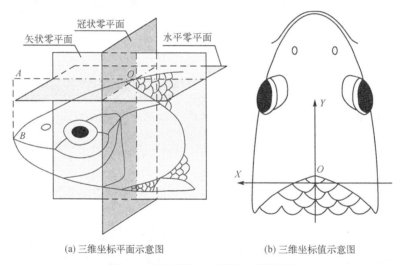

(a) 三维坐标平面示意图　　　　　　(b) 三维坐标值示意图

图 3.6　鲤鱼颅脑三维坐标系原理图

在离水状态下电刺激实验和水下控制实验中，需要进行鲤鱼脑部侵入式电极植入，故需掌握鲤鱼脑组织中控制运动行为相关神经核团的三维立体坐标，而脑图谱的构建也是以确定神经核团与神经纤维为目的，因此脑图谱坐标系应与颅脑三维坐标系保持一致。

1)坐标系原点的确立

图 3.7 所示为鲤鱼颅骨解剖学标示图。

鲤鱼颅骨表面可观察到矢状缝和冠状缝等解剖学标识，但这两处特征都无法将颅内神经核团和纤维束与颅外定位标志的相对位置关系联系起来，因此无法将脑图

谱坐标系与颅脑三维坐标系保持一致。若神经核
团和纤维束难以标识，则将难以方便快捷地构建
脑图谱。通过解剖发现，鲤鱼顶骨与上枕骨分界
处有一凸起点，而此凸起点恰好位于颅骨与躯体
的衔接处，即头骨矢状缝与冠状缝的交点，相当于
头部与躯干背部交界的第一片鱼鳞处。将鲤鱼开
颅，借助脑立体定位仪在第一片鱼鳞后缘中心点
垂直向下植入电极，可观察到小脑正好位于第一
片鱼鳞后缘垂直向下方向，且电极针尖在整个小
脑中心，便于对颅脑进行立体定位，故将第一片
鱼鳞后缘中心点定义为坐标原点 O[2]。

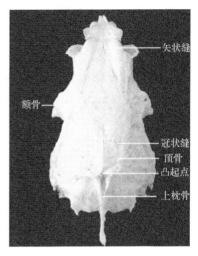

图 3.7　鲤鱼颅骨解剖学标示图

　2)颅脑三维坐标系的建立

　鲤鱼颅脑三维坐标系的建立[3]，首先根据脑
立体定位仪三维操作臂的定位方向，将鲤鱼头部与躯干部交界的第一片鱼鳞后缘中
心点定义为原点 O；Y 轴为过原点 O 和吻部中心点的直线，由尾部指向吻部的方向
为正方向；将过原点 O 且垂直于 Y 轴的直线定义为 X 轴，正方向指向躯体左侧；将
过原点 O 且垂直于 X 轴、Y 轴的直线定义为 Z 轴，正方向指向背部(图 3.8)。

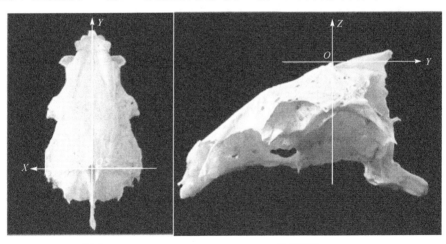

(a)俯视图　　　　　　　　　　　　　(b)侧视图

图 3.8　鲤鱼颅脑三维坐标系示意图

　通过测量并统计鲤鱼的全长、体长、头长及体高均值(表 3.1)，同时测量并统计
鲤鱼的端脑、中脑、小脑、内侧小脑瓣、外侧小脑瓣、面叶及迷叶脑组织的三维坐
标值的均值，从而建立鲤鱼各脑组织的定位坐标(表 3.2)。

表 3.1　鲤鱼解剖结构的统计数据($x \pm S$，n=50)　　　　　单位：cm

测量项目	全长	体长	头长	高长
均值	38.20±2.00	31.87±2.01	8.14±0.54	10.60±0.60

表 3.2　　鲤鱼脑组织的三维坐标值($x \pm S$，n=50)　　　　　单位：mm

测量项目	X	Y	Z
端脑	9.14±1.66	2.60±0.74	13.61±1.69
中脑	6.19±1.31	5.13±1.22	12.15±1.47
小脑	4.25±1.83	0	11.14±1.65
内侧小脑瓣	4.88±1.22	0	12.43±1.39
外侧小脑瓣	4.34±1.47	3.55±0.87	11.56±1.61
面叶	7.71±1.768	0	16.09±1.73
迷叶	7.58±1.68	3.55±0.87	16.34±1.66

3.1.3　颅脑磁共振坐标转换方法

控脑技术是生物控制的主要方法。脑是高级神经中枢，是所有运动指令的集中控制器,脑运动神经核团的定位精确程度则是决定生物机器人控制成败的关键因素。因动物成熟期的解剖结构较为稳定，因而在脑立体定位方面大多是利用成熟期动物的颅骨表面普遍存在的解剖结构，如前囟、人字缝和矢状缝等做空间定位参考点，建立三维空间坐标系。而应用常规的脑立体定位仪在不开颅情况下进行电极植入会存在空间定位误差和准确度低等问题。

MRI 具有图像精度高和像素质量好等优点，广泛用于全身，尤以脑成像效果最好，且可清晰显示组织内部结构和任意切面成像。建立适合定位的坐标参考点和空间直角坐标系，在脑成像、颅脑组织定位和脑电极植入导航方面具有重要意义。利用 MRI 得到基于鲤鱼颅骨表面的辅助三维坐标系下的植入位点坐标，但在进行脑电极植入时需用脑立体定位仪，而脑立体定位仪所在的坐标系统与鲤鱼颅骨表面的三维坐标系统之间存在角度差异。故需适宜方法实现两个坐标系的转换，将颅骨表面辅助三维坐标系下电极植入位点的坐标值转换为脑立体定位仪所在坐标系的坐标值，之后才可利用脑立定位仪根据转换后的坐标进行脑电极植入。本书通过建立基于鲤鱼颅骨特征的空间坐标系并得到脑电极植入位点坐标值，借助算法将鲤鱼磁共振扫描坐标转换为脑立体定位坐标，为脑电极植入进行定位与导航，更好用于生物控制。

鲤鱼颅脑三维坐标系的建立需根据头部特征确定参照点和线以建立三维坐标轴。鲤鱼由头部、躯干部和尾部组成。在头部侧面，沿鳃盖骨后缘与胸鳍起首之处画出一垂直线，由此垂直线开始至吻端的部分即为头部，而此垂直线与吻端的距离称为头长；从肛门到尾鳍基部的部分是尾部；头部与尾部中间的部分为躯干部。由吻端至尾部最后缘(尾鳍除外)的直线长度称为体长。自吻端至尾鳍末端的直线长度称为全长；在背鳍起首处由背面到腹面的垂直高度称为体高，具体如图 3.9 所示。从鱼头表面看，头部与躯干部的交线设为 X 轴；将头部分为左右对称的中线设为 Y 轴；X 轴与 Y 轴的交点为原点；经原点的脑组织深度设为 Z 轴，由此建立鲤鱼脑表面的三维坐标轴。

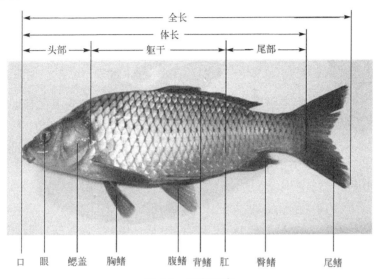

图 3.9　鲤鱼形态

基于 MRI 进行脑组织定位，MRI 为断层图像，颅脑三维坐标系中使用的坐标标记点如冠状缝和矢状缝等，只有在初始图像序列中才能看到，而对于序列中其他层面，并不存在这些标记点。所以，通过构建辅助坐标系及当前层面的所处层数，将图像坐标转化到颅骨处的空间坐标系中，实现体外立体定位脑组织的功能。经研究发现，在含有鲤鱼脑组织的磁共振图像中均存在眼睛的图像，且在所有序列图像中两眼球中心的连线均重合。所以可将此线作为辅助二维坐标系的一条坐标轴，在磁共振序列图像中选用颅骨上方矢状缝方向的直线作为另一条二维辅助坐标的坐标参考轴。

借助脑立体定位仪对鲤鱼颅脑进行脑立体定位，将颅骨与躯干交界处的第一片鱼鳞作为坐标原点 O。图 3.10 为鲤鱼颅脑三维立体定位坐标系和颅骨表面辅助三维坐标系示意图，图中 O 为坐标原点，X 轴为过原点平行冠状缝的水平直线，正向指向躯体左侧；Y 轴为平行于矢状缝的直线，正向指向吻部(图 3.10(a))；Z 轴为过原点垂直于 XOY 平面的直线，正向指向腹部(图 3.10(b))。

由于鲤鱼颅骨的顶骨与额骨基本处于同一个平面，且中心基线基本处于同一直

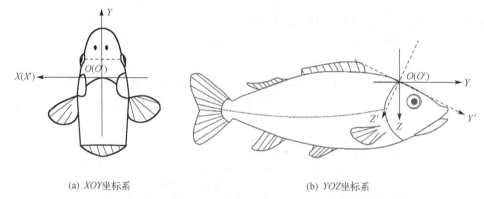

(a) *XOY*坐标系　　　　　　　　　　　　　(b) *YOZ*坐标系

图 3.10　鲤鱼颅脑三维立体定位坐标系和颅骨表面辅助三维坐标系示意图

线上，所以可以用作定位的参照物。基于此，设计出鲤鱼颅骨表面辅助三维坐标系（图 3.10(b)），坐标系的原点 O 仍为第一片鱼鳞且处于冠状缝中心(O')。将两眼连线的中点与坐标原点 O' 的连线定义为坐标系的 Y 轴(Y')，正向指向吻部；过原点 O 平行冠状缝的直线定义为坐标系的 X 轴(X')，正向指向躯体左侧；过原点 O 垂直于 $X'O'Y'$ 平面的垂线定义为坐标系的 Z 轴(Z')，正向指向腹部。

　　图 3.11 为鲤鱼脑组织内部辅助三维坐标系示意图。图 3.14(a)表示 MRI 中的脑组织，以两眼连线作为坐标系的 X 轴(X''轴)，因 MRI 图像与实际方向相反，故正向指向躯体右侧；以图像的中心对称轴为坐标系的 Y 轴(Y''轴)，正向指向尾部；图 3.14(b)表示将过 XY 轴交点的直线与 MRI 扫描第一层图像的交点定为坐标原点 $O(O'')$，将过原点且垂直于 MRI 扫描平面的直线定为 Z 轴(Z''轴)[4]。

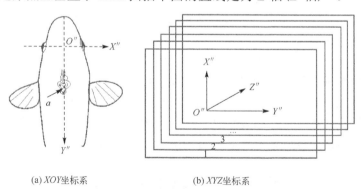

(a)*XOY*坐标系　　　　　　　　　　(b)*XYZ*坐标系

图 3.11　鲤鱼脑组织内部辅助三维坐标系示意图

　　应用 3.0T 磁共振成像仪对鲤鱼颅脑进行矢状位和轴状位的扫描成像，扫描的主要参数如表 3.3 所示。

　　在进行鲤鱼颅脑 MRI 扫描时，矢状位为颅骨矢状缝所在方向。如图 3.12 所示，P 平行于颅骨表面三维辅助坐标系的 Y 轴，沿 P 方向，因扫描层面与颅骨表面三维

表 3.3　鲤鱼颅脑矢状位和轴状位的磁共振扫描参数

方位	序列	图像 矩阵 Matrix	视野 FOV	重复时间 TR	回波时间 TE	层厚 SL	层数 Slices	平均次 数 NEX	带宽 BW
矢状 Sag	SE (T2WI)	512×512	(200×200) mm	750ms	112ms	0.8mm	72	1	210
轴状 Cor	TS (T2WI)	512×512	(119×119) mm	2500ms	131ms	0.5mm	56	2	287

辅助坐标 XOY 平面紧密贴合,便于同一坐标在不同坐标系中进行转换,从而更方便进行空间定位。鲤鱼的所用定位方法是将矢状扫描方向与颅骨表面三维辅助坐标系 YOZ 平面平行;轴状位选择基于空间坐标系平面的斜轴位,其扫描方向为与颅骨表面辅助坐标系 XOY 平面平行(P 方向)(图 3.12),冠状扫描方向与颅骨表面辅助坐标系 XOZ 平面平行。

图 3.13 为鲤鱼 MRI 矢状位序列的第 51 帧,在图像中应用 Mimics 软件测量眼球中心至划痕的距离,记为 $D1$(单位 mm),即颅骨表面辅助坐标系原点 O 在脑组织内部辅助三维坐标系的 Y 值为 $D1$。

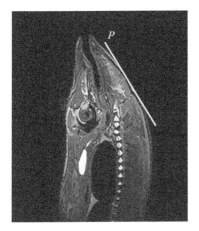

图 3.12　鲤鱼颅脑磁共振轴状位扫描方向确定
示意图

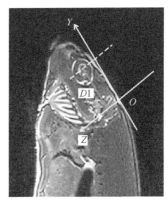

图 3.13　鲤鱼冠状划痕距眼球中心距离
示意图(见彩图)

鲤鱼颅脑定位主要是借助矢状位和轴状位图像来实现的,如图 3.14 所示。图 3.14(a) 为扫描定位项图像,图 3.14(b) 为矢状位图像,图 3.14(c) 为轴状位图像。图中的 b 为脑组织内任一点;m 为参考基线,与鲤鱼嗅茎及整体脑组织分布方向平行;n 为轴状位扫描方向,与脑组织内部坐标系的 Y 轴平行,也与颅骨表面三维辅助坐标系 XOY 平面平行。

通过图 3.14 可知 b 所在的轴状位层数,层数记为 N,若轴状位扫描层厚为 S(单位 mm),则 b 在脑组织内部辅助坐标系的纵坐标 Z 为 $N×S$;通过图像软件测 b 到两眼连线距离,记为 $D2$(单位 mm),则 b 在脑组织内部辅助坐标系的纵坐标 Y 为 $D2$;

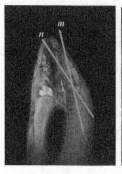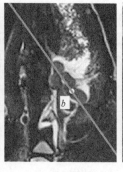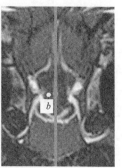

(a) 定位项图像　　　　　　　(b) 矢状位图像　　　　　　　(c) 轴状位图像

图 3.14　鲤鱼脑组织目标位点定位方法示意图(见彩图)

测 b 到中心轴线的水平距离，记为 $D3$（单位 mm），则 b 在脑组织内部辅助坐标系的横坐标 X 为 $D3$。由此可知，脑内任一点 b 在脑组织内部辅助坐标系中的坐标值为 $(D3，D2，N×S)$。

脑组织内部辅助三维坐标系与颅骨表面辅助三维坐标系具有相同的坐标平面，二者的 X 轴、Y 轴相互反向平行，坐标原点 O 在同一直线上，Z 轴相互平行且正向指向相同，则颅骨表面辅助三维坐标系原点 O 在脑组织内部辅助坐标系中的坐标为 $(0，D1，0)$。若图像内任一点 p，在脑组织内部辅助坐标系的坐标记为 (x_p, y_p, z_p)，则其在颅骨表面辅助三维坐标系中的坐标记为 (x_q, y_q, z_q)，且存在如下等式：

$$\begin{bmatrix} x_q \\ y_q \\ z_q \end{bmatrix} = \begin{bmatrix} -1 & 0 & 0 \\ 0 & -1 & 0 \\ 0 & 0 & 1 \end{bmatrix} \begin{bmatrix} x_p \\ y_p \\ z_p \end{bmatrix} + \begin{bmatrix} 0 \\ D1 \\ 0 \end{bmatrix}$$

由此可知，上述 b 点在鲤鱼颅骨表面辅助三维坐标系的坐标为 $(-D3，D2-D1，N×S)$。

颅脑立体定位坐标系是脑立体定位仪所在的坐标系，将颅骨表面辅助坐标值转换成由脑立体定位仪可执行的三维坐标值，以此来指导脑电极的植入。颅脑立体定位坐标系与颅骨表面辅助坐标系具有相同的坐标原点 O 和 X 轴，其他两坐标轴之间夹角均为 θ。故颅脑立体定位坐标系为颅骨表面辅助坐标系绕 X 轴逆时针旋转 $2\pi-\theta$ 形成的坐标系，记颅脑立体定位坐标系内任一点坐标为 (x,y,z)，则存在如下对应关系：

$$\begin{bmatrix} x \\ y \\ z \\ 1 \end{bmatrix} = \begin{bmatrix} 1 & 0 & 0 & 0 \\ 0 & \cos(2\pi-\theta) & \sin(2\pi-\theta) & 0 \\ 0 & -\sin(2\pi-\theta) & \cos(2\pi-\theta) & 0 \\ 0 & 0 & 0 & 1 \end{bmatrix} \begin{bmatrix} x_q \\ y_q \\ z_q \\ 1 \end{bmatrix}$$

其中，θ 为坐标系对应轴之间夹角，$0<\theta<90°$，通过上式即可实现将脑组织内部辅

助坐标值转换为可执行的定位坐标值，从而实现对鲤鱼颅脑的三维定位。

通过对鲤鱼小脑的左侧、上侧、右侧和下侧部分进行定位，将待定位组织的坐标在脑组织内部辅助三维坐标系、颅骨表面辅助三维坐标系和颅骨立体定位坐标系之间进行转换，确定小脑在颅腔内的位置。

通过对 20 尾健康成年鲤鱼(体重为 1.02±0.05kg，体长 33.51±2.34cm)小脑位置数据进行统计，根据脑立体定位仪植入电极建立的坐标系(图 3.15)，红色坐标系为颅脑立体定位三维坐标系，蓝色坐标系为颅骨表面辅助三维坐标系，应用 Mimics 医学图像处理软件测得两坐标系夹角 θ 为(26.96±1.02)°。测得 $D1$ 为(35.60±2.16)mm，遵循上述坐标转换流程，获得鲤鱼小脑的空间定位坐标值。表 3.4 为鲤鱼小脑的空间位置统计结果。

图 3.15　坐标系夹角的测量(见彩图)

表 3.4　鲤鱼小脑在坐标系中的坐标位置表($\bar{x}\pm s$, n=20)　　单位：mm

坐标轴	左侧	上侧	右侧	下侧
X	2.6233±0.037 8	0.0100±0.0067	−2.6033±0.0444	0.0133±0.0044
Y	−7.2980±0.102 2	−4.8240±0.0867	−7.5302±0.0578	−9.0573±0.0200
Z	12.4437±0.066 7	12.1089±0.0133	11.3046±0.0067	10.5278±0.0067

3.2　脑立体定位装置

随着脑科学的快速发展，脑立体定位的研究也成为生物医学界的一个重要课题，脑立体定位是一项关键技术，具有重要的应用价值。在神经解剖、神经生理、神经药理和神经外科等领域，脑立体定位装置已成为一种重要的仪器，可用于对神经结构进行定向的注射、刺激、破坏及引导电位等操作。随着科学技术的不断进步，脑立体定位装置在神经科学等相关领域中将会有更大的功能拓展和更广泛的实际应用。

3.2.1　脑立体定位装置的概述

脑立体定位仪(brain stereotaxic apparatus)是利用动物颅骨外面的标志或其他参考点所建立的三维坐标轴，来确定皮层下某脑组织的精确位置，进而在非直视暴露下准确地把电极插入皮层下的目标部位，通常可用电的方法对动物脑机能进行实验研究[5]。脑立体定位仪是重要且实用的脑立体定位装置。目前，研究与生产的脑立体定位仪主要是针对哺乳动物和鸟类，其中包括小动物脑立体定位仪和大动物脑立体定位仪。以68016数字显示脑立体定位仪(深圳市瑞沃德生命科技有限公司)为例进行阐述。

小动物脑立体定位仪包括单臂脑立体定位仪和双臂脑立体定位仪，适用于多种动物实验，包括大鼠、小鼠、小鸟、猫、蜥蜴等爬行类动物及豚鼠等。其主要性能特点：采用开放式的 U 形底座结构及激光刻度，读数方便；底板尺寸为355×255mm；操作臂可上下、左右、前后移动，范围可达80mm，垂直方向可旋转180°，水平方向可旋转360°，可以随时锁定任意位置；操作臂内置铜轴套，方便进行实验；加入三头丝杆设计，使操作臂更精确平滑地上下、左右、前后移动；可配套使用微量注射泵、显微摄像装置、颅钻；不同温度下操作仍可保持良好的精确性与灵活性。

大动物脑立体定位仪的应用动物范围比较广泛，具有良好的性能和灵活性。其主要性能特点：采用旋转固定支架结构，可以固定在底板或直接固定到实验台上；轨道可以进行三维方向的360°旋转，适合于各种角度的应用；读数精度采用相同的游标卡尺方式，读数精度为 100μm，精确读数范围为 200mm；两个平行的操作臂可以方便安装六个标准定位仪操作臂，可以对一个动物独立进行多个操作，如对一个区域进行刺激，而对另一个区域进行记录；配合使用微推进器，推进精度为10μm，达到更精确操作；配合使用标准的二维操作臂，可垂直方向180°旋转、水平方向360°旋转，可提供灵活、精确的定位；操作臂上、下、左、右的操作精度为100μm。

当今常用的实验动物，如大鼠、小鼠、猫等高等哺乳类动物及鸟类均有完全的外耳道，可以用耳棒来进行固定，然而由于鱼类没有外耳道，无法通过外耳道进行固定，目前尚未见有适用于鱼的脑立体定位仪相关研究报道及产品介绍。为了能够对鱼脑解剖结构和生理功能尤其是在生物控制方面进行科学实验研究，迫切需要研制鱼类专用的脑立体定位仪。

3.2.2　辅助脑立体定位仪使用的鱼固定台

在动物的神经解剖、神经生理、神经药理及生物控制等方面的实验研究中，常涉及对其脑部进行组织定位、结构破坏、药物注射、定向刺激和电极植入等操作。较为普遍的常规使用方法是将动物麻醉，利用脑立体定位仪上的标准夹持器将其固定在脑立体定位仪底板上，利用其颅骨特征确立坐标系进行相应的实验操作。由于麻醉的鲤鱼不能被稳定立住，而且鲤鱼的体表面比较光滑，所以现有的脑立体定位仪上标准夹持器难以将其固定住，这给操作带来了很大的困难，对此自主研制出一种辅助脑立体定位仪使用的鱼固定台[6]。这种不伤鱼体、固定牢靠、操作简捷和灵活方便的能够辅助脑立体定位仪使用的鱼固定台具有一定的实用性(图 3.16)。

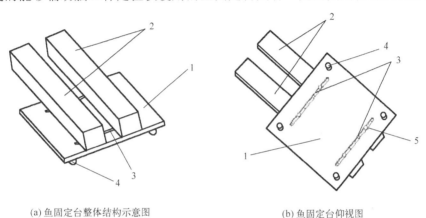

(a) 鱼固定台整体结构示意图　　　　　　　　(b) 鱼固定台仰视图

图 3.16　辅助脑立体定位仪使用的鱼固定台示意图
1. 底座；2. 夹持臂；3. 凹槽；4. 支撑垫；5. 螺栓

自主研制的辅助脑立体定位仪使用的鱼固定台[6]如图 3.16 所示，鱼固定台的结构由底座、夹持臂、凹槽、支撑垫、螺栓组成。底座为一不锈钢的正方形平板结构，底座底部的四角有四个橡胶制成的支撑垫，底座高度与脑立体定位仪底板的高度相等，在使用时与脑立体定位仪底板对接。凹槽位于底座内，两个凹槽相互平行，在底座中上下贯穿，用于夹持臂的移动与固定。螺栓有四个，均穿过底座的凹槽，用于将夹持臂固定于底座，在使用时通过移动四个螺栓来调节两个夹持臂之间的距离以对应鱼体的宽度。夹持臂为工程塑料制成的长方体结构，其底部有与螺栓相吻合的孔道用于夹持臂的固定，两个夹持臂等长且均长于底座，长于底座的两段与脑立体定位仪的 U 形座对接，用于鱼体的夹持固定，再应用脑立体定位仪标准夹持器将鱼头部夹持固定，即可进行脑立体定位。

鱼固定台的制作：以 68016 数字显示脑立体定位仪(深圳市瑞沃德生命科技有限公司)为例，根据脑立体定位仪的结构和尺寸，制作鱼固定台。鱼固定台的底座为一不锈钢的正方形平板结构，边长为 255mm，厚度为 10mm；底座上有两个夹持臂，夹持臂为工程塑料制成的长方体结构，长度为 420mm，高度为 50mm，宽度为 50mm，两个夹持臂等长且均长于底座，夹持臂长于底座 165mm；底座中有两个互相平行且上下贯穿的凹槽，凹槽长度为 158mm，宽度为 8mm，深度为 10mm；螺栓为 M6 螺栓，共有四个，长度为 30mm，四个螺栓经过两个凹槽将两个夹持臂固定在底座上；底座底部的四角有四个橡胶制成的支撑垫，高度为 20mm。

　　鱼固定台的使用方法：①麻醉鲤鱼：将一尾鲤鱼进行药浴麻醉；②鱼体测量：测量鱼体的宽度；③调整两夹持臂之间宽度：根据测量鱼体的最大宽度，调整四个螺栓，移动两个夹持臂，使两个夹持臂之间的宽度等同于鱼体的最大宽度，拧紧四个螺栓使两个夹持臂固定在鱼固定台上；④将鱼固定台与脑立体定位仪对接：将脑立体定位仪和鱼固定台平放于实验台上，将鱼固定台的底座与脑立体定位仪的底板对接，两者高度相等故可连成连续的平台，鱼固定台的两个夹持臂长于底座，长于底座的两段与脑立体定位仪的 U 形座对接，用于鱼体的夹持固定；⑤鲤鱼固定：将鲤鱼放入鱼固定台两个夹持臂之间的空间进行鱼体固定，再用脑立体定位仪标准夹持器将鱼头夹持固定，即可进行脑立体定位。

3.2.3　脑立体定位仪辅助装置的研制

　　使用的 68016 数字显示脑立体定位仪(深圳市瑞沃德生命科技有限公司)在垂直方向可 180° 自由旋转并随时锁定任意位置，但 X、Y、Z 坐标值并不会随操作臂的旋转而改变，虽然在垂直方向旋转操作臂可以使脑立体定位仪所在坐标系与鲤鱼颅骨表面重合，但数字显示屏上的坐标值还是基于水平面所建坐标系下的坐标值，不会随操作臂的旋转而改变，直接用常规脑立体定位仪对鲤鱼进行脑电极植入等操作时会存在空间定位误差及准确度低等问题，故需要进行坐标转换，但在转换过程中容易造成数据的计算误差。所以，现有的脑立体定位仪并不适用于鲤鱼这类水生动物的脑立体定位。利用脑立体定位仪完成对鲤鱼的脑组织定位，建立鲤鱼的脑立体定位方法并研制相关定位装置是研究鱼脑的必要前提和重要基础。因此作者在现有脑立体定位仪的基础上设计了一种鲤鱼脑立体定位辅助装置及定位方法[7]。

　　自主研制的鲤鱼脑立体定位辅助装置[7]如图 3.17 和图 3.18 所示，该装置包括固定台、螺丝、鱼体固定块、鳃杆、滑杆、滑杆轨道、箱体、滑块轨道、铰链、螺母和滚轮。

　　箱体由长方形底板和两块对称安装的侧壁组成，箱体底面长为 16cm，箱体侧壁长为 13cm、宽为 20cm、高为 3cm。两条侧壁表面分别开设相平行的滑杆轨道，在两条侧壁之间安装滑杆，滑杆两端分别插入相对应的侧壁滑杆轨道中，在滑杆上安装滚轮，在滑杆两端分别套接螺母，且螺母置于侧壁滑杆轨道的外部。滑杆被安装在两条侧壁之间，滑杆两端分别插入相对应的侧壁滑杆轨道中，可在滑杆轨道上任

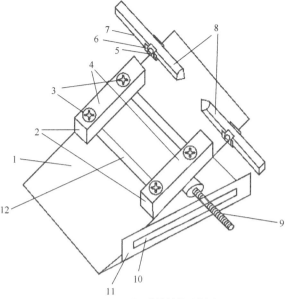

(a) 脑立体定位辅助装置整体结构示意图

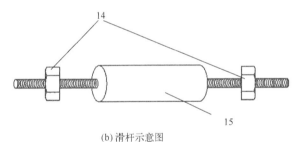

(b) 滑杆示意图

图 3.17　脑立体定位辅助装置示意图

1. 固定台；2. 螺丝；3. 鱼体固定块；4. 锁紧螺钉；5. 卡槽；6. 鳃杆；7. 滑杆；8. 滑杆轨道；
9. 箱体；10. 滑块轨道；11. 铰链；12. 螺母；13. 滚轮

图 3.18　脑立体定位仪和脑立体定位辅助装置

意滑动来调整固定台和箱体的角度大小使脑立体定位仪上的电极垂直于颅脑表面，滑杆两端设有凹槽，将滑杆轨道置于凹槽中，滑杆则不易从轨道中脱落，方便滑杆在侧壁的滑杆轨道中滑动，在滑杆上安装滚轮，滑杆上的滚轮直径为 1.5cm，在两端凹槽的外侧设置螺纹，螺纹段直径 0.7cm，在滑杆两端的螺纹上分别套接螺母，且螺母置于侧壁滑杆轨道的外部，用于固定滑杆，使滑杆在任意位置保持不动。

固定台为长方形平板结构，固定台长为 30cm，宽为 20cm，固定台的底边与箱体一边通过铰链活动连接在一起，箱体的侧壁处在固定台的两侧。在固定台中部平行开设两条 T 型滑块轨道，且 T 型滑块轨道与侧壁的滑杆轨道方向垂直，T 型滑块轨道长为 18cm。在两条平行的滑块轨道上滑动安装一组鱼体固定块，鱼体固定块长为 13cm，宽为 6cm，高为 4.5cm。两个鱼体固定块与滑块轨道方向垂直，鱼体固定块上安装螺丝进行锁紧固定。因辅助装置需配合 68016 数显示脑立体定位仪使用，脑立体定位仪上有一 U 形底座，为与 U 形底座配合，需将固定台宽度设置要比 U 形底座宽度略窄，使固定台能插入 U 形底座中，这样能够配合脑立体定位仪操作臂的使用，便于脑电极的植入。在固定台远离活动端的一端两侧处对称安装一对卡槽，在卡槽内安装鳃杆。两条鳃杆与滑块轨道平行，鳃杆长为 13cm，将左、右鱼鳃夹持器分别对准左、右鱼鳃盖夹紧，使用鳃杆上的游标刻度值调整左、右鳃杆的相对距离，使鱼处于整个辅助装置的中心位置，在卡槽上安装锁紧螺钉，鳃杆通过卡槽上的锁紧螺钉固定。根据鱼的形态与大小，利用鱼体固定块固定鲤鱼的躯体，避免鱼在实验过程中发生移动脱离脑立体定位仪及辅助装置，将鱼固定于辅助装置后即可进行开颅和脑电极植入等操作。

脑立体定位辅助装置及应用：选体长为 32cm、体重为 1kg 的成年健康鲤鱼 1尾，将鲤鱼麻醉；将辅助装置置于脑立体定位仪底座上，将鲤鱼呈俯卧位放在辅助装置的固定台上，调节两个卡槽内的两根腮杆，使两个鱼鳃夹持点保持水平与对中，再通过锁紧螺钉固定腮杆，其中两个鱼鳃夹持点的位置为两个鱼鳃的中心；调节鱼体固定块在滑块轨道上的位置，用螺丝固定鱼体固定块，用鱼体固定块夹紧鱼体；调节滑杆在滑杆轨道中的位置使固定台倾斜，同时改变箱体与固定台之间的角度，当颅骨表面与水平面处于平行时，在辅助装置两侧用两个螺母分别固定滑杆的两端使滑杆的位置固定，确保颅骨表面保持水平；在脑立体定位仪夹持器上安装电极，调节电极位置，使电极针尖对准鲤鱼头部与躯干交界处第一鱼鳞进行电极植入。

脑立体定位辅助装置能够配合现有脑立体定位仪的使用，解决脑立体定位坐标系与鱼颅骨表面之间存在角度差异的问题，保障电极植入及脑运动神经核团定位的准确性。该装置不仅可以应用于鲤鱼的脑立体定位与脑电极植入，也可应用在与鲤鱼结构相似的其他种类鱼的脑立体定位与脑电极植入。

脑立体定位方法是生物机器人控脑技术的一个重要方法，脑立体定位装置是生物机器人控脑技术的一个重要工具，对基于控脑技术的生物机器人控制的精确性和有效性具有显著的影响，所以对脑立体定位方法及脑立体定位装置的研究具有很强的实际应用价值和重要的科学研究意义。随着科学技术的不断发展，脑立体定位方法及脑立体定位装置在相关领域中将会有更大的功能拓展和更广泛的应用前景。

参 考 文 献

[1]　Peng Y, Guo C S, Su Y Y, et al. Study on the brain stereotaxic method of carp aquatic animal-robot[C]. Proceeding of the 2016 International Conference on Biomedical and Biological Engneering, 2016: 466-471.

[2]　苏洋洋. 鲤鱼脑图谱的研究[D]. 秦皇岛: 燕山大学, 2017.

[3]　刘洋. 面向鲤鱼脑图谱构建的脑切片图像分割与三维重建研究[D]. 秦皇岛: 燕山大学, 2018.

[4]　彭勇, 王婷婷, 王占秋, 等. 面向鲤鱼机器人控脑技术的磁共振坐标转换方法研究及应用[J]. 生物医学工程学杂志, 2018, 35(6): 845-851.

[5]　武云慧. 水生动物机器人脑控制技术的研究[D]. 秦皇岛: 燕山大学, 2010.

[6]　彭勇, 苏洋洋, 刘洋, 等. 一种辅助脑立体定位仪使用的鱼固定台[P]. 中国, 2017 2 0398534.3.2018.

[7]　彭勇, 王婷婷, 闫艳红, 等. 一种鲤鱼脑立体定位辅助装置及定位方法[P]. 中国, 2018 1 0352267.5. 2020.

第4章 脑 电 极

电刺激控制是生物机器人最常用的控制方式。电刺激原理是通过植入电极刺激生物的神经系统，产生人类预期的运动行为从而实现对生物的控制。脑电极是生物机器人控脑系统中的一个核心装置，对生物机器人进行有效和精确控制具有重要作用。脑电极涉及脑电极制备、脑电极性能检测、脑电极植入与颅腔防水封固、脑电极转接装置、基于成像的脑电极三维立体重建等方面。

4.1 脑电极制备

在生物机器人领域，主要是通过电刺激脑的方式实现对动物行为的控制，而在对生物机器人控制时需要脑电极进行电刺激来控制生物行为或记录脑电信号，故需要制备适用的高性能脑电极。

4.1.1 电极概述

在对生物机器人进行电刺激中，记录和控制生物行为的能力与脑电极技术息息相关，需要脑电极能够传输高质量和稳定的信号，同时又能够记录神经电信号。传统的电极主要是金属微电极和玻璃微吸管技术，现代的金属微电极和玻璃微吸管技术仍在不断发展，人们继续使用这两种电极作为神经刺激和记录生物电位的工具。但这两种传统的电极主要是通过手工制造的，其制造技术存在许多缺陷，如不能对其几何尺寸进行精确控制、组装起来体积较大且还不够灵活、植入过程中会造成组织损伤等，所以其应用受到一定限制。

早期的微电极是由美国克利夫兰的 OTTO 传感器公司制造的 Vienna 探针，是以 100μm 厚的玻璃做衬底，用氮化硅做绝缘层[1]。Eichenbaum 和 Kuperstein[2]改用钼作衬底，并将探针的厚度减为 18μm，并试验用光阻和氮化硅等不同的介质作密封。Blum 等[3]也用钼作衬底，制造出了 19μm 厚的微电极，这种电极在活体测试中成功了。Campbell 和 Jones[4]制造了一微电极阵列，该电极阵列是二维深度列，由多组穿刺杆和电极组成，其所关心的是穿刺杆体积和位置，对电极的大小缺乏控制，因此其重复性不理想。Tanghe 和 Wise[5]制造了先进的微电极，开始将其作为神经信号记录。Rutten 等[6]开发的微电极植入周围神经中实现了对神经肌肉的控制。Kewley 等[7]离子刻蚀的方法确定了探针的结构，尽管在某些情况下信噪比过低，还是成功获得了一些神经信号。郑修军等[8]制作了单点测量微电极，将 2 根 10cm 长的铂铱合金丝的两端分别放在酒精灯的外焰进行烧灼以去掉绝缘层，使其近端暴露约 1mm，远端暴露 10mm，再将铂铱丝穿过长为 10mm 的硅胶柱，电极的远端距硅胶柱的远端约 15mm，将电极与硅胶柱用瞬康医用胶黏合而成。应鼎[9]制作了钨丝微阵列电极，对直径 100μm 的微细钨丝进行退火和抛光处理，使用聚酰亚胺进行绝缘处理，再对其进行平整化和针尖工艺并固定到 SU-8 电极固定座上。随着材料科学与技术的快速发展和研究工作的不断拓展，电极的材料与制作工艺也在随之不断发展着。电极的分类如下。

(1)根据电极位置，电极可分为体表电极、皮下电极、植入电极。

(2)根据电极功能，电极可分为检测电极、激励电极。

(3)根据电极形状，电极可分为筛形电极、针形电极、剑形电极。

(4)常用刺激电极，在生理实验中常用的刺激电极有普通电极、保护电极、乏极化电极。普通电极是刺激离体组织时常用的电极，一般采用铂(白金)、金、银、合金(镍、铜、锌)、不锈钢等金属，将其装嵌在有机玻璃套内；保护电极是当刺激在体深部组织时为避免电流刺激周围组织时使用，电极的金属丝包埋在绝缘套内；乏极化电极是在直流刺激时为避免极化现象采用的，常用的有银-氯化银电极、锌-硫酸锌电极、汞-氯化汞电极。

(5)其他类型：无机物修饰电极，如普鲁士蓝修饰电极、黏土修饰电极、沸石修饰电极、金属及金属氧化物修饰电极等。

电极的材料各种各样，主要有各种金属、导电聚合物、玻碳纤维、半导体、导电陶瓷等。选取脑电极的材料时，应依据研究目的和应用环境等需求，综合考虑电极的稳定性、重复性、生物相容性等因素进行选择。脑电极的材料对生物机器人的控制效果是有一定影响的，尤其是材料的生物相容性，而且生物机器人是需要活体生物的，因此脑电极材料的选取是一个不可忽视的问题。

电极的绝缘处理也是电极制作的重要环节。常用于电极封接的绝缘材料主要有树脂、石英、聚乙烯、可热焊的塑料等，近几年也出现了一些有发展前景的新的制作方法。

(1)热封接法。该法是将电极用加热方法封于绝缘材料中，露出所需的电极表面部分。

(2)树脂封接法。该法是将电极用树脂等固定在套管或其他支持材料中。

(3)沉积法。该法是指利用电沉积、蒸发沉积、喷涂、热解等方法，将绝缘材料沉积在电极材料上，形成所需形式的电极。

(4)微刻/光刻法。该法是在绝缘基体上镀上导电金属层，再将不需要部分用化学或光学方法腐蚀除去，剩下部分作为电极使用。

(5)其他方法。可使用一些化学修饰方法对电极进行特殊修饰，主要有吸附型、共价键合型、聚合物型等。

　　下面以鲤鱼脑电极为例介绍用电化学腐蚀法制备电极的方法。用不锈钢针灸针为基本材料，将直流稳压电源的正、负极通过导线与两根针灸针相连，将两根针灸针同时浸入烧杯中的电解液(10%氯化钠溶液)中，再将烧杯放入水浴锅内，设置水温为40℃恒温。将直流稳压电源的电压设置为4V，打开电源开关，反应即开始，阴极处有无色无味的氢气生成，阳极处溶液有绿色物质生成。经处理后，针杆直径变细，针尖更细。将处理过的电极除针尖外的针杆部分涂抹环氧树脂作为绝缘层以保证电刺激为最小面积的点刺激。

　　适宜用于水生生物机器人的脑电极应具有的性能：①电极材料与生物组织既要有良好的机械生物相容性，还要有良好的生物相似性；②能够受组织液的长期腐蚀而不引发组织的不良反应；③能够固定于脑组织内而不发生移动，且能够与脑组织紧密连接；④电极的物理特性和电学特性有高度的可重复性；⑤能够植入神经组织内；⑥体积小且易定位；⑦神经刺激和神经记录电路有良好特性；⑧操作方便。

4.1.2　多通道植入电极

　　通过植入电极对脑进行电刺激以实现对动物运动行为的控制，在植入电极时由于多次插拔单个电极容易对颅脑造成损伤和出血，往往是植入一根电极就要操作一次，植入多个电极时操作时间又比较长，不宜对同一动物反复使用。有关水生生物机器人同时植入多根脑电极的研究尚未见相关报道，对此设计了一种专用于鲤鱼的多通道植入电极即一种矩阵式植入电极[10]。图4.1为多通道植入电极装置示意图。

　　该装置由搭载底座、固定钉、电极组成。电极包括刺激电极和参考电极，刺激电极和参考电极均穿过搭载底座的圆孔和动物颅骨的钻孔；2个固定钉分别在搭载底座两端穿过搭载底座和动物颅骨将多通道植入电极固定于动物头部；多通道植入电极装置做防水处理并固定。搭载底座是根据动物颅骨形状特点和动物脑组织形状而用万能板切割形成的，搭载底座包括中间部分和两端，中间部分是六边形区域，两端是正方形区域。对于鲤鱼头颅，固定钉可用图钉，用于搭载底座的固定。在使用时，将2个固定钉分别在搭载底座两端正方形区域的中心处钉入，2个固定钉穿过搭载底座和动物颅骨，将多通道植入电极装置固定于头部。电极共4根，其中3根作刺激电极，电极经搭载底座的圆孔和颅骨的钻孔植入脑运动区；1根为参考电极，参考电极经搭载底座的圆孔和颅骨的钻孔植入颅骨的其他部位。所有电极均用焊锡固定在搭载底座上。多通道植入电极装置用热熔胶做防水处理并再固定。

　　将鲤鱼麻醉，用微型手电钻在颅骨的指定位置上钻孔4个。4根电极是长度为35mm和直径为0.3mm的钨电极，其中3根作刺激电极，另1根做参考电极。根据控制鲤鱼前进、左转向和右转向的脑运动区坐标值，借助脑立体定位仪将刺激电极经搭载底座的圆孔和颅骨的钻孔植入脑运动区，将参考电极经搭载底座的圆孔和颅骨的钻孔植入颅骨的其他部位。将2个图钉分别穿过搭载底座两端区域正方形中心

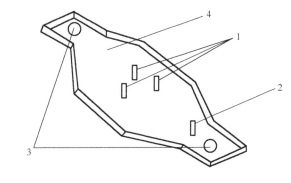

(a) 多通道植入电极主视图

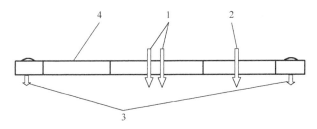

(b) 多通道植入电极侧视图

图 4.1　多通道植入电极装置示意图

1. 刺激电极；2. 参考电极；3. 固定钉；4. 搭载底座

处，用力钉入颅骨中，以此将多通道植入电极装置固定。将 3 个刺激电极和 1 个参考电极用焊锡固定在搭载底座上。多通道植入电极装置用热熔胶做防水处理并再固定。将搭载多通道植入电极的鲤鱼机器人置于水中进行控制。

以鲤鱼机器人为例说明专门设计的一种用于鲤鱼的多通道植入电极即一种矩阵式植入电极，以控制鲤鱼前进、左转向和右转向为例说明电极的数量。实际上，不同生物机器人和不同控制运动行为对脑电极的各方面要求可能不完全一样，需根据实际情况制作相应脑电极及搭载装置。

4.2　脑电极性能检测

为筛选适用于水下环境的脑电极，选用铜、不锈钢、银 3 种不同金属材料，研究比较了这 3 种不同材料电极在 28 日内对海水的抗腐蚀能力、电阻值的变化、对鲤鱼脑损伤效应，为未来的脑电极实际应用进行实验探索[11]。

为测试电极的抗腐蚀能力，按照电极材料不同将实验分为 3 组：将 10 支铜电极分成 A 组，10 支不锈钢电极分成 B 组，10 支银电极分成 C 组。用万用电表测量各组电极的电阻值。将 3 组电极分别放入 3 个相同的玻璃瓶中，玻璃瓶中注入等量海水，将电极浸泡海水中。每隔 2 天测量一次电阻值，连续观察 28 日。根据测量的各组电极的电阻值变化趋势，分析不同材料电极对海水的抗腐蚀能力。实验显示，放置铜电极玻璃瓶中的海水变浑浊，海水颜色呈淡绿色，电极有明显被海水腐蚀的痕迹；放置不锈钢电极玻璃瓶中的海水颜色没有明显变化，电极表面没有明显被海水腐蚀的痕迹；放置银电极玻璃瓶中的海水变浑浊，海水颜色呈淡绿色，较浸泡铜材料电极的海水颜色深且瓶中底层有浅绿色沉淀，电极表面有铜绿生成，所以银电极被海水腐蚀相对严重。对 3 种材料电极电阻值进行 7 次测量，每隔 4 天测 1 次，共28 天。对测得的数据进行统计，绘出电极电阻值的变化曲线(图 4.2)[11]。

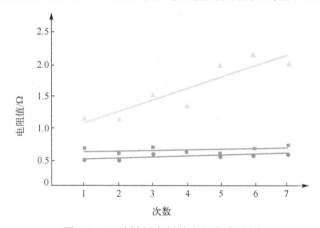

图 4.2　三种材料电极的电阻值变化图

最下面线代表铜电极电阻值；中间线代表不锈钢电极电阻值；最上面线代表银电极电阻值

从图 4.2 看出，在 28 日内，不锈钢电极电阻值变化最小，其次是铜电极，银电极电阻值变化最大。通过对 3 种不同金属材料电极的抗腐蚀能力、阻抗变化性能的测试得出结论：不锈钢电极和铜电极对海水抗腐蚀能力较强，二者相差不大，而银电极对海水抗腐蚀能力较差。实验也发现，铜电极被砂纸打磨端，最初有明显金属光泽，经一段时间后，绝缘层打磨掉的地方金属光泽消失，出现发暗的锈斑，而不锈钢电极则基本始终能够保持金属光泽。银电极在实验中前一周电阻值变化不大，一周之后电阻值变化明显增大，根据观察，浸泡电极的海水出现了浅绿色的浑浊物，银电极表面出现了绿色的铜锈。由此推断，不锈钢电极抗腐蚀能力最强，其次是铜电极，银电极最弱。

为测试植入电极对脑组织损伤效应，将电极植入脑组织进行实验的鲤鱼 40 尾进行解剖取小脑，分 A、B、C、D 组，其中 A 组为对照组，B 组为铜电极组，C 组为不锈钢电极组，D 组为银电极组。将 4 组小脑标本制作石蜡组织切片，苏木精一伊红(HE)染色。在光学显微镜下拍照，比较 3 种不同材料植入电极对鲤鱼小脑组织的损伤状况。图 4.3 为对正常的鲤鱼小脑和 3 种不同金属材料电极植入小脑制备的组织切片观察结果的显示[11]。

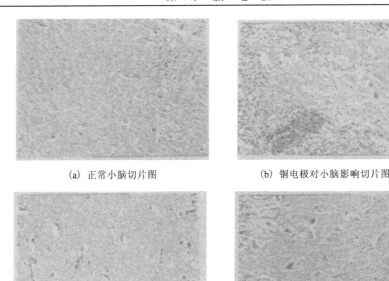

(a) 正常小脑切片图　　　　　(b) 铜电极对小脑影响切片图

(c) 不锈钢电极对小脑影响切片图　　　(d) 银电极对小脑影响的切片图

图 4.3　电极对鲤鱼小脑影响的组织切片图(×10)(见彩图)

图中显示, A 组标本未见出血、变性和细胞坏死; B 组标本细胞变性和水肿,未见出血; C 组标本细胞变性程度小于 B 组, 水肿程度小于 B 组, 未见出血; D 组标本细胞变性程度大于 B 组, 水肿程度相当于 B 组, 未见出血。结果显示, 不锈钢电极对小脑损伤效应相对最小, 其次是铜电极, 银电极相对最大。

选取铜、银、不锈钢材料, 研究这 3 种不同材料电极在 28 日内对海水抗腐蚀能力、电阻值变化、对鲤鱼脑组织损伤效应。研究表明, 在 28 日内, 不锈钢电极对海水抗腐蚀能力相对最强, 电阻值变化相对最小, 对脑组织损伤效应也相对最小; 其次是铜电极; 银电极对海水抗腐蚀能力相对最差, 电阻值变化相对最大, 对脑组织损伤效应也相对最大。总体比较来看, 不锈钢材料作为鱼的脑电极相对是比较适宜的。研究 3 种不同材料的电极对海水抗腐蚀能力、电阻值变化、对鲤鱼脑组织损伤效应, 可为将来海洋生物机器人的研究与应用提供一定的实验基础与科学依据。

4.3　脑电极植入与颅腔防水封固

电刺激是生物机器人最常用的控制手段, 其中脑电极植入与颅腔防水封固是一个关键技术。鸽子机器人和大壁虎机器人都是利用牙科石膏对颅腔进行封固[12,13]。金鱼机器人是将有机硅弹性体倒入颅腔, 所产生的孔用牙科丙烯酸覆盖[14]。然而在颅腔中注入牙科石膏和有机硅均会增加头部的物理压力，并且由于生物不相容性可能会对脑组织造成损伤。应用开颅法将电极植入脑运动区，由于水生动物生活在水下环境中，对脑电极的植入与颅腔封固有着更高的技术要求，故还需对颅腔进行更加有效的防水封固处理。

针对鲤鱼机器人，自主设计了一种鲤鱼水生动物机器人颅腔防水封固方法[15]，可解决在开颅情况下植入脑电极后鲤鱼颅腔防水封固的问题。在使用时，将鲤鱼开颅，借助脑立体定位仪植入电极，利用 MRI 对脑电极定位与导航，在一个透明塑料片中心钻一圆孔，连接颅脑内部电极的导线从该圆孔穿过与刺激器相连，将塑料片搭载在颅腔开口处，在塑料片后端用图钉将其固定在颅骨上，将牙科石膏涂抹在塑料片与鱼体贴合位置周围、图钉位置和导线穿出位置，待其凝固即封闭。图 4.4 为鲤鱼颅腔防水封固方法示意图。

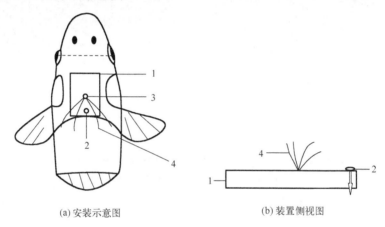

(a) 安装示意图　　　　　　　　　　(b) 装置侧视图

图 4.4　鲤鱼颅腔防水封固方法示意图
1. 透明塑料片；2. 图钉；3. 圆孔；4. 导线

若应用开颅法植入脑电极，对于飞行生物机器人和陆生生物机器人来说，脑电极植入与颅腔封固是一个重要的问题；而对于水生生物机器人来说，由于水生生物是在水下环境中生存，故脑电极植入与颅腔防水封固更是一个重要的技术问题，既要考虑到电极植入，又要考虑到颅腔封固，还要考虑到防水处理，需要综合考虑以解决这个技术问题。

4.4　脑电极转接装置

国际上普遍应用控脑技术控制动物机器人，其中脑电极是否能够长期固定及与电刺激平台转接是动物机器人控制的关键技术之一。随着生物控制技术的快速发展，对于电极转接装置的要求也越来越高，设计一种方便操作的电极转接装置也成了迫切需求。针对鲤鱼机器人，自主设计了一种动物机器人脑电极转接装置[16]。图 4.5 为脑电极转接装置示意图，图 4.5(a) 是等轴侧视图；图 4.5(b) 是正视示意图；图 4.5(c) 是俯视示意图；图 4.5(d) 是底板示意图。其中，附图标记：1-底板；2-排母；3-排针；4-导线；5-LED 指示灯；6-固定钉；1-1-螺钉固定孔；1-2-电极转接孔；1-3-电路走线；1-4-LED 指示灯孔；1-5-排母孔。该装置主要可以解决鲤鱼机器人脑电极不易长时间固定及脑电极与电刺激平台转接困难的问题。

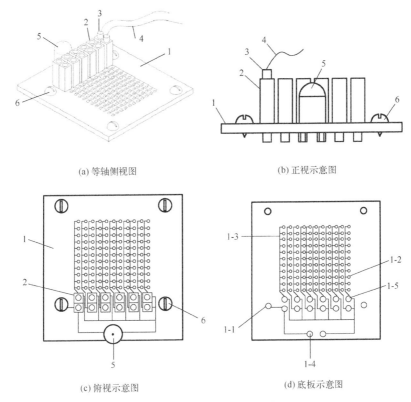

(a) 等轴侧视图   (b) 正视示意图

(c) 俯视示意图   (d) 底板示意图

图 4.5　脑电极转接装置示意图

　　该装置由底板、排母、排针、导线、固定钉、LED 指示灯构成。装置以底板为主体，底板中心电极植入孔与动物颅骨参考点对齐，在颅骨区域左右两侧钻螺钉固定孔，通过固定螺钉将底板固定在颅骨上。通过脑立体定位仪确定颅骨上的电极植入点，使用颅骨钻在电极植入点对应的颅骨处钻孔，通过电极转接孔植入针形电极并通过焊锡加以固定，再用热熔胶对转接装置进行防水处理，以适应水下环境的使用。底板由印制电路板(PCB 板)制成，底板左侧和右侧均有两个圆形固定孔，底板上设有多通道电极转接孔、排母孔和 LED 指示灯孔，电极转接孔中心为参考点，对应颅骨的参考点处，每列电极转接孔对应一个排母孔，底板通过固定钉固定在颅骨以实现电极的转接和固定。排母、排针数量与电极转接孔的列数相对应，分别焊接在底板上的排母孔内，分别对应每列电极植入孔及左边螺钉固定孔。导线的一端连接排针端，导线的另一端连接电刺激平台，导通电路。LED 指示灯选用波长为 650～680nm，使用 10mm 发光二极管 LED，进行电刺激时，如果指示灯为点亮状态，则表明生物机器人是处于受控状态的。

在应用时，将 LED 指示灯焊接在底板 LED 指示灯孔上，将两排排母焊接在搭载板底板的排母孔处，将连有导线的排针插入排母中，连接电源。将鲤鱼麻醉，选择颅骨参考点，将底板多通道中央电极植入孔的圆心与颅骨参考点对齐，放于颅骨区域，使用颅骨钻在底板螺钉固定孔对应的颅骨位置钻孔，将四个固定钉分别拧入螺钉固定孔内，将底板固定于颅骨，其中一个固定钉接触的底板上有电路通向排母一侧，因此也为参考电极。以颅骨参考点为原点，参照脑图谱确定脑神经核团三维坐标，在颅骨上钻孔，应用脑立体定位仪将电极通过底板电极转接孔植入到目标区域，使用焊锡固定电极。根据需要，可将若干根电极依次植入到脑运动区，完成多通道脑电极的植入，将电刺激装置的连接排针插入排母中，进行生物机器人的控制。

4.5　基于磁共振成像的脑电极三维立体重建

了解电极的植入针道及植入位点对于掌握电极植入的准确性来说是十分重要的。在观察鲤鱼脑电极植入位点时，由于鲤鱼脑体积较小，需要植入的脑电极要比较细，而且在制作组织切片时，需将电极从脑中取出，但脑组织会随着时间的推移而融合，电极针道也会逐渐消失，虽然对鲤鱼进行心脏灌流，通过蓝点标记法[17]可在脑组织切片中观察到电极植入位点，但蓝点实验步骤较为烦琐，成功率较低，故在脑组织切片中不易观察到电极的植入针道及植入位点，这是有待于解决的技术问题。对此，作者应用磁共振成像技术进行探索性研究。用磁共振扫描成像，电极材料很重要。选用钨材料尝试，因为钨不影响磁共振扫描成像，所以不必将钨电极从颅脑中撤出，将电极植入后即可对颅脑进行磁共振扫描。在 3.0T 磁共振图像中可以比较清晰地观察到脑电极的针道，再利用 3D-DOCTOR 软件及电极在颅脑中的植入位置，应用磁共振成像和三维重建技术建立鲤鱼脑结构及脑电极的三维模型，为脑电极植入而直观显示脑电极的植入方向和植入位点，可为脑电极的精准植入定位与导航[18]。借助磁共振成像较好实现了脑电极三维立体重建。

4.5.1　植入脑电极的鲤鱼颅脑磁共振成像

将进行水下控制实验后的鲤鱼保留脑电极，应用 3.0T 磁共振成像仪对植入脑电极的鲤鱼颅脑进行轴状位扫描，扫描参数见表 4.1，植入脑电极的鲤鱼颅脑磁共振成像见图 4.6。

表 4.1 鲤鱼颅脑轴状位的 MRI 扫描参数

方位	序列	图像矩阵 Matrix	视野 FOV	重复时间 TR	回波时间 TE	层厚 SL	层数 Slices	平均次数 NEX	翻转角度 FA
轴状 Cor	SE (T2WI)	136×384	(28×79) mm	1000ms	138ms	0.4mm	104	2	120°

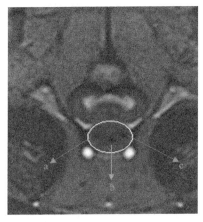

图 4.6 植入脑电极后的鲤鱼颅脑磁共振成像

a. 出现左转向的脑电极针孔；b. 出现前进的脑电极针孔；c. 出现右转向的脑电极针孔

4.5.2 脑电极在鲤鱼脑组织中的图像三维重建

将鲤鱼 MRI 轴状位全部 104 帧磁共振图像导入 3D-DOCTOR 软件中,对脑组织及脑电极进行 ROI 交互式分割,完成图像 ROI 分割后进行表面重建。为同时观察到三根电极在脑组织中的植入位置, 本书只显示鲤鱼小脑的部分结构。利用 3D-DOCTOR 软件对植入电极的鲤鱼脑组织进行三维重建,根据各部分脑组织的不同颜色、不同形态及不同结构对脑组织识别,可观察三根电极在小脑中的植入状况。为同时观察到电极的植入状况,将小脑的一半结构不做处理,只对部分脑组织进行三维重建,重建效果如图 4.7 所示[18]。

图 4.7 脑电极在鲤鱼小脑中的三维重建(见彩图)

a. 控制左转向的脑电极；b. 控制前进的脑电极；c. 控制右转向的脑电极

　　本书仅以三根脑电极植入鲤鱼小脑组织为例说明脑电极与鲤鱼脑组织的图像三维重建方法。实际上，脑电极的使用数量需根据实际需要确定。

　　应用 **3D-DOCTOR** 三维图像建模系统对鲤鱼脑组织、脑电极及脑运动神经核团进行三维重建，可识别各部分脑组织、观察脑各部分形态及特征、观察电极的植入位置，为后续对电极在脑中植入位置的调整提供依据和指南。

　　基于磁共振成像构建的脑组织及脑电极三维重建图，有助于掌握脑结构及脑组织与脑电极的相对位置关系，为脑电极精准植入提供形态学基础；构建的脑组织三维重建综合显示图有助于观察三维重建的脑组织在 MRI 图像中解剖位置及脑组织与颅骨表面的相对空间位置关系。经三维重建的鲤鱼脑结构及脑电极三维立体模型既能为研究脑提供形态学基础，又能为脑电极植入提供定位导航的工具，有助于提升生物机器人控制的精准度和有效性。

<h1 style="text-align:center">参 考 文 献</h1>

[1]　白秀军, 屠迪, 张超. 脑电神经信号采集与提取研究的背景与现状[J]. 中国老年保健医学, 2008, 6(5): 28-31.

[2]　Eichenbaum H, Kuperstein M. Extracellular neural recording with multichannel microelectrodes[J]. Journal of Electrophysiological Techniques, 1986, 13(3): 189-209.

[3]　Blum N A, Carkhuff B G, Charles H K, et al. Multisite microprobes for neural recordings[J]. IEEE Transactions on Biomedical Engineering, 1991, 38(1): 68-74.

[4]　Campbell P K, Jones K E. A silicon-based, three-dimensional neural interface: manufacturing processes for an intracortical electrode array[J]. IEEE Transactions on Biomedical Engineering, 1991, 38(8): 758-768.

[5]　Tanghe S J, Wise K D. A 16-channel CMOS neural stimulating array[J]. IEEE Journal Solid-State Circuits, 1992, 27(12): 1819-1825.

[6]　Rutten W, Frieswijk T A, Smit J, et al. 3D neuro-electronic interface devices for neuromuscular control: design studies and realisation steps[J]. Biosensors and Bioelectronics, 1995, 10(1-2): 141-153.

[7]　Kewley D T, Hills M D, Borkholder D A, et al. Plasma-etched neural probes [J]. Sensors & Actuators A Physical, 1997, 58(1): 27-35.

[8]　郑修军, 张键, 陈中伟, 等. 纵行神经束内微电极的制作与动物实验[J]. 中华康复医学杂志, 2002, 17(6): 328-330.

[9]　应鼎. 钨丝微阵列电极的设计与制作[J]. 科技博览, 2009, (17): 35-36.

[10]　彭勇, 苏佩华, 韩晓晓, 等. 一种矩阵式植入电极[P]. 中国, 201720657366. 5. 2017.

[11]　武云慧. 水生动物机器人脑控制技术的研究[D]. 秦皇岛: 燕山大学, 2010.

[12] 苏学成, 槐瑞托, 杨俊卿, 等. 控制生物机器人运动行为的脑机制和控制方法[J]. 中国科学: 信息科学, 2012, 42(9): 1130-1146.

[13] 王文波, 戴振东, 郭策, 等. 电刺激大壁虎(gekko gecko)中脑诱导转向运动的研究[J]. 自然科学进展, 2008, 18(9): 979-986.

[14] Nobutaka K, Masayuki Y, Noritaka M, et al. Artificial control of swimming in goldfish by brain stimulation: confirmation of the midbrain nuclei as the swimming center[J]. Neuroscience Letters, 2009, 452(1): 42-46.

[15] 彭勇, 韩晓晓, 刘洋, 等. 一种鲤鱼水生动物机器人颅腔防水封固方法[P]. 中国, 201711013286.7. 2017.

[16] 杜少华, 彭勇, 张慧, 等. 一种动物机器人脑电极转接装置及实施方法[P]. 中国, 202110324892.0. 2021.

[17] 郭聪珊. 基于运动行为控制的鲤鱼小脑脑区的研究[D]. 秦皇岛: 燕山大学, 2014.

[18] 彭勇, 王爱迪, 王婷婷, 等. 面向生物控制的鲤鱼脑组织及脑电极三维重建[J]. 生物医学工程杂志, 2020, 37(5): 885-891.

第 5 章 脑　　电

电生理信号是动物生命活动的重要特征，脑电信号包含大量生理信息。脑电信号是通过电极记录下来的脑细胞群的自发性、节律性的电活动[1]。脑电是理解生物行为和控脑机制的电生理学基础。脑电信号采集与分析是控脑机制中的关键科学问题之一，也是控脑系统的关键技术之一。如何采集与分析神经元放电串中隐含的信息就是脑科学中的一个重要研究内容。

5.1　脑电信号采集

脑电信号采集是脑电信号分析的前提和基础，关于人类脑电信号的研究已经比较广泛和深入，而有关鲤鱼脑电信号采集与分析的研究甚少。

5.1.1　脑电概述

生物电是动物脑的重要生理特征，脑电信号是可以通过仪器被采集到的。在无任何明显外加刺激时大脑皮层神经细胞产生持续的节律性电位波动称为大脑皮层的自发电位。将引导电极放置在头皮的一定部位通过脑电图机记录下来的自发电位图形称为脑电图。将引导电极直接置于大脑皮层表面记录下来的自发电位图形称为脑皮层电图。当感觉传入系统受到刺激时在大脑皮层所产生的局限电位变化称为皮层诱发电位。脑电波（electroencephalogram，EEG）是脑神经细胞在生理活动过程中产生的生物电信号，是脑神经细胞的总体活动，包括信息传递、离子交换和新陈代谢等综合外在表现。

脑-机接口（brain-computer interface，BCI）也称作脑-机融合感知（brain-machine interface，BMI），是在人或动物脑与外部设备间建立的连接通路。脑-机接口在发展过程中产生了分支。划分的依据多种多样，其中主流的划分是依据信号的流向划分，将脑-机接口分为正向脑-机接口（图 5.1）和反向脑-机接口（图 5.2）[2]。正向脑-机接口系统是从人或动物脑部特定区域采集信号、A/D 转换、经过信号处理（特征提取和模式识别），从而控制外围机械或者传递信息；反向脑-机接口系统也有控制指令的发生、控制命令的传输、控制命令的解析、D/A 转换和电极刺激等组成。在反向脑-机接口系统的实际应用中，先运用正向脑-机接口，将特定的神经电信号提取出来，再设计控制系统，通过刺激器将需要的神经电信号通过电极传输至相应脑区，达到控制动物行为的目的。

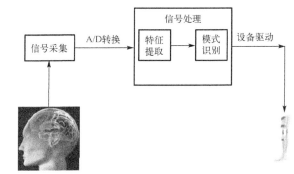

图 5.1　正向脑-机接口系统原理图

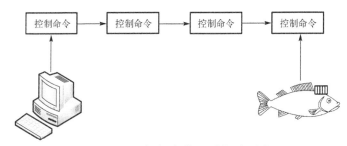

图 5.2　反向脑-机接口系统原理图

　　根据脑电信号获取方式的不同,BCI 分为植入式 BCI 和非植入式 BCI 两种类型。植入式 BCI 通过在颅内脑特定区中植入芯片或探针所获取脑电信号在时间和空间上分辨率更高,记录信息量更丰富,可实现更复杂的精细控制[3]。所以在生物机器人控制方面采用了植入式 BCI 方式,这样在复杂环境中导航时可以让生物机器人的行为控制更加可靠,同时也注重脑电信号特征分析与反馈控制,以求对生物机器人的控制更具有效性和可靠性。脑电信号采集与分析目前多见于陆地小型动物,而鲤鱼脑电信号的研究甚少。作者通过对鲤鱼机器人运动进行控制,采集脑电信号,同时利用摄像机实时记录鲤鱼运动行为以发现脑电信号与运动行为之间的关联性,将脑电信号进行特征分析,再设定相同波长、频率和峰电位等参数的模拟脑电信号反馈到相应的脑运动神经核团,进行鲤鱼机器人的水下控制。通过对鲤鱼脑电信号的采集与特征分析,将模拟脑电信号反馈到脑运动神经核团,通过鲤鱼机器人控制,验证与评估脑运动神经核团及神经通路发现与定位的准确性及其与运动行为对应的基本规律。脑电是控脑机制中的关键科学问题之一,也是控脑系统的关键技术之一。脑电信号采集与分析并向脑运动区反馈模拟脑电信号是生物机器人控脑技术的重要内容。脑电信号包含大量生理信息,通过对脑电信号的提取并进行特征分析,反过来识别动物对应的行为动作,脑电特征与运动行为之间具有一定的对应关系,因此,揭示脑电活动与运动行为之间的对应关系具有重要研究意义,可为进一步揭示控脑机制提供生物电学基础。

5.1.2 脑电信号特征和分类

神经元是神经系统结构和功能的基本单位，脑中存在的亿万个神经元使得脑对接收的外界信息能够做出快速与准确的反应。如能清楚神经元信号的传递过程，则对了解中枢神经系统的信息处理机制会有很大帮助。神经系统内的信息传递需要在不同的神经元之间接替，其中化学突触的传递通过释放神经递质引起下一个神经元的兴奋，但是神经纤维如果要进行长距离的信息传递则要依靠动作电位的传导[4]。如何提取与分析神经元放电串中隐含的信息是脑科学中的一个重要内容和研究工作。

神经信号采集与分析是理解生物行为和控脑机制的电生理学基础。基于现阶段对水生生物脑功能区的认识及水生生物生存环境的特殊性，对水生生物的脑信号采集技术与分析方法则有更高要求。虽然陆生生物使用的多通道神经信号检测电极阵列技术已进入实验室研究阶段，但移植于水生生物还需要在技术上有所改进与创新。获取的水生生物脑电信息，需在时间进程、空间位置、频率和强度等海量数据中提取生物传感系统的神经反应信息和脑信息融合后对生物动作行为和意识行为的神经控制信息。基于微机电系统(micro-electro-mechanical system，MEMS)和金属氧化物半导体(complementary metal-oxide-semiconductor，CMOS)技术，设计集成电极满足神经信号提取需要的运算放大器、高通滤波器、偏置电路等模拟集成电路，对神经电信号数据进行预处理、数据压缩、运动相关特征提取与识别等。

在生物的电生理研究中，主要需采集两类神经信号即高频的动作电位信号(spike)和低频的局部场电位信号(local field potentials，LFP)。在研究某个脑区特定神经元的功能时，需要分析的是刺激引发的 spike 信号。神经元的动作电位信号是由植入皮层的电极所检测到，主要集中在高频区域。通过采用不同的滤波器，可以选择性获得信号或是包含动作电位发放的高频信号。如从时间分辨率和空间分辨率的角度，神经元的动作电位信号是适宜的脑电生理信号采集策略。

LFP 信号是介于 spike 和脑电波(EEG)间的一类信号，具有以上两类信号的优点，即长时性和特征性。LFP 信号是一个神经元群里的许多个冲动信号的混合，与EEG 信号相比，LFP 能更好地反映行为的特异性[5,6]。LFP 比单个神经元 spike 信号有更好的抗干扰能力，LFP 不是神经信号的简单叠加，而是许多神经元信号的混合信号，这个混合信号隐藏着局部脑区神经在产生冲动时所包含的时间和空间信息。因此与 spike 信号相比，LFP 更能代表一个脑区的信息处理过程。尽管 LFP 信号没有 spike 那样丰富的信息量，但有研究表明，在通道数较少的情况下，相较于 spike来说，单通道的 LFP 信号的叠加信息量更大，可利用信息更多，具有更好的解码分析效果[7]。电极信号减弱对 LFP 信号的影响较小，能够支持长期稳定记录。局部场电位信号是局部神经元突触活动电信号的综合反映，具有更好抗干扰能力，随着脑电极植入时间的增长，spike 信号的质量下降也较快，但对局部场电位的影响却较小，所以局部场电位将来更有可能应用于 BCI。

关于人类在不同认知状态下对 LFP 信号节律的研究由来已久，根据局部场电位的生理特性和不同频带的节律信号对应的不同生理活动，将 LFP 信号分为五个节律：①δ频段：频率范围为 1～4Hz，是大脑处在抑制状态，产生于睡眠时期；②θ 频段：频率范围为 4～8Hz，是大脑处在抑制状态；③α 频段：频率范围为 8～13Hz，是大脑处在清醒且安静状态；④β 频段：频率范围为 13～30Hz，是大脑处在兴奋状态；⑤γ 频段：频率范围为 30～120 Hz，与外部刺激有关。这些频段是按照人脑划分的，在大鼠等动物的脑电研究中大多也是参考人脑划分方法的。在鲤鱼脑电研究中，也参考人脑划分方法。这种传统的划分方法可能会对脑电的认知形成固有概念上的不利影响，但人脑节律划分方法可以起到很好参考作用，而具体的频段划分还需要对鲤鱼脑电信号进行更深入研究。目前人类脑电信号已有明确的频段分类和划分标准，而鲤鱼脑电信号频段还缺乏明确的分类和划分标准，尚未见文献报道，这也是需要研究的一个重要课题。

5.1.3　脑电采集

以鲤鱼为研究对象进行水生生物脑电信号的采集。选取健康成年鲤鱼进行麻醉，将其固定在脑立体定位仪上，应用开颅法将脑电极植入到脑运动区，再使用牙科水泥在颅腔外进行固定与防水处理，将脑电极与生物机能实验系统(BL-420E，成都泰盟软件有限公司)的采集通道相连，分别采集离水状态和水下自由运动状态的鲤鱼脑电信号，实时记录其前进、左转和右转等运动行为的脑电信号，并使用摄像机同步录像。图 5.3 是离水状态的鲤鱼小脑脑电波，图 5.4 是水下状态的鲤鱼小脑脑电波。

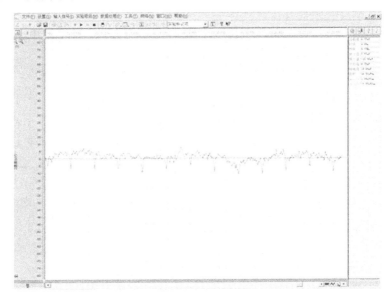

图 5.3　离水状态的鲤鱼小脑脑电波

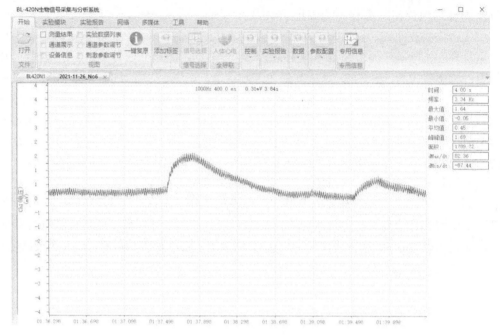

图 5.4　水下状态的鲤鱼小脑脑电波

5.2　脑电信号预处理

在脑电采集过程中会有伪迹噪声混入目标信号，因而需要对脑电信号进行预处理以去除脑电信号中伪迹噪声信号等。

5.2.1　脑电信号中的噪声

在采集并记录鲤鱼 LFP 信号时，会不可避免地将噪声引入 LFP 信号中。引发的噪声主要有几种形式：①空间电磁干扰：实验室的电器设备存在不同形式的电磁波信号及各种无线电波信号,在采集脑电信号时会通过电极混合到采集的 LFP 信号中，因此在脑电信号采集过程中要尽可能地减少大型用电设备的数量以减少电磁干扰；②采集系统引入的噪声：在采集过程中若接触不良时可能也会引入 50Hz 的工频信号，仪器内部的热噪声及不具屏蔽功能的连接线可能也会引入噪声；③实验自身引发的干扰：在鲤鱼脑电实验中鱼身的微动噪声和鱼鳃呼吸等所引入的噪声。

通过物理性干扰排除方法可以减弱噪声的产生，方法包括：①用于低频电和静电干扰，屏蔽线分布电容较大，线与线之间不平行排列，不要将多线扎在一起以避免加大分布电容及易偶合高频干扰噪声；②尽量远离大功率接地端和噪声发源地接地端；③改变仪器的位置或放大器输入的方位，会使干扰磁场抵消，微电极放大器探头阻抗高，易引入干扰，实验前可反复调整其方向和位置；④电极记录时尽量减少电极本身的阻抗，减少输入阻抗及干扰信号在这个阻抗上形成干扰电压降，减少微电极到探头的连线；⑤选择高品质的元器件，严控工艺质量，在微弱信号检测电路的敏感部位采用低温度系数的电阻，采用堆成平衡的差动输入放大器电路，减少温度漂移；⑥尽可能排除实验自身引发的干扰，包括鲤鱼的微动噪声和鱼鳃呼吸等所引入的噪声，提升鲤鱼的麻醉效果以保证实验所需的必要时间。

5.2.2　脑电信号预处理

在动物脑电采集过程中总会有伪迹噪声混入目标信号，因而在对脑电信号进行特征提取和分类之前需要对脑电信号预处理以去除脑电信号中伪迹噪声信号，这对鲤鱼脑电信号的科学研究具有重要意义。目前，脑电信号预处理方法有多种，常用方法有无限冲激响应(infinite impulse response filter，IIR)滤波器、有限冲激响应(finite impulse response filter，FIR)滤波器等数字滤波器，还有小波变换(wavelet transform，WT)、独立成分分析、主成分分析等去噪算法。

应用小波变换去噪方法，使用 BL-420N 脑电采集与处理系统(成都泰盟软件有限公司)采集水下自由运动状态的鲤鱼脑电信号(图 5.5)，再对脑电信号进行去噪。小波变换去噪方法是根据在小波域噪声和有用信号具有不同的特性来实现去噪的，其中有用信号的轮廓信息分布在低频分量中，而有用信号的细节(边缘)信息和噪声分布在高频分量中。因此需要对小波域的高频分量进行分类处理，提取有效信号的细节信息。

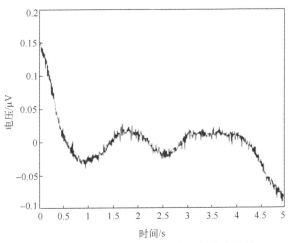

图 5.5　水下自由运动状态的鲤鱼脑电信号

小波去噪的关键技术有四个方面：小波基的构造、阈值函数的构造、阈值的选取和噪声方差的估计。在对信号进行小波分解前，首先需结合被处理信号的特点来选择小波基。常用的小波基有 Haar 小波、Meyer 小波、Daubechies 小波和 Morlet 小波等,其中 Daubechies 小波具有很好的正则性,使用该小波基重构的信号较平滑。对观测信号进行小波变换后,得到不同频带的小波分量。通常对细节小波系数进行阈值化处理将信号的细节信息从噪声中提取出来。使用阈值函数有硬阈值函数和软阈值函数两种方式,其中硬阈值函数将噪声剔除得比较彻底,对应去噪信号的 PSNR 更高,然而由于截断效应,去噪信号中存在局部抖动的现象。软阈值函数通常只是降低了疑似噪声的小波系数的幅值,因此去噪并不彻底,对应的去噪信号的 PSNR 较低,但去噪信号的波形更为平滑。

对细节小波系数进行阈值处理,阈值的选取很重要。常用的阈值选择方法有全局阈值、极大极小阈值、无偏风险估计阈值和启发式阈值等。当信噪较低时,通常选择全局阈值和启发式阈值,去噪效果更好;当信噪较高时,适合采用极大极小阈值和无偏风险估计阈值,从而很好保留信号细节信息。

5.3　脑电特征分析

电生理信号是动物生命活动的重要特征。基于已知脑运动神经核团,采用植入式电极采集水下运动状态的鲤鱼脑电信号,实时记录鲤鱼的运动行为,将采集的信号经预处理及特征分析可得到脑电信号特征,再人为模拟脑电信号反馈到鲤鱼脑运动神经核团,通过水下生物控制实验,验证与评估脑运动神经核团的发现与定位及其与运动行为对应关系的准确性,并可揭示脑电信号与运动行为的关联性,可为控脑技术及控脑机制提供科学依据。

5.3.1　时域分析方法

局部场电位信号属于频率比较低的信号。最开始对局部场电位信号的研究主要集中在时域分析上,对采集到的脑电信号进行分析,比较传统的方法是对多次采集到的脑电信号进行均值滤波,从统计学角度寻找脑电信号的变化规律。但该方法受限于传输速率,难以实时控制。直接提取时域有用的波形特征(幅值、均值、方差和峭度等)分析。对提取的时域特征分析的常用方法有方差分析、零点分析、直方图分析、相关分析和检测峰值点等。随着脑电信号时域分析领域的发展,如利用 AR 参数模型提取特征等很多方法被提出来。时域分析的优点在于方法简单且直观,物理意义明确。当信号的时域波形特征明显时时域分析在脑电研究中是一种重要方法。但使用时域信息往往难以对脑电信息有充分了解。时域分析方法的不足在于仅在时域对信息进行辨认,而忽略信号频率域所包含的信息。当信号信噪较低、时域特征不明显、干扰信号与有用信号时域特征相似时易造成误检或漏检,时域分析方法对信号的分析便不再有效,故需要寻求更好的信号分析方法。

5.3.2　频域分析方法

频域分析是将信号由时域转换到频域分析脑电信号频域的特征。对信号进行频域分析的意义在于将时域信息不明确的信号转为频域分析，将幅值随时间改变的脑电信号变为功率随着频率改变的频谱图，发现其频域特征[8]。常用方法有快速傅里叶变换(fast Fourier transform，FFT)和功率谱估计等。

傅里叶变换是时域与频域分析的桥梁，通过傅里叶变换可以看到信号的频率组成，但频谱分析在对非平稳信号分析时存在局限性。当一个平稳信号与一个非平稳信号包含有相同频率的信号成分，平稳信号的频率成分在整个时间段内都存在，但非平稳信号的不同频率成分在不同时间段内出现，可经过傅里叶变换后并不能看出变化，从而无法看出时间与频率的关系。FFT 是频域分析中的常用方法，对信号进行 FFT 变换时其计算精度常由采样频率 f_s 及采样点数 N 共同决定，则分辨率为 $\Delta f = f_s / N$，对于需要检测的信号，如果 f_s 选取得太高就会造成过饱和现象；如果 f_s 选取得太低就会造成欠采样问题。所以，要提高信号的分辨率对于采样率的选取会有所限制，实际上通常采取增大 N 值的方法来使频率分辨率提高。但由此带来的缺点是处理数据时的运算量会增加，降低了实时性，这样导致的结果就是频谱的检测落后于信号的变化，那么在需要通过增加采样点 N 来使频率分辨率有所增高的场合，此种方法便不太适用[9]。对脑电信号分析采用频谱分析方法，其优点在于计算较简单且易实现。但频谱分析方法用来分析平稳信号，而脑电信号是非平稳信号，所以用该法对采集的局部场电位信号分析，效果不是很理想。

对于确定性信号的频域分析方法通常是求其频谱，但对于随机信号其频谱是不存在的，只能求其功率谱。信号的功率谱反映了信号中包含的各频带的频率成分及它们之间的相对强弱程度。功率谱估计表示的是随机信号频域的统计特性，只能在基于有限数据基础上得出信号、随机过程或系统的频率成分，才具有明显的物理意义。

5.3.3　时频分析方法

通常脑电信号具有时变和非平稳等特点，对信号进行傅里叶变换，在频率域对信号进行分析时仅知道信号的频域信息而丢失了信号的时域信息，由于局部场电位信号是非平稳的，仅知道信号的频率组成而不知道信号的频率随时间如何变换。对于非平稳信号的分析，如果局部场电位能同时了解其时域及频域信息便能更全面分析信号，提取出能区分不同运动状态的时频特征信息。时频分析方法是将采集的一维时域信号通过某种特定的变换方式映射到二维的时间与频率域进行分析，由此更好地描述信号的能量强度或密度在不同时间及频率的变化情况，是时域及频域分析方法的扩展与推广。时频分析方法为脑电信号的分析处理开拓了新思路。目前应用广泛的时频分析方法有短时傅里叶变换(short time Fourier transform，STFT)、小波变换（wavelet transform，WT）和小波包变换（wavelet packet transform，WPT）。

短时傅里叶变换是通过引入一个滑动的窗函数，对窗函数内的信号与窗函数的乘积进行傅里叶变换，再让窗函数沿着时间轴移动，从而得到一系列傅里叶变换的结果。其基本思想是把时间序列分割成小的窗函数，且窗函数的时宽要足够窄，使得分割出来的信号可近似作为平稳信号，在每个窗口内用传统的傅立叶变换来计算频谱。在进行时频分析时，窗函数类型的选择及时宽的选定直接影响信号的分析效果。在信号分析中常常需得到更丰富的频域信息，这就需要提高频域分辨率，窗函数的时宽尽量宽，这样就又降低了时域分辨率。

小波变换通过平移和伸缩等运算功能对信号进行多分辨率的分析，从采集的数据中提取有效特征，在 STFT 的局部化思想基础上，改进了 STFT 的窗口大小，弥补了 STFT 时频分辨率固定、无离散正交基的缺陷。信号经小波变换后能够得到各层的近似信号和细节信号，小波变换的时频局部化特性适合分析非平稳信号的瞬态特性和时变特性。

小波包变换可以把信号分解成低频和高频两部分，相比于小波变换来说是一种更为精细的分析方法，可根据被分析信号的特征，将信号按任意时频分辨率分解到不同的频段，具有自适应性。

鲤鱼脑电信号相比人和大鼠等陆生动物脑电信号更微弱，采集鲤鱼脑电所需要的技术手段要求更高。对此，应用两种不同仪器分别采集离水状态和水下状态的鲤鱼脑电信号，结果表明，微弱的鲤鱼脑电信号是可以采集到。脑电的研究主要包括脑电信号的采集和处理两方面，脑电信号采集是进行脑电信号处理的前提和基础。将微弱的脑电信号成功采集到，表明鲤鱼脑电信号的采集及研究是可行的。由于脑电信号处理及分析所需算法已有大量相关研究，后续的处理工作可以有所参照，而微弱的脑电信号采集才是鲤鱼机器人研究工作的难点。所以，本书对鲤鱼脑电信号处理与分析方法只进行了概述，侧重介绍的是鲤鱼脑电信号采集，实时采集在水迷宫中自由运动的鲤鱼脑电信号并同步录像其运动行为，对脑电信号进行噪声消除，分析脑电特征，研究脑电信号与运动行为的关联性，根据脑电信号特征设定波长、频率和峰电位等参数相同的电信号，可以应用控制系统将模拟电信号反馈到脑运动区控制鲤鱼机器人运动，还可以从生物电学角度验证与评估脑运动神经核团发现及定位的正确性及脑运动神经核团与运动行为对应关系的准确性。脑电信号的采集与分析在生物机器人控制方面具有重要的科学研究价值。

参 考 文 献

[1] 李颖洁, 邱意弘, 朱贻盛. 脑电信号分析方法及其应用[M]. 北京: 科学出版社, 2009.

[2] 赵均榜, 张智君. 基于自发脑电的脑机接口研究进展[J]. 应用心理学, 2008, 14(3): 262-268.

[3]　Millan J R, Carmena J M. Invasive or noninvasive: understanding brain-machine interface technology[J]. IEEE Engineering in Medicine and Biology Magazine, 2010, 29(1): 16-22.

[4]　陈力超, 顾蕴辉. 神经元放电串中所含信息的编码理论和分析方法[J]. 生理科学进展, 1999, 30(2): 7-12.

[5]　Mohseni P, Najafi K, Eliades S J, et al. Wireless multichannel biopotential recording using an integrated FM telemetry circuit[J]. IEEE Transactions on Neural Systems & Rehabilitation Engineering, 2005, 13(3): 263-271.

[6]　Lin L, Chen G, Xie K, et al. Large-scale neural ensemble recording in the brains of freely behaving mice[J]. Journal of Neuroscience Methods, 2006, 155(1): 28-38.

[7]　Zhang S, Jiang B, Zhu J, et al. A study on combining local field potential and single unit activity for better neural decoding[J]. International Journal of Imaging Systems and Technology, 2011, 21(2): 165-172.

[8]　胡广书. 数字信号处理:理论、算法与实现[M]. 北京: 清华大学出版社, 1997.

[9]　董芳芳. 基于局部场电位的动物转向解码研究[D]. 郑州: 郑州大学, 2016.

第6章　脑　成　像

计算机断层扫描(computed tomography，CT)和磁共振成像(magnetic resonance imaging，MRI)是研究生命体结构和功能及代谢的重要影像技术。CT 操作简便具有高分辨率且在颅骨成像方面具有优势，MRI 扫描定位具有图像精度高、像素质量好和定位无创伤性等优点，而且还可以显示组织的内部结构和任意切面成像，能够方便建立适合定位的坐标参考点和空间直角坐标系，在软组织方面具有优势。MRI 扫描得到的是二维图像序列，基于此，还可通过图像处理和分割提取出感兴趣的区域，利用三维重建技术还原组织真实三维形态，直观认识脑组织在颅腔内的体态轮廓和分布特征，提升人类对于脑结构的认识。将这两种影像技术应用于生物控制领域，可对鲤鱼颅脑进行扫描成像，从而有助于脑电极的精准导航和准确植入及颅脑组织结构功能的了解，实现水生生物机器人的有效控制。

6.1　脑成像技术

6.1.1　电子计算机断层扫描技术

CT 的发明对现代影像学起了划时代作用，是医学影像学划时代的进展。CT 通常是指以 X 射线为放射源建立的断层图像，称为 X 射线 CT。事实上，任何足以造成影像并以计算机建立断层图的系统，均可称之为 CT。除 X 射线 CT 外，还有超声波 CT(ultrasonic CT)、电阻抗 CT(electrical impedance CT)、单光子发射 CT(single photon emission CT)等。

CT 是利用 X 射线对物体一定厚度的层面进行扫描，由探测器接收透过该层面的 X 线，测得的信号经过模-数转换，转变为数字信息，再由计算机处理，从而得到该断层的各个单位容积的 X 射线吸收值即 CT 值，并排列成数字矩阵，数据信息经过数-模转换再形成模拟信号，经计算机处理后输出至设备上显示出图像，因此为横断面图像。CT 的特点是操作简便且分辨率高。CT 的优势在于能区别差异很小的 X 射线吸收值，与传统 X 射线摄影比较，CT 能区分的密度范围多达 2000 级以上(传统 X 射线片大约能区分 20 级密度)，这种密度分辨率，不仅能区分脂肪与其他软组织，也能分辨软组织的密度等级，能够区分脑脊液和脑组织。

应用 CT 时，断层面的厚度与部位由检查人员决定，常用层面厚度在 1.0～10mm 间。通过检查机架后能够陆续获得能组合成身体架构的多张相接影像。利用较薄切片获得信息，由计算机重建形成影像。计算机会计算每个像素中的 X 射线衰减值。每个像素直径约为 0.25~0.6mm，此数值依机器的分辨率而定。每个像素都具有一定体积，其高度与所扫描的层面厚度一致，在计算机中记录的 X 射线衰减值代表该组织体积，亦即体积元素的平均值。最后由计算机将运算得到的影像显示在显示设备上，可摄成胶片也可存储。

常规 CT 已逐渐被螺旋 CT 取代，现在大部分部位扫描主要采用螺旋扫描的模式，其最大优点就是扫描速度快，可以进行连续快速扫描，成像速度的提高也使得多期动态增强成为可能。CT 扫描方式可根据部位选择普通扫描或螺旋扫描，三维和多平面重建等则须用螺旋容积扫描。螺旋 CT 以螺旋方式进行扫描，螺旋式采集数据，得到三维信息，即容积扫描，可任意层面位置和层面间隔重建断面图像，可重组成矢状面、冠状面、斜面及任意曲面图像，经处理获得三维立体图像，由此拓宽了 CT 的应用范围。CT 成像还需图像后处理技术。CT 图像后处理技术是 CT 扫描所采集的数据经计算机特殊功能处理后重建出任意平面的二维图像和三维图像，包括：①多平面容积重组（多平面重组）：在某一方向扫描的基础上，通过用任意截面（厚度）的三维体积数据重组任意平面；②三维立体图像：显示检查器官有立体感且可进行多方位的旋转；③容积再现及分割显示：利用最大强度深度投影，进行表面遮盖、透明化、分段显示等，立体显示表面与深层结构。

6.1.2 磁共振成像技术

1946 年，美国哈佛大学 Purcell 和斯坦福大学 Bloch 各自发现核磁共振现象，在物理学和化学方面具有重大意义，因此二人获得 1952 年诺贝尔物理奖。MRI 避免了电离辐射对人体组织的损害，又有多参数、多方位、大视野、组织特异性成像及对软组织有高分辨力等特点，可提供人体解剖图像和反映人体生理生化信息，成为 20 世纪医学影像领域最重要的进展之一。

磁共振（MR）信号来源于一束原子的原子核，如 ^1H、^{13}C、^{23}Na 等，磁共振成像（MRI）主要是利用体内含量最高的氢（^1H）原子核（质子）来成像。氢质子沿自身做不停地旋转运动，称为自旋。质子带正电荷，其自旋可在周围产生一个小磁场。一般情况下生物体内质子呈无序排列，生物体则被磁化。此时若向局部发射特定频率的短促无线电波，也称射频脉冲（RF），激发按磁场方向排列的原子，原子吸收 RF 的能量而发生排列和振动幅度的改变，即发生磁共振现象。停止发射 RF 后，则发生变化的原子又恢复至初始状态，这个恢复过程称为弛豫。在弛豫的过程中，原子所吸收的能量又以电磁波的形式释放出来，这种电磁波即为 MR 信号。由于人体组织器官或病变的成分、分子结构和原子含量等不同，因此所释放的 MR 信号强弱也不一，接受这些信号并经计算机处理就可获得黑白灰阶组成的 MR 图像。

　　磁共振中施加的电磁波又叫射频波，常用的射频脉冲有 90° 脉冲和 180° 脉冲。弛豫时间分两种，一种是纵向弛豫时间，这是自旋核与周围物质相互作用交换能量的过程即 T1；另一种是横向弛豫时间，这是横向磁化强度消失的时间即 T2。MRI 扫描序列存在多种，有快速自旋回波序列（turbo spin echo，TSE）、自由感应衰减序列（free induction decay，FID）、反转恢复序列（inversion recovery，IR）、自旋回波序列（spin echo，SE）等，其中 TSE 序列较为常用。TSE 序列的优势是扫描的速度大幅提高，成像速度快于 SE 序列，能量沉积增加，SAR 升高，磁化率伪影少，对运动伪影不敏感。磁共振扫描调节参数中，重复时间（time of repeatation，TR）是指两个连续射频脉冲之间的时间间隔；回波时间（time of echo，TE）是指射频脉冲与相应的回波之间的时间间隔；T1 加权成像（T1-weighted imaging，T1WI）是在成像过程中重点显示组织的纵向弛豫之间的差异；T2 加权成像（T2-weighted imaging，T2WI）是以显示组织的横向弛豫之间的差异性为主。

　　磁共振弥散加权（magnetic resonance diffusion weighted，MRDW）成像提供了不同于常规磁共振成像中组织的对比程度，可以对脑组织的生存和发育提供唯一的信息。由于组织间的弥散系数不同而形成的图像，称为磁共振弥散加权成像（diffusion weighted imaging，DWI）。DWI 对分子弥散运动所引起的信号变化很敏感。病理组织弥散系数如发生改变，则需另外的针对弥散运动的序列来检测，这种序列对弥散运动所表现出来的敏感程度叫作该序列的 b 值。序列 b 值大小反映了弥散信号的强弱，b 值越大，水分子间相位离散越重，水分子运动越自由，信号降低越明显，具有不同 b 值区域的信号差异也越大，对病变检测的敏感性增强，但信号强度会随之降低。

　　磁共振弥散张量成像是一种描述大脑结构的新方法，是 MRI 的一种特殊表现形式。磁共振弥散张量成像是磁共振弥散加权成像技术的进一步深化，可以全范围地反映组织结构的连通性。在 20 世纪时，Haselgrove 等发现了一种较为简捷的方法，该法可以从弥散张量所包含的信息中呈现出纤维方向的图，该图可以按照利用不一样颜色来进行标注不同的纤维方向[1]。在探索测量方向数目的研究中，至少在 6 个方向上给予扩散敏感的梯度就能得到一组弥散张量的图像[2]。要想使张量的测量更为准确可靠，则可适当地使用更多的测量方向。

　　目前采用特斯拉（Tesla，T）来表示磁共振成像仪中主磁场的场强。20 世纪 80 年代，出现了 1.5T 磁共振仪；2002 年，又出现了 3.0T 磁共振仪。1999 年，出现了用于科研的第一台 7.0T 磁共振成像仪。从 1.5T 到 7.0T 磁共振成像仪，磁场越强就可以极大地改善信噪比，图像的信噪比提高及对检测物体功能性的需求是高场强 MRI 快速发展的主要原因。但也产生一些生物学方面的副作用，虽然持续时间不长，但也变得更加明显。在超高磁场下必须使用波长更短和能量更强的无线电波，才能够让磁场内的质子发生扰动。生物组织会在这些能量场下吸收更多的能量，再进一步被加热。因此，场强越高的磁共振成像仪可能也会给被检测者带来一些不良影响。

MRI 有其优点：具有较高的组织对比度和组织分辨率，密度分辨率好于 X 射线和 CT；可进行任意方位的层面成像，包括矢状面、冠状面、横断面、任意斜面；可进行多参数、多序列成像；可提供代谢和功能方面的信息；可在分子水平上研究机能的生理生化特征；可进行特殊成像，如血管影像和水成像等；无电离辐射；可使用对比剂做增强检查，具有较高的增强检查特异性。MRI 也有不足之处：与 X 射线和 CT 比较，MRI 空间分辨率为 0.5～1.7mm，空间分辨率较低；对不含或少含氢原子的组织结构显示不佳，在 MR 影像上呈弱信号或无信号，不利于结构的显示；产生的伪影因素较其他装置多。

总之，MRI 具有图像精度高和像素质量好等优点，而且还能够清晰显示组织内部结构，可做任意切面的成像进行任何方向的体层检查，在软组织成像方面具有优势。MRI 系统检测的信号是磁共振信号，图像信号反映生物体组织中原子状态的差异，显示组织体层内的组织形态和生理生化信息，通过调整 MRI 系统梯度磁场的方向和方式，则可获得不同体位的体层图像。MRI 扫描得到的是二维图像序列，基于此，还可通过图像处理与分割提取出感兴趣的区域，利用三维重建技术还原组织真实三维形态，直观认识脑组织在颅腔内的体态轮廓和分布特征，能够方便建立适合定位的坐标参考点和空间直角坐标系。MRI 已广泛用于全身各系统，尤以脑成像效果最好。

6.2 鲤鱼颅脑 CT 成像

CT 与 MRI 相比较，其在颅骨成像方面更具有优势。为了能够应用不开颅法在鲤鱼颅脑上做到精准植入脑电极，应用 CT 对鲤鱼颅骨和脑组织进行扫描，再基于VisionPACS 软件测量图像中脑组织边界之间的尺寸、各脑区边界与媒介造影之间的距离等，通过媒介造影确定颅外特征点与各脑区之间位置关系和距离数据，以此配合脑立体定位仪作为颅外电极植入脑组织的定位导航，同时减少植入电极过程中对鲤鱼造成的不必要创伤。

图 6.1 是鲤鱼颅脑 CT 成像图，脑腔宽 1.86cm，端脑距延脑 2.21cm，端脑距小脑 2.14cm，小脑距脑腔底部 1.08cm。所得数据为不开颅法植入刺激电极提供导航，既减少了大量的解剖工作，又提高了测量的精确性。

将 CT 三维成像技术应用于鲤鱼颅骨，利用扫描所得头部横断面解剖图重建鲤鱼颅骨三维立体成像图，可以从不同方位及空间立体显示其颅骨解剖的特点，为脑电极的准确植入及定位提供影像学数据，图 6.2 为鲤鱼颅骨 CT 成像图(三维立体成像图)。

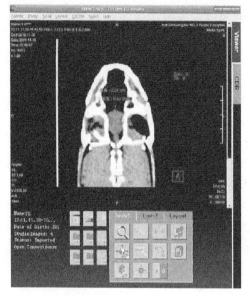
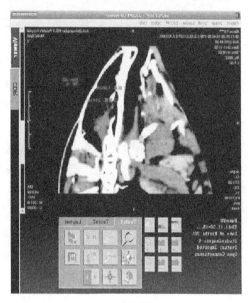

(a) 俯视图　　　　　　　　　　　　　　　　(b) 侧视图

图 6.1　鲤鱼颅脑 CT 成像图（断层扫描图）

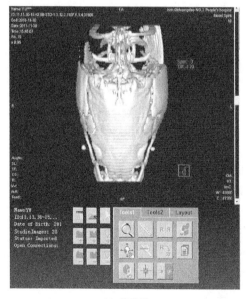
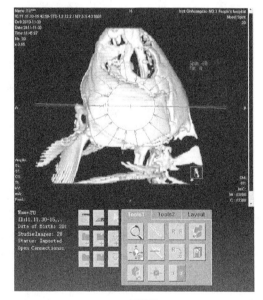

(a) 俯视图　　　　　　　　　　　　　　　　(b) 侧视图

图 6.2　鲤鱼颅骨 CT 成像图（三维立体成像图）

6.3 鲤鱼颅脑 MR 成像

在磁共振成像技术应用方面,基于当今磁共振成像设备,分别应用了 1.5T、3.0T、7.0T 磁共振成像仪对鲤鱼颅脑进行扫描成像。

6.3.1 造影剂

MRI 是基于磁共振光谱学原理进行成像,其主要优点是具有很高的空间分辨率和区分软组织的能力。但有时观察到的组织对比度不强,因而在 MRI 中需要使用造影剂。MRI 造影剂主要用于鉴别,显示平扫时无法显示的观察区域。造影剂原理是通过改变局部的磁场环境,进而改变 T1 或 T2 时间以增强组织对比度或更改信号强度。抗磁性的物质磁化率为负值且在体内大量存在,故不能作为造影剂。使用较多的磁共振造影剂主要是顺磁性造影剂与超顺磁性造影剂。顺磁性造影剂的特点是磁化效率低,其磁性不能在无外界磁场的情况下保存。可做顺磁性离子如铁、锰和钆等金属离子,其原子都有不成对的电子,原子核外电子都是单数,磁矩较大,弛豫时间较长,磁矩方向与磁场方向在外加均匀磁场内相同,在质子向四周环境传递能量时或被激发的质子之间的弛豫时间减短,即短 T1(高信号)。

因氢原子核具有磁共振信号强和灵敏度高等特点,所以多组织 MRI 信号源的最佳选择为氢原子核。为了与周围组织产生对比效果,使局部组织中水质子的弛豫效率被造影剂影响以进一步实现造影目的,同时造影剂自身却不产生任何信号,MRI 造影剂能够与氢核发生磁性的相互作用,当注射体内后,将会使纵向弛豫速率(1/T1)和横向弛豫速率(1/T2)发生变化。在顺磁物质作用下,其抗磁和顺磁的作用具备相加性,即为

$$(1/\mathrm{T}i)_{观察} = (1/\mathrm{T}i)_{抗磁} + (1/\mathrm{T}i)_{顺磁} \quad (i=1,2) \tag{6-1}$$

溶质之间无彼此作用时,溶剂的弛豫速率与加入的顺磁物质浓度体现线性关系,即为

$$(1/\mathrm{T}i)_{观测} = (1/\mathrm{T}i)_{抗磁} + \sum r_i[c] \quad (i=1,2) \tag{6-2}$$

其中,r_i 为顺磁性物质的弛豫效率,加和是根据液体中顺磁性化合物的类别来说的。阳性造影剂即 T1 种类造影剂,如 Gd(III)类配合物,成像时有关组织会发亮;阴性造影剂即 T2 种类造影剂,如基于 Fe_3O_4 粒子的超顺磁性造影剂,成像时有关组织会发暗[3]。

磁共振造影剂有多种物质,磁共振造影剂的分类有多种方法。磁共振造影剂的类型按照作用机制分三类:铁磁性造影剂、顺磁性造影剂、超顺磁性造影剂。顺磁性造影剂和超顺磁性造影剂都可做磁共振造影剂,而抗磁性的物质磁化率为负值,在体内大量存在,因此不能作为造影剂。现在应用较多的是顺磁性造影剂和超顺磁性造影剂。

顺磁性造影剂的特点是磁化效率低，其磁性不能在没有外界磁场的情况下保存，可做顺磁性的离子有铁、锰和钆等金属离子，其原子都有不成对的电子，其原子核外电子都是单数，磁矩比较大，弛豫时间比较长，且磁矩方向与磁场方向在外加均匀磁场内相同，在质子向四周环境传递能量时或被激发的质子之间的弛豫时间减短，即短 T1（高信号）。顺磁性造影剂大多由具备顺磁性能的金属离子和配体螯合构成，又称作 T1 类型造影剂。金属离子主要包括 Fe^{3+}、Gd^{3+} 和 Mn^{2+} 等元素周期表中价态稳定的镧系和第四周期过渡元素，其中，Gd^{3+} 有 7 个没有配对电子，其不成对电子是偶极子，具有容易与水配位、自旋磁矩大和弛豫效率高等特点，且配位水分子可达 7~8 个，因此成为当今磁共振造影剂的适宜选择。虽然 Gd^{3+} 具有很强的顺磁性质，但需用适宜的配体与 Gd^{3+} 构成配合物才能给生物体使用，因为当 Gd^{3+} 以离子形式注射入生物活体时，容易在脾、肝和骨中累积，具备较强的毒性，所以必须以配合物的形式使毒性降低，与此同时这些配体应该具备较高的热力学和动力学的稳定性[3,4]。喷替酸（pentetic acid，DTPA）因其在体内代谢酶的作用很小，并且副反应发生率低，所以是核医学中经常使用的配位基。Gd^{3+} 与之形成 Gd-DTPA（钆喷酸葡胺）配合物，不仅没有影响顺磁性，还在很大程度上降低了毒性，现在成为临床上广泛使用的一种顺磁性造影剂[5]。

超顺磁性是指当外加磁场减小到零时剩磁和纳米颗粒的矫顽力都接近于零的现象，在磁共振造影剂等生物医学方面体现出很大应用价值[6]。超顺磁性造影剂的主要作用是使横向弛豫时间缩短，因此将其注射后会使 MRI 的强度减弱，所得的 T2 加权像强度变暗，超顺磁性试剂具有比顺磁性试剂的磁矩更大的优点，因此他们缩短横向弛豫时间的效应比顺磁剂更强。当前已生产出很多超顺磁性纳米颗粒造影剂的产品。

超顺磁性氧化铁（superparamagnetic iron oxide，SPIO）和超小型超顺磁性氧化铁（ultrasmall superparamagnetic iron oxide，USPIO）是由铁氧化物结晶核制成的超顺磁性颗粒。由于他们的磁矩大，含氧化铁的颗粒会产生强烈的局部磁场梯度，从而导致 T2 加权图像上的信号快速丢失。尺寸大于 50nm 称为 SPIO，尺寸小于 50nm 称为 USPIO。SPIO 多聚集在肝脏和脾脏，因而他们在临床上的使用大多限定于肝脏和脾脏病变的探察。USPIO 因其血液半衰期比较长，所以能够到达更多种类的组织中，因而得到更广泛运用[7]。

6.3.2　液体衰减反转恢复序列

液体衰减反转恢复（fluid attenuated inversion recovery，FLAIR）序列在 T2WI 中可抑制脑脊液的高信号，可以使得附近脑脊液具有高信号的情况足以清楚显现。为实现鲤鱼脑组织在脑表面投影，需在磁共振图像中同时显示出鲤鱼颅骨和脑组织结构，根据课题研究的需要，自主设置了磁共振扫描参数（表 6.1）。

根据制定的扫描方位与磁共振扫描参数，应用 3.0T 磁共振成像仪对鲤鱼颅脑进行轴状位、冠状位、矢状位的磁共振扫描成像（图 6.3）。

表 6.1 鲤鱼颅脑轴状位、矢状位和冠状位的磁共振扫描参数

方位	序列	图像矩阵	视野/mm	重复时间/ms	回波时间/ms	层厚/ms	层数	平均次数
轴状	FLAIR	256×256	232×139	4000	310	0.9	96	1
矢状	FLAIR	256×256	232×139	4000	310	0.9	96	1
冠状	FLAIR	256×154	232×139	4000	310	0.9	120	1

 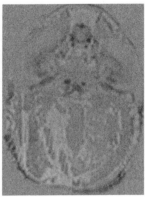 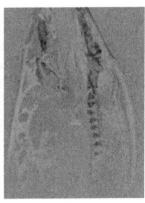

(a) 轴状位 (b) 冠状位 (c) 矢状位

图 6.3 3.0T FLAIR 序列的鲤鱼颅脑磁共振图像

6.3.3 快速自旋回波序列

快速自旋回波序列(turbo spin echo,TSE)是在一次 90° 射频脉冲得到激发之后利用至少 2 个以上的 180° 的复相脉冲产生多自旋回波,这些回波每个的相位编码都有所差异,从而可以填充在 K 空间的不同位置上。图 6.4 是 3.0T TSE 序列的鲤鱼颅脑磁共振图像。

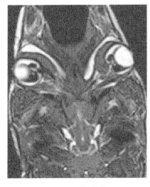 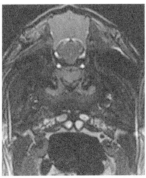 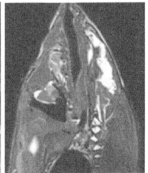

(a) 轴状位 (b) 冠状位 (c) 矢状位

图 6.4 3.0T TSE 序列的鲤鱼颅脑磁共振图像

6.3.4　应用 1.5T 磁共振成像仪进行磁共振成像

应用 HT-MRS160-35A 1.5T 小动物磁共振成像仪(上海寰彤科教设备有限公司)对鲤鱼颅脑进行磁共振扫描。由于该成像仪的卡槽直径较小，鲤鱼头颅难以进入，

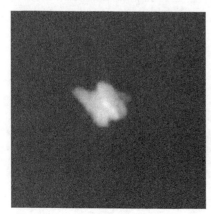

图 6.5　1.5T 鲤鱼脑组织磁共振成像

因此用开颅手术将鱼脑摘取出来进行磁共振扫描成像。为防止脑组织发生自融，将提取出来的鱼脑先密封避光固定 48h，再将固定好的脑标本放入试管中进行磁共振扫描成像。图 6.5 是 1.5T 鲤鱼脑组织磁共振成像，从磁共振成像的效果来看，虽然能够观察到鲤鱼脑组织的外轮廓形态，但无法从轴状位、冠状位、矢状位三个方向分别对脑组织进行观察与分析，而且难以对各部分的鲤鱼脑组织结构及特征进行充分识别。因此，1.5T 小动物磁共振成像仪并不适用于鲤鱼脑组织的扫描成像，难以为后期的鲤鱼脑组织三维重建提供磁共振图像。

6.3.5　应用 3.0T 磁共振成像仪进行磁共振成像

在对鲤鱼颅脑进行磁共振扫描时，需建立一个空间上的三维坐标系。依据鲤鱼颅骨的骨性标志进行定位，将鲤鱼第一鱼鳞处(颅骨与躯体的交界处)定义为坐标原点 O，Y 轴是坐标原点与两眼球表面连线中点之间的连线，Y 轴的正方向指向吻部；X 轴是 Y 轴所在的水平面并经过原点作 Y 轴的垂线，X 轴的正方向指向躯体的左侧；Z 轴是通过坐标原点并作垂直于 XOY 平面的垂线，Z 轴的正方向由背侧指向腹部。

应用 3.0T 磁共振成像仪(Siemens Magnetom 3 Tesla Scanner，Germany)进行鲤鱼颅脑磁共振扫描成像。为了能够在磁共振图像中同时观察到颅骨和脑组织，为后期的脑表面投影奠定基础，设计了能同时观察到鲤鱼颅骨表面和脑组织结构的磁共振扫描参数(表 6.2)。

表 6.2　鲤鱼颅脑轴状位、冠状位、矢状位的磁共振扫描参数

方位	序列	图像矩阵	视野	重复时间/ms	回波时间/ms	层厚/ms	层数	平均次数
轴状	TSE	192×192	100×60	1000	134	0.5	128	2
冠状	TSE	192×192	120×72	1000	135	0.5	176	2
矢状	TSE	192×192	100×100	1000	134	0.5	128	2

采用表 6.2 中的磁共振扫描参数，应用 3.0T 磁共振扫描仪对鲤鱼颅脑进行轴状位、冠状位、矢状位三个方向的磁共振扫描(图 6.6)，从轴状位、冠状位、矢状位

三个方向的颅脑磁共振图像中均可比较清晰观察到鲤鱼颅骨及脑组织的基本结构与
形态，表明在 3.0T 磁共振成像仪中制定的磁共振扫描参数对于鲤鱼颅脑扫描成像
来说是适用的。

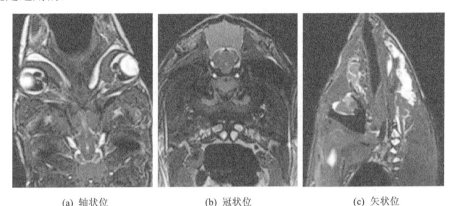

(a) 轴状位　　　　　　　　(b) 冠状位　　　　　　　　(c) 矢状位

图 6.6　鲤鱼颅脑 3.0T 磁共振图像

6.3.6　应用 7.0T 磁共振成像仪进行磁共振成像

利用 7.0T（Siemens Magnetom 7 Tesla Scanner，Germany）磁共振成像仪进行
鲤鱼颅脑磁共振扫描成像。按照表 6.1 中的磁共振扫描参数进行轴状位、冠状
位、矢状位三个方向的鲤鱼颅脑磁共振扫描。在图 6.7 中轴状位、冠状位、矢
状位三个方向的颅脑磁共振图像中，能够观察到颅骨及脑组织基本结构与形态，
表明在 7.0T 磁共振成像仪中制定的磁共振扫描参数对于鲤鱼颅脑扫描成像来
说是适用的。

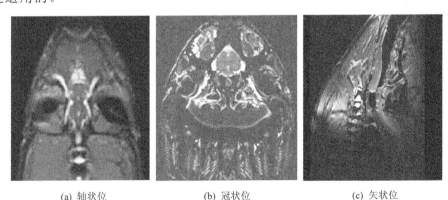

(a) 轴状位　　　　　　　　(b) 冠状位　　　　　　　　(c) 矢状位

图 6.7　鲤鱼颅脑 7.0T 磁共振图像

6.3.7 鲤鱼磁共振图像脑组织及脑脊液信号测量

将 3.0T 和 7.0T 鲤鱼颅脑磁共振图像导入 Mimics 软件中测量冠状位图像脑组织及脑脊液信号，以其中一次对比实验为例，测量结果如图 6.8 所示。

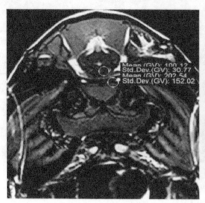 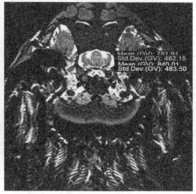

(a) 3.0T 冠状位图像   (b) 7.0T 冠状位图像

图 6.8 鲤鱼磁共振图像脑组织及脑脊液信号测量

采用 SPSS 17.0 统计处理软件对 7.0T 和 3.0T 鲤鱼脑组织磁共振图像中测得的 6 组脑脊液与脑组织信号差的数据进行统计分析，用均数±标准差 $(\bar{x} \pm s)$ 形式表示数据，利用独立样本 t 检验分析，将每组鲤鱼脑脊液和脑组织的信号差实现两组间比较，求取 P 值，以 $P < 0.05$ 具有统计学意义。测量结果见表 6.3。

表 6.3 7.0T 和 3.0T 扫描成像的鲤鱼脑脊液与脑组织信号对比 $(\bar{x} \pm s, n = 6)$

磁共振成像仪	脑脊液信号	脑组织信号	脑脊液与脑组织信号差
7T	838.55±1.25	779.29±1.37	59.26±1.35
3T	203.99±1.05	101.96±1.01	102.03±1.26*

注：组间比较。

*$P < 0.05$。

经独立样本 t 检验分析，两组脑脊液与脑组织信号差之间具有显著性差异 $(P < 0.05)$。结果表明，应用 3.0T 磁共振成像仪对鲤鱼颅脑进行磁共振扫描成像测得的脑脊液与脑组织的信号差相对最高，对比度也相对最好。因此经过对比，发现选择 3.0T 磁共振成像仪对鲤鱼脑组织进行磁共振扫描成像是更适宜的。由于样本量尚不够大，所以这方面对比还需要进一步研究。

将 3.0T 磁共振成像图中 FLAIR 序列的鲤鱼颅脑磁共振图像与 TSE 序列的鲤鱼颅脑磁共振图像导入 Mimics 软件中分别测量鲤鱼轴状位磁共振图像中脑脊液及脑组织信号，记录其中一次的测量数据，测量结果如图 6.9 所示。

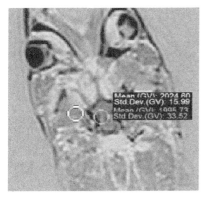

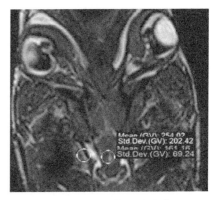

(a) FLAIR 序列的颅脑磁共振图像　　　　　　　　(b) TSE 序列的颅脑磁共振图像

图 6.9　FLAIR 序列和 TSE 序列的鲤鱼颅脑磁共振图像测量

　　采用 SPSS 17.0 统计处理软件对 3.0T 鲤鱼颅脑磁共振图像中测得的 6 组脑脊液与脑组织信号差的数据进行统计分析，用均数±标准差 $(\bar{x} \pm s)$ 形式表示数据，应用独立样本 t 检验分析，将每组鲤鱼脑脊液与脑组织的信号差进行两组间比较，求取 P 值，以 $P<0.05$ 具有统计学意义。测量结果见表 6.4。

表 6.4　3.0T 扫描成像中 FLAIR 序列和 TSE 序列的鲤鱼脑脊液与脑组织信号对比 $(\bar{x} \pm s, n=6)$

序列	脑脊液信号	脑组织信号	脑脊液与脑组织信号差
FLAIR	2024.14±1.09	1996.38±0.57	27.76±1.24
TSE	255.18±1.18	161.42±0.78	93.77±1.73[*]

注：组间比较。

*$P<0.05$。

　　经独立样本 t 检验分析，FLAIR 序列和 TSE 序列所测的鲤鱼脑脊液与脑组织信号差之间的差异具有显著性差异 $(P<0.05)$。经两个序列对比，3.0T 磁共振成像仪中 TSE 序列进行鲤鱼脑组织磁共振成像，脑脊液与脑组织的信号差相对最高，即脑组织与脑脊液的对比度相对最好。

　　相比 CT 和 X 射线，磁共振所获得的图像较为清晰、精细、对比度好和信息量大，特别是对软组织的层次显示更具有优势，如同直接看到体内组织一样清晰明了。不同场强的磁共振成像还有着不同的优势，较高场强的磁共振成像仪信噪比较好、分辨率更高、扫描成像速度更快。3.0T 磁共振成像仪在进行脑成像时，分辨率可达到 1mm。7.0T 磁共振成像仪在进行脑成像时，分辨率则更高，可达到 0.5mm，可以分辨脑组织的功能单位，甚至还可能显示活体脑神经元之间的信息流动情况。

　　首先应用 1.5T 磁共振成像仪进行鲤鱼颅脑的磁共振扫描成像，从成像效果来看，只能显示鲤鱼脑标本的外界轮廓，而未能显示鲤鱼脑组织的各部分形态结构及特征，难以实现鲤鱼脑组织轴状位、冠状位、矢状位三个方向的清晰显像。因此，可以认为 1.5T 磁共振成像仪不适用于鲤鱼颅脑的扫描成像。之后应用 3.0T 磁共振成像仪和 7.0T 磁共振成像仪分别对鲤鱼颅脑进行磁共振扫描，通过设置适用于鲤鱼颅脑磁共振成像的扫描参数，可使鲤鱼颅脑各部分结构在轴状位、冠状位、矢状位三个方向均能比较清晰显像。为进一步使鲤鱼脑组织成像更加清晰，通过测量并比较磁共振图像中鲤鱼脑脊液与脑组织的信号差，发现 3.0T 磁共振图像比 7.0T 磁振图像中的鲤鱼脑脊液与脑组织信号差大，对比度相对更好($P<0.05$)。这两个成像的比对结果超出了先期预判与认知，其原因还有待进一步深入研究。从磁共振成像效果的对比来看，选择 3.0T 磁共振成像仪对鲤鱼颅脑实施磁共振成像显得更为适合，这个研究工作为鲤鱼脑组织图像的三维重建提供了基础与参考。

6.4　鲤鱼脑组织图像三维重建

Mimics 软件作为一种交互式的医学影像控制系统，可以将二维图像进行三维重建，使目标物体无论从轴状位、冠状位还是矢状位都可呈现其真实形态，从而获得目标物体的解剖结构及形态学特征，同时还可观察目标物体与其周围物体的相对空间位置关系，可为虚拟仿真提供前提条件，而且还可将扫描获得的二维图像以原始状态导入 Mimics 软件中进行操作。Mimics 软件带来的这种模式可以使原始图像在预处理时不用实施任何形式的图像转换，有利于原始数据资料不丢失。

研究表明，使用 Mimics 软件将组织器官进行三维可视化后，重建后的组织器官体积与实际的组织器官体积能够基本保持一致，二者并无明显差别。因此，利用 Mimics 软件进行血管的三维重建，使其血管及其分支得到多角度的显示，为医学诊断研究提供了可靠的解剖学依据[8]。基于 Mimics 软件在医学图像处理中的良好应用效果，使用 Mimics 软件进行鲤鱼颅骨和脑组织图像的三维重建及鱼脑体表投影，再现鲤鱼脑组织的三维立体形态、特征及脑组织与颅骨表面的相对空间位置关系，这项研究工作对脑电极的精准植入以提高鲤鱼机器人水下运动控制的有效性是有益的也是必要的[9]。

原始的一系列二维图像质量可直接影响到三维可视化后模型的清晰程度与真实性。由于鲤鱼脑组织体积较小、结构较复杂且不同于人类脑，因此要想保证在不失真的前提下重建出完好的鲤鱼脑组织，选择适宜的鲤鱼脑组织成像的磁共振扫描序列是解决问题的关键和前提。通过查阅文献并结合鲤鱼脑组织特点及实际情况，将对比磁共振扫描序列中的液体衰减反转恢复序列与快速自旋回波序列，选出适合于鲤鱼脑组织成像的磁共振扫描序列。

6.4.1　鲤鱼脑组织磁共振图像配准

医学图像配准是指对一幅图像寻求一种或一系列空间变换，使其与另一幅图像上对应于同一生理解剖点的像素达到空间位置上的一致。由于在图像获取过程中受环境或条件等影响，往往会存在噪声或形变等方面的差异。图像配准是图像三维重建的前提，故应用图像配准技术可以解决这些问题。

利用 3.0T 磁共振成像仪中 TSE 序列扫描的鲤鱼颅脑磁共振图像导入 Mimics 软件。Mimics 软件可以把数据图像自动直接划分为鲤鱼脑组织轴状位、冠状位、矢状位的磁共振图像，形成三个方向上的观察窗口和一个具有三个断面彼此相交汇的窗口，自动识别图像前后及左右方位并生成三维立体坐标系的操作窗口(图 6.10)。

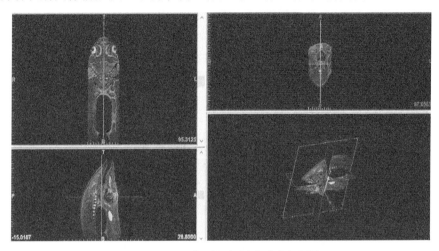

图 6.10　TSE 序列鲤鱼颅脑磁共振图像

应用 Image 软件功能中的 Image Registration 将导入的鲤鱼颅脑磁共振图像通过对特征点的选取进行鲤鱼颅脑磁共振图像的配准(图 6.11)。

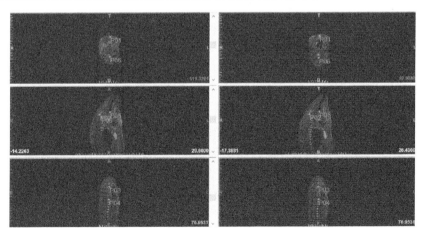

图 6.11　鲤鱼颅脑磁共振图像配准

6.4.2　鲤鱼磁共振图像中脑组织阈值提取

对鲤鱼颅脑磁共振图像进行蒙版编辑，根据脑组织的密度调整图像阈值，使其最大限度保留脑组织，从而将脑组织从整体头部中进行分割与提取。在提取脑组织轮廓后，由于在脑组织边缘会出现分割不完全和分割失真等现象，因此在每层磁共振图像中利用 Segment 中 Edit masks 工具中的 Erase 工具手动擦除与脑组织彼此连接的无关区域，再利用 Draw 工具补洞与修缘。由于周围部分组织与脑组织的阈值范围接近，易形成伪影，因此须按照脑组织轮廓实施填充处理或手动擦除等操作。尽管该过程比较烦琐，但能够将脑组织完整地提取出来，为后期的图像三维重建提供真实的脑组织阈值范围。提取的鲤鱼脑组织见图 6.12，白色区域为提取的脑组织显影范围。

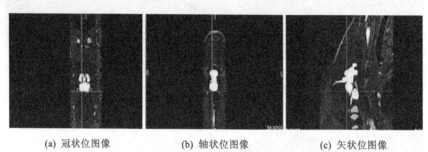

(a) 冠状位图像　　　　　　(b) 轴状位图像　　　　　　(c) 矢状位图像

图 6.12　鲤鱼脑组织的阈值提取（见彩图）

6.4.3　鲤鱼脑组织图像的三维重建

将编辑好的鲤鱼脑组织蒙版进行三维重建，在此之前先采用预重建，再根据预重建的结果进而改善脑组织磁共振图像的分割结果，使其达到最佳分割效果时再选择 3D 工具中的 High Quality 成像质量进行高质量的三维重建(图 6.13)。通过手动调整三维视角，可以清楚观察脑组织各个部分的形态特征及相对空间位置关系。实现鲤鱼脑组织图像的三维重建，可以多方位、多角度地观察脑组织的形态与解剖结构，达到三维可视化效果。

在鲤鱼脑组织三维重建图中，可以识别出嗅球、嗅茎、端脑、中脑、小脑、迷叶和延脑等组织结构，其中作为第一对脑神经的嗅茎连接于端脑，直达鼻部的嗅囊，嗅茎末端各有一椭圆形的嗅球；端脑位于脑的最前部，是鲤鱼脑本体的起首，主要含有嗅觉中枢；中脑较大，是鲤鱼视觉中枢所在区域；小脑是一个单独体，是鲤鱼身体运动的主要协调中枢；迷叶在小脑的后侧面，此后是延脑的本体，近乎长管形。本书重建的鲤鱼脑组织三维模型与文献[10]中所述的脑组织结构基本一致，通过三维重建图可以直观地识别出嗅球、嗅茎、端脑、中脑、小脑、迷叶和延脑等组织的

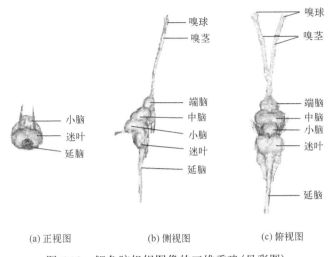

(a) 正视图　　　　　(b) 侧视图　　　　　(c) 俯视图

图 6.13　鲤鱼脑组织图像的三维重建（见彩图）

立体形态与解剖结构。这种三维重建方法是有效的和可行的，三维重建的鲤鱼脑组织立体模型既能够为研究鲤鱼脑运动区提供形态学基础，又能够为脑电极植入提供导航定位工具，还将有助于提升鲤鱼机器人运动控制的精准度和有效性。

6.5　借助磁共振定位和导航的鲤鱼颅脑电极植入方法

磁共振成像技术对于被测物体是没有电离辐射损伤的，能够不经外部的破坏在完全无损的条件下快速与准确地探测被测物体的结构、形态和功能等内部信息，得到被测物体的内部影像，因此磁共振成像技术在脑成像及在电极植入脑组织进行定位和导航方面是比较先进且可靠的成像手段。根据磁共振扫描得到的鲤鱼颅脑图像，作者发明了一种借助磁共振定位和导航的鲤鱼颅脑电极植入方法[11]。通过实验表明，这种借助磁共振定位和导航的鲤鱼颅脑电极植入方法是一种先进的技术手段，不仅能够为鲤鱼机器人脑电极的植入进行定位和导航，也能为多种生物机器人脑电极的植入提供新的定位和导航手段。相比传统的脑立体定位技术，磁共振成像技术在脑成像和电极植入脑组织进行定位与导航方面具有更显著的应用价值。磁共振成像是当今世界上最先进的医学影像技术，所以借助磁共振成像定位和导航的脑电极植入方法可以成为生物机器人领域相当长时间内应用的主要成像技术。

选择体重为 (0.97 ± 0.11) kg、体长为 (33.12 ± 1.62) cm 的成年健康鲤鱼 15 尾，进行药浴麻醉，在鲤鱼第一片鱼鳞即躯干与鲤鱼头部交接处做一道冠状划痕，使得痕迹清晰且能在磁共振中成像，根据鲤鱼颅骨骨性标志建立空间直角坐标系。图 6.14 是未做冠状划痕的矢状位鲤鱼颅脑磁共振成像图。图 6.15 是已做冠状划痕的矢状位鲤鱼颅脑磁共振成像图，图中点 1 为冠状划痕。将头部与躯干交界处第一片鱼鳞位置确定为空间直角坐标系的原点 O，以颅骨表面两眼之间连线中点与原点的连线定义为 Y 轴，正方向指向吻部；以过原点平行于冠状缝的直线定义为 X 轴，正方向指向躯体左侧；以过原点垂直于 XOY 平面的垂线定义为 Z 轴，正方向指向腹部。基于鲤鱼骨性标志从而建立起 XOY 平面直角坐标系，如图 6.16 所示。

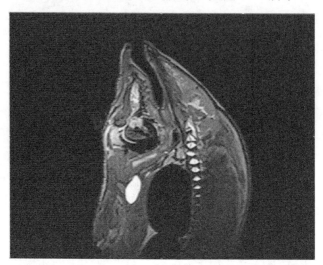

图 6.14　未做冠状划痕的矢状位鲤鱼颅脑磁共振成像图

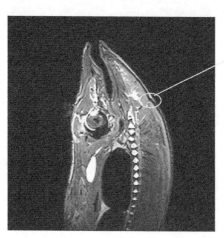

图 6.15　已做冠状划痕的矢状位鲤鱼颅脑磁共振成像图
1. 冠状划痕

在建立 XOY 平面直角坐标系后进行磁共振预扫描。确定扫描平面、层厚、层数和视野等参数。将鲤鱼固定在磁共振成像仪的 8 通道膝关节线圈内；鲤鱼呈俯卧位，头先进，使成像系统的扫描十字线对准颅脑中心，在定位项图像中确定矢状位扫描平面，矢状位扫描平面与 *YOZ* 平面平行，如图 6.17 所示。

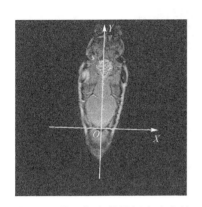

图 6.16　基于鲤鱼骨性标志建立的
XOY 平面直角坐标系

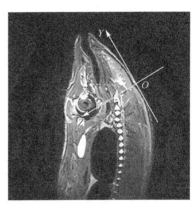

图 6.17　基于鲤鱼骨性标志建立的
YOZ 平面直角坐标系

矢状位颅脑磁共振图像获取方式为 3D，成像序列选用 T2WI 快速自旋回波扫描序列，重复时间 TR=750ms，回波时间 TE=112ms，层厚为 0.8mm，层数为 72，视野 FOV 为 200×200mm^2，空间分辨率为 512×512，旋转角度 FA=170°，平均次数 NEX=1，回波链长度 ETL=21，获取时间 TA=442s。

在矢状位扫描平面中确定轴状位扫描平面；在轴状位扫描时，将轴状位扫描平面与 *XOY* 平面平行，并使视野框的上边界与颅骨表面的 *Y* 坐标轴吻合，轴状位磁振成像获取方式为 3D，成像序列选用 T2WI 自旋回波序列，重复时间 TR=1000ms，回波时间 TE=131ms，层厚为 0.5mm，层数为 56，视野 FOV 为 119×119mm^2，空间分辨率为 512×512，旋转角度 FA=120°，平均次数 NEX=2，回波链长度 ETL=65，获取时间 TA=256s；在矢状位扫描时使矢状位扫描平面与 *YOZ* 平面平行；在冠状位扫描时将冠状位扫描平面设置成与 *XOZ* 平面平行的平面。

在矢状位磁共振图像中，测量两眼球连线中点到冠状划痕的距离，在轴状位磁共振图像中测量两眼球连线中点到电极植入位点的距离，结合扫描层厚和电极植入位点所在图像的层数，确定电极植入位点在空间坐标系中的坐标值。确定脑电极植入位点在空间坐标系中 *X*、*Y*、*Z* 坐标值，在矢状位图像上，眼球中心距冠状划痕的距离记为 *D*1；在轴状位图像上，两眼之间连线到电极植入位点垂直距离记为 *D*2，则其纵坐标 *Y*=*D*1−*D*2；两眼连线中点与坐标系原点的连线到电极植入位点的距离为 *D*3，则其横坐标 *X*=*D*3。若确定脑电极植入位点所在层数为 *N*，轴状面扫描层厚为 *S* mm，则 *Z*=*N*×*S*，从而获得电极在脑组织中植入位点的空间坐标 (*X*,*Y*,*Z*)=(*D*3,*D*1−*D*2,*N*×*S*)。

在矢状位和轴状位颅脑磁共振图像中,测量鲤鱼颅脑内部电极植入位点的坐标,图 6.18 是矢状位鲤鱼颅脑磁共振图像中电极植入针道图, 图中点 2 为植入针道。

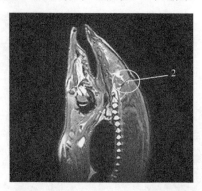

图 6.18　矢状位鲤鱼颅脑磁共振图像中电极植入针道图

如图 6.19 所示,在矢状位颅脑磁共振图像中内侧眼球中心到冠状划痕距离图中,测得眼球中心到冠状划痕的距离 $D1=32.5\text{mm}$。如图 6.20 所示, 在轴状位颅脑磁共振图像中电极植入位点与坐标变换示意图中, 测得两眼间连线到电极植入位点距离 $D2=37.1\text{mm}$, 则电极植入位点的纵坐标 $Y=D1-D2=32.5-37.1=-4.6\text{mm}$, 位于 Y 坐标轴负方向;两眼连线中点与原点 O 的连线到电极植入位点的距离为 $D3=2.0\text{mm}$, 且位于躯体左侧,则电极植入位点的横坐标 $X=L=2.0\text{mm}$;电极植入位点所在轴状位序列层数为 $N=36$,轴状面扫描层厚为 $S=0.5\text{mm}$, 则 $Z=N\times S=36\times0.5=18.0\text{mm}$; 由此获得脑电极植入的目标位点在空间坐标系中的坐标 $(X,Y,Z)=(-4.6,2.0,18.0)$。

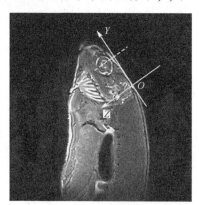

图 6.19　矢状位颅脑磁共振图像中内侧眼球中心到冠状划痕距离图

根据测量的坐标值,用开颅钻在颅骨表面对应位置上钻一直径为 1mm 的圆孔,应用脑立体定位仪将脑电极按照垂直于颅骨表面的方向经圆孔植入到脑组织内的目标位点,再次进行磁共振扫描, 在定位项定义轴状扫描平面, 检验脑电极植入位点是否准确。若脑电极植入的方向和位点有偏差，则进行矫正处理，最大限度地保证将脑电极准确植入脑组织内的指定位点。

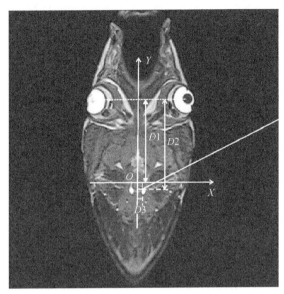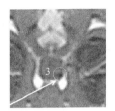

图 6.20　轴状位颅脑磁共振图像中电极植入位点与坐标变换示意图
3. 轴状位颅脑磁共振图像中电极植入位点

通过多次实验并检验，这种借助磁共振定位和导航的鲤鱼颅脑电极植入方法具有如下优点：①采用磁共振扫描成像以定位脑组织，在不开颅的情况下利用磁共振成像的优秀图像性能，准确获取脑组织相对于颅骨的尺度参数，相比传统的脑立体定位仪的定位方法，减小了因动物的个体差异、体位多变性、人为因素等方面带来的定位误差；②在鲤鱼第一片鱼鳞(头部与躯干交接处)处所做的冠状划痕，提供了在每层轴状磁共振序列内将组织位点转换到体外空间直角坐标系的方法，也是空间直角坐标系在不同方位图像上联系的纽带；③采用与 XOY 坐标平面平行的斜轴状位磁共振扫描方法，将轴状图像中脑电极植入位点的位置转换到空间直角坐标系中，使体位定位和电极植入更加精确；④不仅能够为鲤鱼机器人的脑电极植入进行定位和导航，而且也能为多种生物机器人的脑电极植入提供新的先进的定位和导航技术手段。

CT 和 MRI 是研究脑结构乃至脑功能的先进的重要影像技术，发挥 CT 在颅骨成像方面的优势和 MRI 在脑组织成像方面的优势，将这两种影像技术结合应用于生物机器人控制领域，可对动物颅脑扫描成像进行脑科学的研究和脑电极植入的定位与导航，在生物控制方面具有重要的应用价值。

参 考 文 献

[1]　Haselgrove J C, Moore J R . Correction for distortion of echo-planar images used to calculate the apparent diffusion coefficient[J]. Magnetic Resonance in Medicine, 1996, 36(6): 960-964.

[2]　杨正汉. 磁共振成像指南[M]. 北京: 人民军医出版社, 2010.

[3]　Mohri K, Uchiyama T, Panina L V. Recent advances of micro magnetic sensors and sensing application[J]. Sensors & Actuators A Physical, 1997, 59(1-3): 1-8.

[4]　Sun S. Monodisperse FePt nanoparticles and ferromagnetic FePt nanocrystal superlattices[J]. Cheminform, 2000, 287(5460): 1989-1992.

[5]　Pu H, Jiang F. Towards high sedimentation stability: magnetorheological fluids based on CNT/Fe$_3$O$_4$ nanocomposites[J]. Nanotechnology, 2005, 16(9): 1486-1489.

[6]　Bulte J W M, Douglas T, Witwer B, et al. Magnetodendrimers allow endosomal magnetic labeling and in vivo tracking of stem cells[J]. Nature Biotechnology, 2001, 19(12): 1141-1147.

[7]　陈瑾. 超顺磁纳米颗粒的制备及其在磁共振造影剂中的应用[D]. 杭州: 浙江大学. 2008.

[8]　王钊, 黄纯海, 田志, 等. 基于 Mimics 软件对颅内不规则血肿的体积测量研究[J]. 医学研究杂志, 2018, 47(1): 90-94.

[9]　王婷婷. 基于 MRI 增强造影的鲤鱼脑运动区定位与三维重建[D]. 秦皇岛: 燕山大学, 2019.

[10]　秉志. 鲤鱼解剖[M]. 北京: 科学出版社, 1960.

[11]　彭勇, 苏洋洋, 苏佩华, 等. 一种借助磁共振定位和导航的鲤鱼颅脑电极植入方法[P]. 中国, 201710203783. 7. 2017.

第7章 脑 图 谱

　　脑是高级神经中枢，脑运动神经核团可以控制动物的运动行为，因此国际上一直普遍应用控脑技术进行动物机器人运动行为的控制。在生物控制方面，控脑技术是动物机器人控制最常用且最有效的技术手段，若通过控脑技术实现有效且精确控制，则须掌握动物脑的生理功能和解剖结构及空间位置，尤其是脑运动神经核团的生理功能和解剖结构及空间位置，以解决脑电极准确植入的问题。脑图谱是研究脑组织结构乃至脑神经核团的空间位置及功能的重要工具，在生物控制方面也是研究生物机器人的重要技术手段。

7.1 　脑图谱构建方法

　　动物脑图谱可以直观并清晰地反映出动物脑神经核团及神经纤维束的三维结构及空间位置[1,2]。脑图谱的构建需要应用组织切片及染色技术，获取脑组织切片显微图像，利用其显微图像，将脑神经核团及神经纤维束标注出来，再将标注的神经核团及神经纤维束的显微图像与脑图谱标尺结合，完成脑图谱的构建。本书采用石蜡组织切片技术，虽然这种技术制作流程基本相同，但由于各种生物组织类型的不同，实际制作过程也有所不同的，具体操作过程还要根据组织形态及结构不同做相应的合理调整，在组织切片制备过程中不断进行优化与完善。

7.1.1 　脑标本制作

　　脑标本的制作需要先对摘取的脑组织标本进行良好的固定。在组织切片、免疫组化、病理标本制作、原位杂交、原位 PCR 和脑组织内定位标记等研究中往往都需要对脑组织标本进行良好的固定。多年来动物脑组织固定技术主要见于陆生动物，如大鼠和家兔等[3,4]，而有关鲤鱼脑组织固定的方法尚未见相关文献报道。传统的脑组织剖取方法是在动物死亡后进行提取，这种方法用于标本固定并不十分理想。对此，作者发明一种脑组织标本前固定法[5]，与传统的脑组织标本后固定法相比，脑组织标本前固定法能够得到结构正常和状态良好的脑组织标本，也更适合鲤鱼脑组织标本的固定。

　　本书以鲤鱼小脑和延脑脑图谱的制作为例，对鲤鱼的脑图谱制作方法和脑神经核团及纤维束的空间位置进行了研究，选取健康成年鲤鱼 20 尾，采用脑组织标本前固定法即应用心腔内血管插管术和心血管灌流术进行脑组织的液体灌注，应用组织切片及染色技术，使用高质量的显微图像识别鲤鱼脑组织的各个区域脑神经核团、神经纤维束，反映鲤鱼脑的生理功能和解剖结构及空间位置信息。

7.1.1.1　鱼固定装置

脑图谱构建需应用组织切片及染色技术，提取脑组织标本则是实现脑组织切片制备的必要前提和重要基础。脑组织标本前固定法是在动物麻醉状态下用固定液进行心脏灌流以获得形态完整和状态良好脑组织标本的一种方法。在进行心脏灌流时需对鱼胸腹部进行手术以暴露心脏，但鱼体表面光滑，不易固定，操作困难且时间长，故需一种符合脑组织标本前固定法操作要求的鱼固定装置及实施方法。对此设计了 2 种鱼体固定装置及实施方法。

如图 7.1 所示，作者发明了一种用于脑组织标本前固定的鱼固定装置及实施方法[6]。该装置能够提供一种对不同尺寸的鱼体进行固定、便于对鱼的胸腹部进行操作及可实施心脏灌流的鱼固定装置及实施方法。

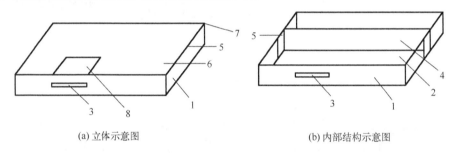

(a) 立体示意图　　　　　　　　　　　　(b) 内部结构示意图

图 7.1　脑组织标本前固定的鱼固定装置
1. 侧壁；2. 底板；3. 鱼腹部操作窗；4. U 形隔板；5. 卡扣；6. 固定盖；7. 螺丝；8. 鱼胸部操作窗

该装置是由底板、侧壁、固定盖组成的长方形壳体结构。在底板的四边上安装侧壁，在底板的顶部安装固定盖，在壳体结构内设有可滑动调节位置的 U 形隔板；在其中一个侧壁上开设鱼腹部操作窗；在固定盖上开设豁口状或窗口状的鱼胸部操作窗。沿侧壁的顶边开设若干螺纹槽，在固定盖对应各螺纹槽位置处开设螺纹安装孔，螺丝穿过安装孔与螺纹槽相连将固定盖、侧壁连接在一起。U 形隔板的两端凸起段与相邻侧壁相贴合，且在 U 形隔板的凸起段上安装卡扣，卡扣与侧壁相连进行固定。底板表面为粗糙防滑面。

在实际应用时，先将鱼进行麻醉，再将鱼平放于固定装置内的底板上，根据鱼的体高调节 U 形隔板与侧壁上鱼腹部操作窗的距离，位置确定后用卡扣将 U 形隔板与侧壁固定，根据鱼的体宽调节固定盖与侧壁间的距离，位置确定后用螺丝将固定盖与侧壁固定，利用固定盖压住鱼体从而完成对鱼的固定，在固定盖上的鱼胸部操作窗对鱼体胸腹部侧面进行操作，在侧壁中的鱼腹部操作窗处对鱼胸腹部底面进行操作。

这个用于脑组织标本前固定的鱼固定装置及实施方法具有一定的优点，位于侧壁和固定盖的 2 个操作窗方便对鱼胸腹部的侧面和底面分别进行操作；该装置可根据鱼的体宽调节固定盖与鱼体之间的距离并用螺丝固定，使固定装置高度可调；可根据鱼的体高调节 U 形隔板与侧壁之间的距离并用卡扣固定，使固定装置宽度可调，在实际应用时可根据鱼体尺寸任意调节。

在此基础上，作者又发明一种可旋转的多角度固定鱼体手术台[7]，如图 7.2 所示。该装置可进一步解决现有装置在对鱼体进行固定时易造成损伤和出血及仅能单一角度固定鱼体的问题。

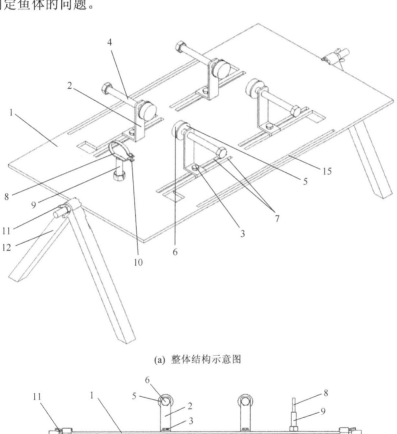

(a) 整体结构示意图

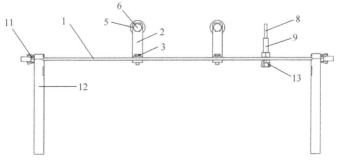

(b) 主视图

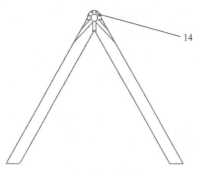

(c) 支架内侧结构图

图 7.2　可旋转的多角度固定鱼体手术台

1. 可旋转固定台；2. 侧身支架；3. 侧身支架固定螺栓；4. 鱼体固定调节杆；5. 金属圆片；6. 辅助固定垫；
7. 组合式滑槽；8. 吻部固定环；9. 吻部支撑支架；10. 吻部固定环固定螺钉；11. 可旋转固定台固定翼型螺母；
12. 支撑架；13. 吻部支撑支架固定翼型螺母；14. 支撑架内侧米字型凹槽结构；15. 固定槽

该装置由可旋转固定台、支撑架、固定螺丝、吻部支撑装置、躯体支撑装置、固定辅助垫、辅助固定带组成。可旋转固定台、支撑架和固定螺丝组合使用，可实现固定台的多角度固定；吻部支撑装置连接在可旋转固定台前端，可进行上下调节，固定鱼的吻部，辅助进行躯体固定，避免鱼挣扎过程中对口腔造成的损伤；躯体支撑装置连接在固定台上，左右两侧对称分布，即可左右滑动，又可向前推进和向后推出，固定鱼体；固定辅助垫套在躯体支撑装置上防止在固定时对鱼造成损伤和出血；辅助固定带穿过台面固定槽辅助固定鱼体。可旋转固定台是一个可旋转的操作平台，台面有四组组合式滑槽，每组滑槽由一个直线型开口和 L 型开口组成，台面两侧各有一个固定槽，每个固定槽是一个直线型开口，台面前端有一个圆形螺纹开孔。支撑架有两个，每个支撑架呈三角形结构，外侧有固定翼型螺母，内侧呈米字型凹面结构。吻部支撑装置由吻部固定环和吻部支撑支架组成。吻部固定环一侧开口，可通过螺钉调节环大小。吻部支撑支架是金属螺纹杆，下端通过翼型螺母固定在可旋转固定台的前端，上端通过焊接与吻部固定环连接，旋转翼型螺母可依照鱼吻的位置将吻部支撑装置上下移动。躯体支撑装置由侧身支架和鱼体固定调节杆组成。侧身支架是由横置的 U 形底座焊接相同宽度的金属片组成；底座中心开螺纹孔，可使用螺栓进行固定；金属片上部开螺纹孔，放置鱼体固定调节杆；侧身支架与固定台的四组滑槽组合共四个，可通过滑槽进行左右移动。鱼体固定调节杆主体部分是加长的螺栓，水平放置，与侧身支架金属片上的螺纹孔配合使用，靠近可旋转固定台的一端焊接一个圆形金属片，可向前推进和向后推出，调节位置。固定辅助垫是一个加厚硅胶垫，套在固定调节杆的金属圆片上，避免固定时的躯体损伤和出血。固定辅助带是一个弹力魔术贴，可穿过可旋转台面的固定槽辅助固定鱼体。

可旋转的多角度固定鱼体手术台具有一定的优点，可避免在固定过程中对鱼的

鳃部、躯体和口腔内部造成损伤,可无创伤进行鱼体的固定;鱼体固定台可多角度
旋转,方便对鱼体进行多角度的固定,可应用于心脏灌流;鱼头部和鱼体固定可靠,
可进行鱼脑研究、鱼体手术解剖、采血和脑电极植入等操作;吻部支撑架可上下调
节,躯体支撑装置可左右滑动,向前推进和向后推出,调节灵活,可调限度大,能
够适应多种鱼的体长和体量,适用范围较广,可应用于鱼的手术、解剖、采血、心
脏灌流和动物运动控制等方面。

7.1.1.2　鲤鱼脑标本前固定法

为研究动物的脑结构及形态,须对脑组织进行固定。脑组织固定方法包括心脏
灌流法、在体浸泡法和直接剖取脑组织法。动物脑组织剖取的传统方法是采用直接
剖取脑组织的脑组织标本后固定法,即在动物死亡后剖取脑组织,将提取的脑组织
放在固定液中进行固定。应用这种方法在剖取脑组织时,脑组织很快发生组织自溶,
提取的脑结构与形态不固定,因此采用这种方法用于脑组织形态学研究并不非常理
想。对此,作者发明了脑组织标本前固定法[5]。脑组织标本前固定法是在动物麻醉
状态下通过心血管灌注固定液固定脑组织后摘取脑而获得脑组织标本的一种实验技
术。脑组织标本前固定法即提出一种脑组织前固定的在体心血管灌流技术,包括心
腔内血管插管术和心血管灌流术,通过在体心脏灌流的方法置换体内的血液,灌注
固定液固定脑组织,利用动物自身的血液循环系统和蠕动泵推送灌注液对脑组织进
行固定,之后摘取脑而制作脑组织标本。故脑组织标本前固定法与传统的脑组织标
本后固定法相比,由于在动物死亡之前对其脑组织进行了固定,则能够更好地避免
细胞失活和组织溶解的问题,因而可以得到形态完整和状态良好的脑组织标本。脑
组织标本前固定法更具有突出优点,更适合鲤鱼脑组织标本的固定,且能够提升脑
组织切片制作的质量。

鲤鱼脑图谱的构建需获得形态完整和状态良好的脑组织,并在剖取鱼脑前需制
作脑图谱构建的参考点。依据脑组织标本前固定法的特点与优势,应用脑标本前固定
法制作鲤鱼脑组织标本。选取健康成年鲤鱼,将鲤鱼麻醉,借助脑立体定位仪将电极
植入小脑,对电极通以 10V 直流电,持续 15s。不锈钢电极杆部已绝缘处理,尖端部裸
露。根据电化学反应原理,通电后,不锈钢电极尖端部电离出 Fe^{3+},由于鲤鱼体内含
有 NaCl,Fe^{3+} 与 Cl^- 反应生成 $FeCl_3$。灌注 10% 福尔马林和 20g/L 亚铁氰化钾混合溶液,
亚铁氰化钾与 $FeCl_3$ 反应生成普鲁士蓝沉淀,福尔马林溶液起到固定脑组织作用。普鲁
士蓝沉淀在脑中形成的蓝点作为脑图谱构建的参考点。电化学反应方程式如下:

$$3K_4Fe(CN)_6 \cdot 3HO + 4FeCl_3 = Fe_4[Fe(CN)_6]_3 + 9KCl + 12H_2O$$

采用脑组织标本前固定法,通过在体心脏灌流的方法置换出体内的血液,并通
过灌注固定液达到固定脑组织的目的。利用鲤鱼自身的循环系统和蠕动泵推送灌注
液对鱼脑组织进行固定,这种方法能够避免脑组织细胞失活和组织溶解的问题,可

以得到结构和形态正常、状态良好的脑组织标本。

以鲤鱼为例阐述脑组织标本前固定法的操作步骤。

(1)动物麻醉：将鲤鱼置于丁香酚溶液中进行药浴麻醉至 A3 期状态[8]。

(2)开胸手术：将鲤鱼取侧卧位，用手术刀在鱼鳃下侧沿鱼腹中线向鱼尾方向划一道 4~5cm 切口，再用手术剪刀沿切口位置向头部方向剪开腹部至鳃盖条骨处的肌肉，暴露心脏，找到腹大动脉、心房、心室和总主静脉。

(3)血管插管：采用心腔内血管插管术。备三个输液管，其中两个输液管用作灌流，另一个输液管用作引流。先将 BQ50S 微流量调速型蠕动泵(保定雷弗流体科技有限公司)与一根输液管相连，输液管的另一端放入配好灌注液的量筒中，将蠕动泵的另一个接口与另外一个输液管的一端相连，用该输液管针头刺破心室壁插入腹大动脉内，在腹大动脉下方穿一根手术线将输液管针头结扎固定在腹大动脉内，蠕动泵推动液体经输液管进入心室和腹大动脉中，进行液体灌注，这一部分是灌流部分；用另一根输液管针头刺破心房壁插入总主静脉内，在总主静脉下方穿一根手术线将输液管针头结扎固定在总主静脉内，输液管另一端放入量筒中，用于存储从鱼体流出的血液和灌注液并实时计量液体量，这一部分是引流部分。在灌注过程中，实时监控和计量灌注液与流出液的体积。该法采用心腔内血管插管术，将两根输液管与心血管共同构成了液体单向流动的管道系统，由于鲤鱼只有一个心室和一个心房，血液循环为单循环，即无体循环和肺循环之分，因此这种插管方式可以使灌注液能够按照单循环路线进行单一方向流动(图 7.3)。

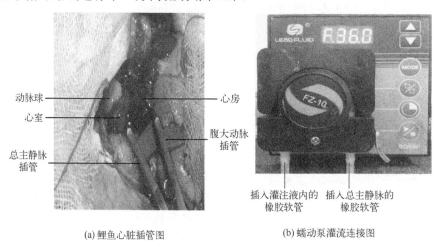

(a) 鲤鱼心脏插管图   (b) 蠕动泵灌流连接图

图 7.3 鲤鱼心脏灌流

(4)心脏灌流：采用心血管灌流术。使用蠕动泵进行血液循环系统的恒流灌注从而完成脑组织的液体灌注。开启用于心脏灌流的蠕动泵，将其速度调到 36r/min，为避免血凝块阻塞血管，先灌注生理盐水置换出血液，生理盐水用量根据从心房流出液体颜色来确定，当灌注约三分之二的生理盐水且引流针流出的液体呈无色或略带红色时，再继续缓慢恒速灌注 10%福尔马林溶液，对脑组织进行固定，在灌注福尔马林溶液的过程中，当流出无色透明液体时或当脑组织颜色变白、体积有所增大且质地变硬时，灌注的福尔马林的量约为鱼体重的 1.5 倍，停止灌注，即可取脑。

（5）标本提取：在鲤鱼颅骨表面画一长方形口，使用电磨具在颅骨表面切割出长方形口，打开颅腔，暴露脑，用手术刀将嗅茎前端和延脑后端与脑的联系均切断，用手术勺提取脑，将脑表面的残留血迹用蒸馏水迅速轻轻冲洗掉，将脑放入 10%福尔马林溶液中密封避光且固定 48h。

需注意的是，保持脑标本的完整是制备脑组织切片的先决条件与必要基础，因鲤鱼脑在颅腔内是被脑脊液覆盖的，其前端与后端分别与嗅茎和脊髓相连，其底部与神经纤维粘连，所以在脑摘取过程中需细致谨慎，避免脑受到损伤而造成形态结构不完整，因而需要按照操作流程规范化进行摘取。

传统的脑标本后固定法是在动物死亡后进行脑组织的提取并放在固定液中进行固定，但脑组织在动物死亡后很快会发生自溶现象，因而提取出来的脑组织结构与形态不固定，因此脑标本后固定法提取的脑标本尚不理想。与脑组织标本后固定法相比，脑组织标本前固定法能够更好地避免脑细胞失活和组织溶解的问题，获得结构和形态正常、状态良好的脑组织标本。将两种方法进行实验对比，如图 7.4 所示，图 7.4(a)为脑标本后固定法摘取的脑标本，图 7.4(b)为脑标本前固定法摘取的脑标本(圆圈所圈部分为蓝点标记)。与脑标本后固定法相比，应用脑标本前固定法得到的脑标本组织形态完整、结构整齐、标记位点显示清晰，能够更好地用于脑组织的定位标记。

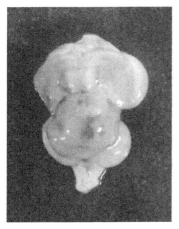 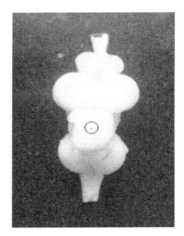

(a) 脑标本后固定法摘取的脑标本　　　　　(b) 脑标本前固定法摘取的脑标本

图 7.4　鲤鱼脑标本图

采用自主发明的脑组织标本前固定法对鲤鱼脑组织进行固定和建立参考点，经过实验比对发现该法具有如下特点：①与不经过固定而直接摘取的脑组织相比，经过固定后摘取的脑组织更简单快速；②所摘取的脑组织呈乳白色，与在固定液中浸泡的脑组织形态和结构及颜色相似，未发现组织自溶的现象；③获取的脑标本结构与形态完整；④在脑组织表面能够标记上蓝色参考点，且该蓝色参考点与其他组织颜色区分明显、容易辨认，起到了显著的标记参考作用。传统的脑组织标本后固定法的不足之处在于易出现组织自溶的问题，因而不易获得结构完整且状态良好的脑标本。经实验对比表明，脑组织标本前固定法的效果还是优于脑组织标本后固定法。

依据总成功率超过 90%的实验结果推断，脑组织标本前固定法是一种简便易行的脑组织标本固定技术，是提取脑组织标本的一种有效的新方法，这种方法不仅可以实现对鲤鱼进行较好的脑组织标本前固定，还可以为其他动物脑组织标本的固定提供一种新思路和新技术。

7.1.1.3　鲤鱼脑组织外定位法

构建脑图谱的基本方法是通过制备脑组织切片并染色，获取脑组织切片的显微图像得到脑组织再绘制脑图谱。在脑组织的石蜡组织切片制备过程中，石蜡组织切片的制备需经过组织固定，使组织和细胞在离开载体后或死亡后不发生显著变化，使细胞内的糖、蛋白质、脂肪和酶等被转变为不溶性物质，避免组织和细胞的自溶与腐败，从而使组织尽可能保持取材前的结构与状态。

在脑图谱构建中，需将脑神经核团及纤维束等神经结构的三维坐标进行标注。但在组织切片制作中，每张组织切片都是人为放置于载玻片上，每个相邻组织切片之间都会存在或大或小空间位置的改变，若这种空间位移不被校正，构建处的脑图谱坐标信息将会产生较大误差，因此需要建立定位标记点，提供坐标参照，以确定各张组织切片的位置、组织切片中神经核团及神经纤维束的坐标，完成脑图谱构建，并为脑组织的三维重建提供基础条件。

目前定位的方法主要有外定位法和内定位法。外定位法是采用机械手段或手工方法在组织标本上进行标记，包括：①细针、激光或微电极穿孔法，该法操作简单且定位可靠；②把标本块所要切的面切平，侧面修成平面作为定位点；③根据生物组织解剖学的经验知识判别，这种方法对研究人员的技术水平和实践经验要求较高。内定位法是根据生物组织的连续性和完整性，在组织切片或断面图像中寻找定位结构。

由于对鲤鱼脑组织内的定位结构尚不明确，故采用外定位法，通过电极穿孔建立定位标记点。在实验过程中，取出固定好的脑标本，在小脑和延脑迷叶成对称结构处分别插入 2 根电极(共插入 4 根电极)，待从脑标本中露出插入的电极后，将电极拔出。图 7.5 为建立鲤鱼脑定位标记点的示意图。

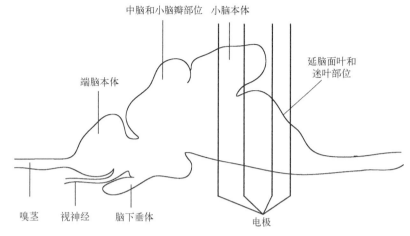

图 7.5 建立鲤鱼脑定位标记点的示意图

  鲤鱼的小脑和延脑都有了定位标记点,结合制备脑组织切片时的切割方式,使切割成的每个组织标本上都有其各自的定位标记点,为脑图谱构建过程中图像间的配准奠定了基础。

7.1.2 脑组织切片制备

  在病理诊断和免疫组化等方面,为研究细胞的基本形态和抗体的表达,组织切片及染色技术是最常用的技术手段。为构建鲤鱼脑图谱,标注脑神经核团及神经纤维束,找到脑运动神经核团及神经纤维束与运动行为之间的关联,采用常规的石蜡组织切片制作技术,对鲤鱼脑组织进行轴状位切割制备组织切片。方法如下。

  (1)取材:从固定液中取出脑标本用水冲洗。将脑标本中的小脑和延脑迷叶两部分进行分割,将小脑和延脑迷叶分别放入已标记好标号的组织包埋盒中。图 7.6 为鲤鱼脑标本侧视图,图 7.7 为鲤鱼脑标本切割示意图。

图 7.6 鲤鱼脑标本侧视图

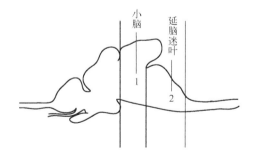

图 7.7 鲤鱼脑标本切割示意图

  (2)脱水:70%无水乙醇脱水 2h,80%无水乙醇脱水 2h,95%无水乙醇脱水 0.5h,100%无水乙醇 I 脱水 0.5h,100%无水乙醇 II 脱水 0.5h。

(3)透明：将脑标本放入无水乙醇和二甲苯的混合溶液（比例为 1∶1）中浸泡 0.5h；二甲苯透明 15min。

(4)浸蜡：将脑标本放入石蜡和二甲苯的混合溶液（比例为 1∶1）中浸泡 0.5h，石蜡溶液浸蜡 3h，均在 65℃恒温水浴箱中进行。

(5)包埋：将 65℃石蜡溶液倒入包埋框内，从浸蜡缸中取出标本置于包埋框底部，将 65℃石蜡溶液继续倒入包埋框中；将带有标号的组织包埋框底框取下，安置于包埋框上；将装有组织的包埋框放入 4℃冰箱中 0.5h。

(6)切片：将 KD-3390 冰冻石蜡两用切片机（浙江省金华市科迪仪器设备有限公司）设置为常规切片模式，切片厚度为 10 μm，对标本蜡块连续切片。将切片放入摊烤片机中进行展片，捞片前载玻片已按制作批次、切片部位和先后顺序进行编号，用载玻片捞片后将其放入 65℃烘烤片箱中烤片 24h。

(7)脱蜡：将烤干的组织切片按单数和双数分别脱蜡。操作流程依次为：二甲苯Ⅰ 5min，二甲苯Ⅱ 5min，100%无水乙醇 5min，95%无水乙醇 5min，80%无水乙醇 2min，70%无水乙醇 2min，蒸馏水 2min。

(8)染色：将脱蜡后的单数切片进行尼氏染色、双数切片进行髓鞘染色。其中，尼氏染色采用甲苯胺蓝溶液、髓鞘染色采用丽春红 G 法。每隔一张切片分别用于尼氏染色和髓鞘染色，再根据组织切片的厚度、大小和环境温度等来染色，不同种类组织或细胞在不同环境中的染色剂用量、染色时间和冲洗时间在光镜下观察并可调整。

(9)封片：取中性树胶对组织切片进行封片。

(10)图像采集：用生物显微镜对组织切片进行数字化拍摄，采集图像。由于石蜡组织切片有较为烦琐的制作流程，操作严格，且常出现碎片、切片褶皱和切片卷曲等问题。对此，在常规的组织切片制备基础上，根据组织形态和结构的不同，对操作流程进行调整，对操作步骤进行优化，获得更适合用于脑图谱构建的组织切片图像。

在实验中发现，切片在脱蜡及染色等过程中，组织易在载玻片上脱落、皱缩或重叠，切片染色效果差、图像不清晰。经试验探索，在髓鞘染色方法基础上进行了改进并提出"再度风干法"[9,10]，其应用方法如下。

从烤片机中取出同一时间的并经相同时间烘烤的组织切片共 480 张，置于室温通风处，分别进行 0h、4h、8h、12h、24h、36h、48h 和 72h 的风干，即实验分 8 组，每组 60 片组织切片。每组实验又分为 3 小组，即每小组 20 片组织切片，将这 24 组分别称为 1-1 组、1-2 组、1-3 组、2-1 组、2-2 组、…，以此类推。风干后再对组织切片进行脱蜡及染色等操作。以髓鞘染色为例，操作过程严格遵守实验规范要求，24 组的实验条件均相同。结果显示：第 1 组的组织脱片现象较严重，多数切片都有不同程度的组织脱落甚至完全脱落现象，组织切片制备成功率为 40%；第 2 组和第 3 组同样出现较严重的组织脱片现象，与第 1 组比较并未见明显差别，染色成功率为 40%；第 4 组和第 5 组的组织仍有脱落现象，但较前 3 组比较脱落现象相对较轻，更多是组织的一部分发生脱片或经冲洗后组织重叠，第 4 组切片染色成功率为 60%，第 5 组切片染色成功率为 75%；第 6 组的组织脱片现象明显改善，基本没有出现脱片现象，但有部分切片中的组织固定不牢固，有组织在载玻片上出现部分浮动的现象，染色成功率较前几组有明显的提高，成功率可达 90%；第 7 组和第 8 组与第 6 组无异，但出现组织浮动的切片比第 6 组少，组织切片染色成功率分别为 93% 和 97%。图 7.8 为风干时间与组织切片制备成功率的关系图。

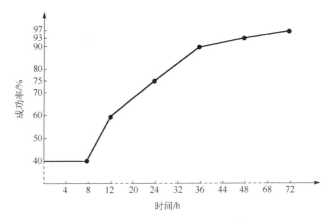

图 7.8　风干时间与组织切片制备成功率的关系图

　　不同种类组织的石蜡组织切片制备流程基本相同，但不同种类组织对试剂使用、作用时间、工作流程和操作环境等实验条件的需求也并不一定相同，因此还需具体问题具体分析、具体情况具体对待。经过多次的试验探索，确定出了制备鲤鱼脑组织切片的试剂浓度、使用的试剂顺序及最佳作用时间等。图 7.9 为组织脱水、透明、

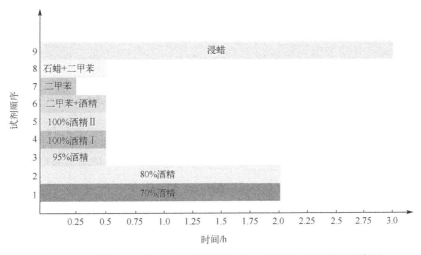

图 7.9　组织脱水、透明、浸蜡所用时间、试剂及试剂使用顺序图

浸蜡所用时间、试剂及试剂使用顺序图。图 7.10 为组织切片脱蜡所用时间、试剂及试剂使用顺序图。

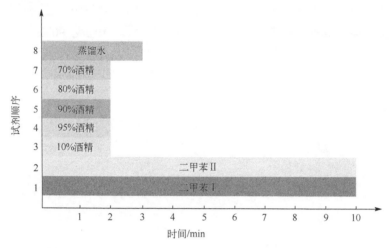

图 7.10 组织切片脱蜡所用时间、试剂及试剂使用顺序图

在对组织切片脱蜡及染色过程中，易出现组织从载玻片上脱落、皱缩或重叠的问题。针对此，通过改进提出的"再度风干法"[9,10]经实验表明，本法通过优化组织切片制备工艺，改进操作流程，调整染色时间和冲洗时间，使组织切片经 48h 的再度通风，在冲洗切片时缩短染色缸与蒸馏水水龙头的距离，减小水流冲击力，能够使组织切片保持完整及连续，组织切片贴片效果良好，颜色更加饱满亮丽，不同组织之间的颜色更清晰分明，避免组织切片易碎、卷曲、褶皱和不成蜡带等情况，明显提高了组织切片制备成功率和染片成功率。

7.1.3 脑图谱标尺确定

脑图谱的构建可以为后续的研究与应用提供指南工具和奠定工作基础。按照脑图谱上的三维坐标，可将脑电极植入动物脑内，进行脑损毁、电刺激脑和脑电信号采集等方面的实验研究。在进行实验研究时，需借助脑立体定位仪对动物进行脑立体定位，故需要构建的脑图谱坐标系要与脑立体定位仪上的三维坐标系保持一致，便于进行后续的实验研究工作。

根据鲤鱼颅骨的骨性特征,将麻醉的鲤鱼放到 68016 脑立体定位仪(深圳市瑞沃德生命科技有限公司)上做定位标志的测量,用于标尺坐标的建立。以鲤鱼颅骨与躯干交界的第一片鱼鳞作为坐标原点 O,并以此点作为脑图谱标尺坐标系零点,根据脑立体定位仪三维操作臂的定位方向,作为脑图谱坐标轴的方向。测量 20 尾鲤鱼脑组织在三维坐标系中的坐标范围,在颅骨表面划定矩形开颅区域,使用电动磨具打开颅腔,暴露脑。测量脑面定位坐标:利用脑立体定位仪并借助定位针分别测量小脑和延脑迷叶的脑面最高点到第一片鱼鳞中点所在平面的高度为 H1、H2；在小脑和延脑迷叶脑面最宽处植入定位针，利用脑立体定位仪测出定位针的空间位置，即可知道小脑和延脑迷叶在脑图谱上的宽度为 D1、D2；在小脑和延脑迷叶脑面正中矢面最长处两端植入定位针，利用脑立体定位仪测出定位针的空间位置，即可知道小脑和延脑迷叶在脑图谱上的长度 L1、L2。将完整的鱼脑取出，测颅底定位坐标：利用脑立体定位仪使定位针每隔 1mm 测量小脑和延脑迷叶的颅底到颅骨原点的高度 H3、H4，小脑和迷叶颅底高度与脑面高度的差值即为小脑和延脑迷叶在脑图谱上的高度，即小脑在图谱上的高度为 $H=H3-H1$，延脑迷叶在图谱上的高度为 $H'=H4-H2$。根据上述解剖定位，对测量数据统计，得到小脑和延脑迷叶的尺寸，其中颅骨原点所在平面到小脑脑面的高度为 (9.87 ± 0.03) mm，颅骨原点到延脑迷叶脑面的高度为 (16.10 ± 0.02) mm，小脑的宽度为 $D1=(7.92\pm0.04)$ mm，长度为 $L1=(7.96\pm0.01)$ mm，高度为 $H=(11.98\pm0.02)$ mm；延脑迷叶的宽度为 $D2=(14.01\pm0.02)$ mm，长度为 $L2=(7.97\pm0.03)$ mm，高度为 $H'=(6.02\pm0.04)$ mm。所谓宽度、长度、高度是指小脑和延脑迷叶的最大宽度、长度、高度。这些数据可用于脑图谱标尺的制作及脑图谱的构建，为脑图谱构建工作提供了基础和依据。

根据建立的鲤鱼脑部三维坐标系并结合制备的脑组织切片显微图像，即可确定脑神经核团及神经纤维束的位置坐标。但在石蜡组织切片的数字化转换过程中，得到的显微图像与脑组织切片实际图像不同，数字化显微图像是经过显微镜放大 10 倍所得，所以在得到组织切片显微图像时要给予标尺进行标准化处理，确保得到的显微图像与脑组织切片的实际图像一致。参照大鼠脑图谱[1]和北京鸭脑图谱[2]的表示方法，结合鲤鱼脑组织切片的形状与大小来制作鲤鱼脑图谱标尺，将所得到的脑组织切片显微图像放在该标尺图片上，即可进行脑内神经结构的标注并可读取其坐标信息。

7.1.4　脑组织切片序号换算

依据蜡块包埋方法，从浸蜡缸中取出组织块后将组织切面向下平置于包埋框底熔蜡中进行包埋。在进行组织切片时，首先切出的是该蜡块底端的组织，即该组织块后端的组织，因而所得的组织切片序号与所需的组织切片序号的方向相反，故需将序号进行换算。例如，所得的序号分别为 1、2、3、…、n，换算成所需的序号则为 n、…、3、2、1。

7.1.5　脑图谱图与标尺匹配

应用普鲁士蓝法在鲤鱼脑组织内建立蓝点标记，蓝点坐标值为（0，0，－12.50）mm。因实验提取的是连续组织切片，而且每相邻两张组织切片的间距为 10 μm，

所以根据蓝点在 Z 轴方向上的坐标即可通过公式(7-1)进行计算确定其他组织切片在 Z 轴方向上的坐标。

　　以鲤鱼小脑为例。经统计，在进行小脑轴组织切片时共获得 730 张切片，换算后序号分别为 1、2、3、…、730，通过观察脑组织切片显微图像得出第 137 张切片上含蓝点标记，所以对于第 i 张切片的 Z 值坐标为(单位：mm)

$$Zi = |12.50| \tag{7-1}$$

　　将具有蓝点标记的脑组织切片显微图像放入标尺中即可读取该组织切片中神经组织在 X 轴和 Y 轴的坐标信息。对于其他组织切片上脑神经结构的平面坐标 (X, Y)，需借助建立的定位标记点进行确定。选第 137 张组织切片显微图像作为基准，将序号为 136 的组织切片显微图像上的定位标记点电极圆孔与该张组织切片显微图像上的电极圆孔对准，移走基准组织切片的显微图像，即可读出序号为 136 的组织切片脑神经结构在标尺上的坐标信息；再将序号为 136 的组织切片显微图像作为基准，将序号为 135 的组织切片显微图像上的定位标记点电极圆孔与序号为 136 的组织切片显微图像上的电极圆孔对准，移走序号为 137 的组织切片显微图像，即可读出序号为 135 的组织切片脑神经结构在标尺上的坐标信息。其余组织切片以此类推。

7.2　脑图谱构建

　　脑图谱是开展脑结构和脑功能研究的重要工具，是在脑组织染色切片显微图像的基础上将脑的各个区域及神经核团标识出来，准确提供脑的解剖结构信息和生理功能信息。建立脑图谱也是研制生物机器人的必要前提和重要基础。从 20 世纪 50 年代人们就开始构建脑图谱。KÖnig 和 Klippe[11]采用平颅头位，脑冠状切面垂直于脑长轴的方法，研究出大鼠前脑到中脑的脑图谱，该脑图谱不完整，缺少小脑、脑桥及延髓部分，采用的立体定位坐标方式单一，定位方法烦琐。Pellegrino 等[12]研究了 Hooded 大鼠的脑桥、小脑及延髓，该脑图谱显示大鼠脑组织中 7 个结构的平均坐标和标准偏差，该图谱表明不同种类动物之间的定位可能不同。包新民和舒斯云[1]编制了《大鼠脑立体定位图谱》，在以前图谱的基础上增加切片数量，并使用平颅头位及耳间线和前囟两组定位坐标系，得到了结构清晰、详细和定位准确的冠状及矢状两组切面图谱。Paxinos 和 Watson[13]绘制的大鼠脑图谱对 76 个大鼠的大脑图谱进行更新，还包含 Molander、Grant 的 22 级脊髓。该图谱对大鼠大脑核和细胞群的命名进行了更新，对矢状位、冠状位和水平位三种切面的组织结构进行了细分；图谱中不仅有尼氏和乙酰胆碱酯酶染色的切片图，还有钙结合蛋白、神经丝蛋白 SMI-32 和其他酶基染色的图像。通过平颅头位，同时又通过耳间线和前囟点两种定位坐标方法，采用矢状位、冠状位和水平位三种不同切法，从前脑延伸到脊髓进行研究，制作出目前最完整的大鼠定位脑图谱(图 7.11)。

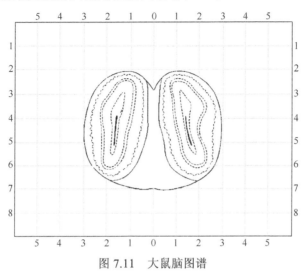

图 7.11　大鼠脑图谱

　　刘济五等[2]开展了北京鸭脑立体定位图谱的研究，绘制了延髓、小脑、大脑、脑桥和中脑的图谱，该图谱采用两耳道连线中点和枕骨嵴中点作为坐标零点，图谱标尺设置了 A、B 两套坐标系统，采用横切和纵切两种切片方式，利用火胶棉对脑组织固定，进行连续切片得到的完整组织切片图，使得神经核团位置更加准确，同时为其他脑图谱的研究提供了坐标参考方案(图 7.12)。

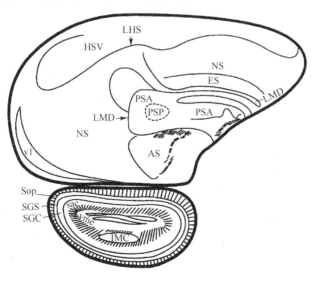

图 7.12　北京鸭脑图谱

　　南京航空航天大学研究团队进行了大壁虎脑图谱的构建，该图谱利用笛卡尔坐标系原则建立三维坐标系统，采用相对于壁虎身体固定的坐标系可直接找出某神经核团相对于壁虎颅骨的三维坐标，进而快速确定脑神经核团的准确位置，该图谱清晰、简单、使用方便(图 7.13)[14]。陕西师范大学研究团队采用门齿杆前上缘低于耳间线的固定方法，调整使冠状切面与脑长轴垂直完成甘肃鼢鼠脑图谱的研究，该脑图谱采用的方法简单，易于学习和掌握，有利于研究(图 7.14)[15]。中国科学技术大学研究团队提供了精确的树鼩脑图谱，并通过应急环路的研究验证了此图谱的准确性(图 7.15)[16]。Mukuda 和 Ando[17]对日本鳗鱼脑图谱进行了研究，制作出日本鳗鱼脑图谱(图 7.16)。Smeets 和 Nieuwenhuys[18]制作出阿特拉斯白斑角鲨图谱(图 7.17)。中国科学院自动化所研究团队绘制出全新人类脑图谱(图 7.18)，该脑图谱是第一次建立的宏观尺度上的活体全脑连接图谱，除 246 个精细脑区亚区

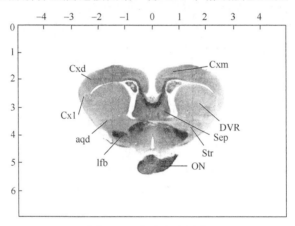

图 7.13　大壁虎脑图谱

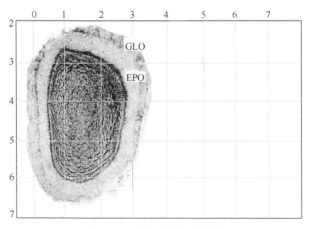

图 7.14　甘肃鼢鼠脑图谱

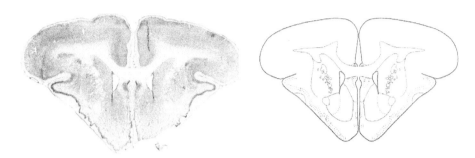

图 7.15　树鼩脑图谱

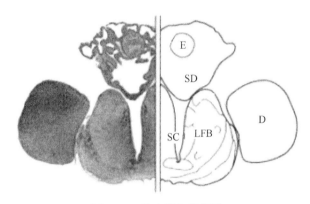

图 7.16　日本鳗鱼脑图谱

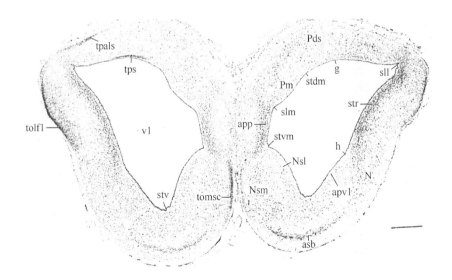

图 7.17　阿特拉斯白斑角鲨脑图谱

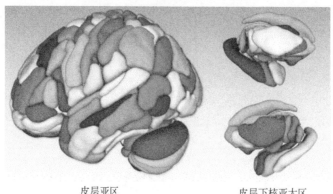

皮层亚区　　　　　　　　　　　　　皮层下核亚太区

图 7.18　脑网络组图谱

外还包括脑区亚区间的多模态连接模式，比德国神经科学家布罗德曼绘制的脑图谱精细 4～5 倍[19]。此外，Robert 和 Liu[20]绘制了狗脑图谱，Snider 和 Lee[21]绘制了猴脑图谱，Verhaant[22]绘制了猫脑图谱，Joseph[23]绘制了 13 线地黄松鼠脑图谱，北京大学研究团队绘制了达乌尔黄鼠脑图谱[24]，薛龙增等[25]研究了四季鹅脑图谱的建立，燕山大学研究团队构建了鲤鱼脑图谱[10,26]等。

　　在生物机器人控制方面，脑立体定位图谱是必要的三维立体定位工具。已有的动物脑图谱大多是为了研究中枢神经机制而制作的，如达乌尔黄鼠脑图谱是为研究黄鼠冬眠的中枢神经机制[24]。有的动物脑图谱如大壁虎脑图谱是为了从高级神经中枢方面对大壁虎的运动实行人工控制，为研究大壁虎的脑神经核团及微电极植入提供一个参考标准[14]。有关鱼脑的相关研究，多偏重于对脑功能区的研究，现有的鱼脑图谱主要是应用于鱼类的生活习性、繁殖、发育等方面，如黄鳝全脑解剖和间脑主要核团的细胞构筑学研究，主要是通过制作的脑组织三维连续切片对间脑进行细胞构筑学的研究，重点是为黄鳝神经内分泌功能的研究提供形态学基础[27]。而涉及鱼的运动行为控制方面还缺乏专项研究。本书研究鲤鱼脑运动神经核团及其与运动行为的对应关系，侧重的是控制运动行为的脑区中神经核团的发现以及脑图谱的构建。

7.2.1　鲤鱼脑内神经核团

　　以鲤鱼的小脑和延脑为例进行介绍。鲤鱼小脑内的主要神经核团有小脑内侧核、小脑中间核和小脑外侧核，均在小脑左右部分成对称存在。鲤鱼延脑内的主要神经核团有三叉神经核（Ⅴ神经核）、外展神经核（Ⅵ神经核）、面神经核（Ⅶ神经核）、前庭神经核（Ⅷ核）和疑核等。Ⅴ神经核位于延脑前端；Ⅵ神经核起始于延脑腹部，在Ⅶ神经核之后，位于中纵束与侧纵束的腹面；Ⅶ神经核位于延脑中部两侧；Ⅷ神经核位于小脑腹脊腹面；疑核位于延脑背部边缘，是Ⅸ神经和Ⅹ神经运动神经纤维的来源，该核前部细胞构成迷叶的一部分，该核后部细胞与侧纵束相近。

7.2.2 鲤鱼脑内神经纤维束

鲤鱼小脑内的神经纤维束主要有小脑-视盖束、小脑-中脑基束、连臂束、脊髓-小脑束、视盖-小脑束（中脑-小脑束）、丘脑-小脑束和叶间联合等。小脑-视盖束、小脑-中脑基束和连臂束是小脑的传出纤维；脊髓-小脑束、视盖-小脑束和丘脑-小脑束是小脑的传入纤维；小脑-中脑基束纤维分为前后两部分，前部连于中脑，后部连于延脑；连臂束是由小脑-中脑基束的部分纤维形成，横亘于延脑中部、中纵束腹面、侧叶联合纤维背面；脊髓-小脑束起自脊髓，向前延伸至前庭神经区；视盖-小脑束来自视盖，在中脑丘的中面与小脑瓣的腹侧面；丘脑-小脑束来自下丘脑，位于下丘脑室周围，由下丘脑末端延伸到小脑前端，与视觉和嗅觉功能有关且能观察判断水的深度和压力；叶间联合连接小脑的两个侧叶，与小脑的平衡作用有关。

鲤鱼延脑内的神经纤维束主要有 V 神经运动纤维束、V 神经感觉纤维束、VI 神经纤维束、VII 运动纤维束、VII 感觉纤维束、VIII 神经纤维束、IX 神经运动纤维束、IX 神经感觉神经束、X 神经运动纤维束、X 神经感觉纤维束、丘脑-脊髓束、中纵束和侧纵束等。V 神经运动纤维束位于延脑腹侧部中面，由 V 神经核发出，向中背部延伸形成 V 神经根的一部分；V 神经感觉纤维束位于延脑腹部，由 V 神经节延伸于延脑，纤维束进入延脑后向脊髓延伸到罗氏核或脊髓；VI 神经属于运动神经，纤维束在 VII 和 VIII 神经后伸出延脑腹面形成 VI 神经根；VII 感觉纤维束由膝状节形成，在延脑分为两组，一组纤维束在延脑背中部，第四脑室侧面，小脑腹脊腹面，形成感觉区，纤维束向后延伸至小脑后部，另一组纤维束位于延脑腹侧面，到达面叶，是头部和体部等皮肤和味觉及触觉的中心；VIII 神经又叫作前庭神经，由内耳前庭神经节形成，分为前后两支，大部分纤维束向前至小脑，向后至视神经侧线突，构成侧纵束和中侧束的一部分；IX 神经的起始处位于 VII 神经与 X 神经之间，在延脑中形成感觉区，IX 神经感觉纤维束起始于 IX 神经等神经节，延伸至延脑，一部分纤维与 X 神经纤维到达迷叶，其他纤维通向面叶形成舌咽叶；IX 神经运动纤维束和 X 神经运动纤维束为迷叶的运动根层，是疑核向外发出而形成的最内层；X 神经感觉纤维束进入延脑之处位于 IX 神经纤维束之后至迷叶；丘脑-脊髓束起始于丘脑，贯穿延脑至脊髓；中纵束起始于中脑，由动眼神经出发，止于延脑尾部；侧纵束起始于中脑侧核，位于中纵束外侧，向后止于延脑后部。

7.2.3 构建鲤鱼脑图谱

以鲤鱼小脑和延脑轴状位脑图谱为例进行介绍。在小脑和延脑轴状位脑图谱构

建中，选取 4 张小脑和 4 张延脑迷叶的组织切片图用于说明。虽然组织切片图来自不同鲤鱼个体，但组织结构形态上是相似的。如图 7.19～图 7.22 所示，左右两侧分别是相邻两张髓鞘染色和尼氏染色组织切片图。根据组织切片图，利用 corel draw 软件在电脑上临摹出与之相对应的脑图谱。在临摹过程中，有些组织切片图的组织会有微小缺陷，其组织内部或轮廓边缘有缺陷，但在临摹时会将其补充完整，其轮廓及内部经过多张组织切片图的修正，将脑图谱标尺与脑图谱图相匹配制作鲤鱼小脑和延脑的脑图谱。

(a) 髓鞘染色　　(b) 尼氏染色

图 7.19　小脑腹侧组织切片图（见彩图）

(a) 髓鞘染色　　(b) 尼氏染色

图 7.20　小脑背侧组织切片图（见彩图）

 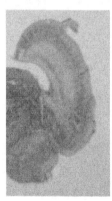

(a) 尼氏染色　　(b) 髓鞘染色

图 7.21　延脑迷叶腹侧组织切片图（见彩图）

(a) 髓鞘染色　　(b) 尼氏染色

图 7.22　延脑迷叶背侧组织切片图（见彩图）

如图 7.23～图 7.26 所示，在脑图谱中，横轴代表 X 轴，纵轴代表 Y 轴，右上方数字表示此张组织切片到相应脑组织表面最高点所在水平面的垂直高度，即该张组织切片在图谱中的高度，右上方数字加上相应脑组织表面最高点到坐标原点的垂直高度即 Z 轴坐标。在本书的鲤鱼脑图谱中，关于鲤鱼神经核团和神经纤维束的命名主要参考了秉志[28]《鲤鱼组织》中相关神经核团和神经纤维束的命名，同时还参考了大鼠脑立体定位图谱[1]、北京鸭脑立体定位图谱[2]等的神经核团和神经纤维束的命名方式。在本书的鲤鱼脑图谱中，鲤鱼脑神经核团用实线标识，神经纤维束用虚线标识，脑图谱上还标有神经核团和神经纤维束英文名称缩写，其中神经核团用大写字母表示，神经纤维束用小写字母表示。小脑部分神经核团和纤维束缩略词标注如表 7.1 所示，延脑迷叶部分神经核团和纤维束缩略词标注如表 7.2 所示。

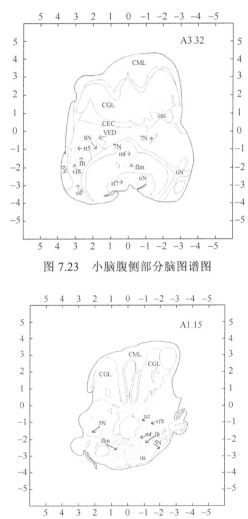

图 7.23　小脑腹侧部分脑图谱图

图 7.24　小脑背侧部分脑图谱图

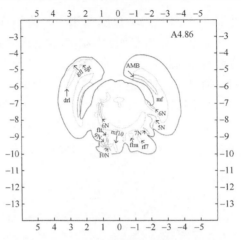

图 7.25　延脑迷叶腹侧部分脑图谱图

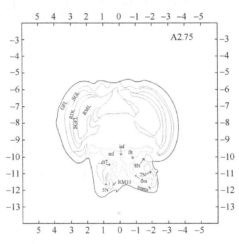

图 7.26　延脑迷叶背侧部分脑图谱图

表 7.1　小脑部分神经核团和纤维束缩略词标注

核团/纤维束名称	英文全称	中文名称
CML	cerebellum molecular layer	小脑分子层
CGL	cerebellum granule layer	小脑颗粒层
5N	trigeminal brain nerve	V 神经核
rt5	trigeminal nerve root fiber	V 神经根纤维
flt	fasciculus longitudinalis lateralis	侧纵束
8N	vestibular nucleus	Ⅷ神经核
vf8	vestibular nerve fiber	Ⅷ纤维束
sgt	secondary gustatory tract	次级味觉束

续表

核团/纤维束名称	英文全称	中文名称
6N	abducens nucleus	Ⅵ神经核
tts	thalamic-spinal tract	丘脑-脊髓束
mf	mauthner's fiber	莫氏纤维
flm	fasciculus longitudinalis midialis	中纵束
7N	facial nucleus	Ⅶ神经核
rf7	facial nerve root fiber	Ⅶ神经根纤维
cec	cerebella ceresta	小脑腹脊
tct	trigeminal thalamo-spinalis	视盖-小脑束

表 7.2　延脑迷叶部分神经核团和纤维束缩略词标注

核团/纤维束名称	英文全称	中文名称
rf7	facial nerve root fiber	Ⅶ神经根纤维
7N	facial nucleus	Ⅶ神经核
mf	mauthner's fiber	莫氏纤维
5N	trigeminal brain nerve	Ⅴ神经核
6N	abducens nucleus	Ⅵ神经核
AMB	ambiguus nucleus	疑核
mf10	pneumogastric nerve movement fiber	Ⅹ脑神经运动纤维束
10N	pneumogastric nucleus	侧纵束
9N	glossopharyngeum nucleus	Ⅸ神经核
flt	fasciculus longitudinalis lateralis	侧纵束
flm	fasciculus longitudinalis midialis	中纵束
drl	deep root layer	深根层
sgt	secondary gustatory tract	小脑腹脊
gfl	gustatory fiber layer	视盖-小脑束
GFL	gustatory fiber layer	味觉纤维层
SGL	secondary gustatory nerve layer	次级味觉神经元层
RDL	deep root layer	深根层
SGFL	secondary gustatory fiber bundle layer	次级味觉纤维束层
RML	motor root layer	运动根层
iaf	internal arcuate fibers	内弓状纤维
dt7	facial nerve descending tract	Ⅶ神经下行束
rm10	pneumogastric motor nerve root	Ⅹ运动神经根
tmms	trigeminal midbrain-myelencephalon-spinal	中脑延脑脊髓束
8N	vestibular nucleus	Ⅷ神经核

参 考 文 献

[1] 包新民, 舒斯云. 大鼠脑立体定位图谱[M]. 北京: 人民卫生出版社, 1991.

[2] 刘济五, 颜水泉, 李良玉. 北京鸭脑立体定位图谱[M]. 北京: 科学出版社, 2002.

[3] 林鹏, 吴萌, 魏香. 一种简易的家兔离体心脏灌流方法[J]. 生物学通报, 2006, 41(5): 44-45.

[4] 季正剑, 张冬霞, 张立波, 等. 大鼠在体脑组织灌流方法的比较[J]. 实验动物与比较医学, 2009, 29(6): 390-392.

[5] Peng Y, Tian R, Shen W C, et al. An experimental technique for performing fish cardiovascular perfusion in vivo[J]. Science Asia, 2015, 41(5): 329-332.

[6] 彭勇, 刘洋, 王丽娇, 等. 一种用于脑组织标本前固定的鱼固定装置及实施方法[P]. 中国, 2017 1 1094726. 2. 2019.

[7] 彭勇, 刘晓月, 黄娅萌, 等. 一种可旋转的多角度固定鱼体手术台[P]. 中国, 202110011902. 5. 2022.

[8] 彭勇, 刘哲, 武云慧, 等. 乌拉坦麻醉鲫鱼作用的实验研究[J]. 大连海洋大学学报, 2011, 26(6): 554-559.

[9] 彭勇, 苏洋洋, 苏佩华, 等. 一种鲤鱼脑组织切片制备流程图卷轴[P]. 中国: 申请号 201720376342. 2. 20 17-04-12.

[10] 苏洋洋. 鲤鱼脑图谱的研究[D]. 秦皇岛: 燕山大学, 2017.

[11] KÖnig J F R, Klippel R A. The Rat Brain: A Stereotaxic Atlas of the Forebrain and Lower Parts of the Brain Stem[M]. Baltimore: Williams and Wilkins, 1963.

[12] Pellegrino L J, Pellegrino A S, Cushman A J. A Stereotaxic Atlas of the Rat Brain[M]. London: Plenum Press, 1979.

[13] Paxinos G, Watson C. The Rat Brain in Stereotaxic Coordinates[M]. London: Academic Press, 1986.

[14] 刘新辉. 大壁虎脑部结构与立体脑图谱构建的研究[D]. 南京: 南京航空航天大学, 2007.

[15] 马晓乐. 甘肃鼢鼠脑图谱构建的研究[D]. 西安: 陕西师范大学, 2009.

[16] 倪荣军. 树鼩脑解剖图谱和应激相关脑环路的研究[D]. 合肥: 中国科学技术大学, 2014.

[17] Mukuda T, Ando M. Brain atlas of the Japanese eel: comparison to other fishes[J]. Integrated Arts and Science, 2003, (29): 1-25.

[18] Smeets W J, Nieuwenhuys R. Topological analysis of the brain stem of the sharks squalus acanthias and scyliorhinuscanicula[J]. Journal of Comparative Neurology, 1976, 165(3): 333-368.

[19] 唐琳. 脑网络组图谱: 认识大脑的全新利器[J]. 科学新闻, 2017, (1): 1-1.

[20] Robert K S, Liu C. A Stereotaxic Atlas of the Dog's Brain[M]. Illinois: Charles C Thomas

Publisher, 1960.

[21] Snider R S, Lee J C. A stereotaxic atlas of the monkey brain: (Macaca mulatta)[J]. Quarterly Review of Biology, 1963, 32(9): 42.

[22] Verhaart W J C. A Stereotaxic Atlas of the Brain Stem of the Cat[M]. Leyden: The State University of Leyden Press, 1964.

[23] Jospeh S A, Knigge K A, Kalejs L M, et al. A Stereotaxic Atlas of the Brain of the 13-Line Ground Squirrel (Citellus Tridecemlineatus)[M]. Maryland: US Army Edgewood Arsend Special Publication, 1966.

[24] 陈红岩. 达乌尔黄鼠脑立体定位图谱的研制[D]. 北京: 北京大学, 1991.

[25] 薛龙增, 陈进贵, 孙文陵, 等. 四季鹅(雌)脑立体定位图谱的建立[J]. 海军医高专学报, 1994, 16(2): 97-100.

[26] 韩晓晓. 鲤鱼小脑和延脑迷叶脑图谱构建及细胞构筑的研究[D]. 秦皇岛: 燕山大学, 2019.

[27] 邓一帆. 黄鳝全脑解剖和间脑主要核团的细胞构筑学研究[D]. 广州: 中山大学, 2007.

[28] 秉志. 鲤鱼组织[M]. 北京: 科学出版社, 1983.

第 8 章　脑运动神经核团与运动行为对应关系

中国科学院生命科学发展战略研究小组在《生命科学发展战略调研报告》中明确提出,"脑研究是生命科学的重大前沿,受到各国政府和社会的高度重视"[1]。脑是自然界中最复杂、最奥妙、最重要和最高级的生命器官,其结构和功能往往是相适应的,二者密切相关,结构决定功能,功能反映结构。生物行为是与脑密切相关的生命体功能表现,是由脑支配的动力学过程,是生命体对机体内外环境变化所发生的适应性反应。神经行为学是关于生物行为及其神经机制的科学。神经行为学也是研究生物行为控制的神经科学理论基础和科学依据。基于动物的运动行为是受脑运动神经核团控制的科学原理,实现对脑的控制是最本质和最有效的运动行为控制方法,这样可使生物机器人能够按照人类的意愿与指令去行动。所以目前国际上对于生物机器人的研究工作,多集中于对脑神经核团及控脑机制的探索研究方面。若应用控脑理论与控脑技术实现精确控制动物运动行为的目的,须对支配运动行为的各个脑运动神经核团进行知识发现并进行三维立体定位,研究各个脑运动神经核团与各运动器官的对应关系,故需研究各个脑运动神经核团与运动行为之间的对应关系。在生物机器人领域,应用控脑技术进行生物行为控制是最主要的方法,因此脑结构和脑功能的理论必然是控脑技术应用的科学基础和科学指南。

8.1　脑运动区的研究

鲤鱼脑是功能比较复杂的生命器官,与运动行为控制相关的脑运动区、脑运动神经核团、脑运动神经核团与运动行为之间的对应关系均是鲤鱼机器人控脑技术的主要科学理论。动物运动行为是受脑运动区控制的,脑运动区分布与运动行为之间存在着某种对应关系。如果能够利用神经电生理学定位方法进行脑内控制点的确定,植入电极于动物脑组织中,通过控制系统发射模拟电信号经脑电极输送到脑运动区,就可实现对动物运动行为的控制。对动物运动行为的控制主要采取控脑技术,因而需要研究脑运动区。鲤鱼存在着控制运动器官肌肉活动从而控制运动形式的脑运动区。

鲤鱼颅脑解剖结构,可通过解剖手术与标本制作并参考秉志的学术专著《鲤鱼解剖》[2]和《鲤鱼组织》[3]来掌握(图 8.1)。

鲤鱼脑结构包括五部分,从前往后依次为端脑(telencephalon)、间脑(diencephalon)、中脑(mesocephalon)、小脑(cerebellum)和延脑(medullaoblongata)。图 8.2所示为解剖手术和标本制作的鲤鱼在体脑结构,由背面、腹面和纵切面可以观察到鲤鱼脑部的大体结构。

(a) 颅骨腹面图

(b) 颅骨侧视图

(c) 颅骨背面图

图 8.1　鲤鱼颅骨图

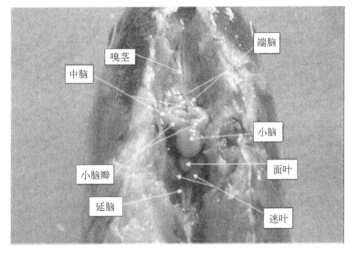

(a) 脑结构解剖背面图

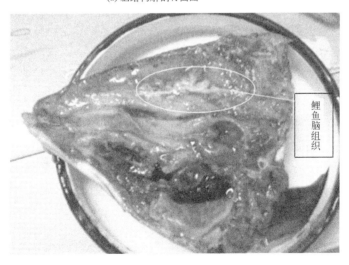

(b) 脑结构解剖侧视图

图 8.2　鲤鱼在体脑结构解剖图（见彩图）

图 8.3 是鲤鱼离体脑组织结构图。如图所示，鲤鱼脑的最前部有一对嗅茎，嗅茎通向端脑，脑从前往后依次为端脑、间脑、中脑、小脑和延脑。端脑也称原始端脑，位于脑的前端，包括嗅球、嗅茎和基叶，末端为嗅球直达鼻部的嗅囊；两个嗅茎的基部连接于端脑；两个基叶是端脑的本体，两基叶彼此紧贴，由膜和横纤维联系在一起，向前通过嗅茎中心孔道到达嗅球小腔。间脑位于端脑的后方，包括上丘脑、丘脑和下丘脑，上丘脑在端脑两半球之间，包括背囊、脑上腺和松果缰等，脑上腺是间脑外长的小囊；丘脑位于上丘脑的腹面，包括丘脑核、圆核和后丘脑核等；下丘脑位于丘脑的腹面，包括中叶、两个下叶和脑下垂体，下叶两个，两叶之间是脑下垂体。中脑向背面凸起且其腹部后方被小脑瓣挤向两侧而呈两个半月形，包括背部和腹部，背部的视叶向前及两侧突出遮盖间脑，腹部为中脑基部和大脑脚。小脑为一单独体，向上凸起位于中脑之后，前部向前挤入中脑形成小脑瓣，形成两个小脑瓣侧叶和一个小脑瓣中叶。延脑位于脑的末端，由小脑向后延伸而成，是一根长形髓管。延脑前部是迷叶和面叶，迷叶有两个，两迷叶之间是面叶。以侧视图为例了解鲤鱼脑结构(图 8.3(e)和(f))。沿矢状中线将脑切开，由纵切面对内部结构全貌较容易观察。端脑的基叶与外膜间的空隙为公共脑腔，两基叶间的空隙也为公共脑腔，此腔向后延伸到间脑形成第三脑腔。脑上腺(松果体)是间脑外长的小囊，其茎连于间脑的背面，称为松果缰，间脑腹部的一部分分化出下叶和垂体。中脑向背面凸起，其腹部后方被小脑瓣挤入，小脑瓣在中脑后形成凸起。小脑形成凸起，小脑腹面是第四脑腔，此腔经过延脑与脊髓的髓管相通。延脑是小脑向后延伸而成，第四脑腔末端是延脑与脊髓的界限。

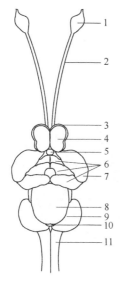

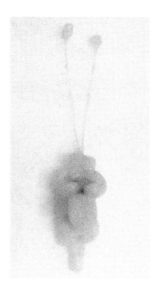

(a) 脑结构背面示意图　　　　　　　(b) 脑标本背面图

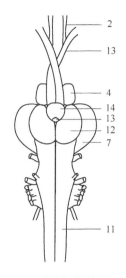

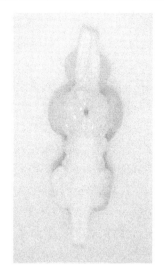

(c) 脑结构腹面示意图　　　　　　(d) 脑标本腹面图

1. 嗅球；2. 嗅茎；3. 外膜；4. 端脑；5. 脑上腺；6. 小脑瓣；7. 中脑；8. 小脑；
9. 迷叶；10. 面叶；11. 延脑；12. 下叶；13. 血囊；14. 脑下垂体

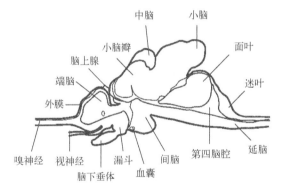

(e) 脑结构侧视示意图　　　　　　(f) 脑标本侧视图

图 8.3　鲤鱼离体脑组织结构图

通过解剖手术和标本制作来观察鲤鱼的大体解剖结构，并参考相关文献来掌握鲤鱼颅脑解剖结构，可为进一步从影像学和组织学角度观察与研究鲤鱼的颅脑结构奠定形态学基础。

8.1.1　麻醉

在鱼的捕捞、运输或实验中，常会因捕捞或实验操作时的挣扎、充血、掉鳞、受伤和应激反应而造成机体损伤或缺氧，从而导致细菌或霉菌的感染等，甚至可引起死亡。若使用麻醉剂则能够使鱼保持安静、减弱损伤、降低应激反应、减少肌肉活动、减少机体的耗氧量，从而提高鱼的成活率或实验成功率。如合理使用麻醉剂，还不仅可以减轻鱼的损伤，也可方便鱼体的测量、标记、抽血、提取活体组织和手术等操作。因此选择与使用有效、可靠与安全性高的水生动物麻醉剂具有实际应用意义。

动物麻醉方法是根据其自身特点所决定的，应根据需要选择适宜的麻醉方法。在水生动物方面，也是根据实验需求选择适宜麻醉剂的。国际上用于水生动物的麻醉剂比较多，包括 Tricaine methanesulfonate (MS-222)、Eugenol (FA-100)、CO_2 和利多卡因等约 30 种，其中 MS-222 为最常用的麻醉剂，是美国食品和药物管理局 (Food and Drug Administration，FDA) 推荐使用的首选鱼用麻醉剂。国际上自 20 世纪 50年代开始使用 MS-222 对鱼类和虾类水生生物进行麻醉和运输。

MS-222 (化学名称是烷基磺酸盐同位氨基苯甲酸乙酯，分子式为 $C_{10}H_{15}NO_5S$) 作为鱼用麻醉剂，其优点：MS-222 主要积聚在鱼的肝和脾，肌肉中少。其缺点：MS-222 溶液具有酸性，在鱼麻醉后血浆皮质醇含量增加，运输时 MS-222 不能降低 CO_2 排放；其溶液需避免阳光直射，否则会对海水鱼产生较强的毒性；其毒性比FA-100 大，使用后在鱼体中存有残留；其价格较高，这些因素限制了 MS-222 的推广。所以有必要研究各方面更适宜的鱼用麻醉剂。

8.1.1.1 丁香酚对鱼的麻醉作用

丁香酚 (Eugenol，FA-100，化学名称是 4-烯丙基-2-甲氧基苯酚，分子式为 $C_{10}H_{12}O_2$) 是从丁香树的花朵、茎和叶中提取出来的化学成分，是丁香油 (clove oil) 的主要成分，具有独特的香味和一定的药用价值，常被用作医学领域口腔疾病治疗的局部麻醉剂和镇痛剂，并且丁香酚及其代谢物能够快速地从血液和组织中排出，价廉易得，是备受关注的一种对人类健康具有较高安全性的天然植物香料。一些国家认为，丁香酚无残留期，是一种合法的水产麻醉剂[4]。丁香酚在清水中易从鱼体转移到水中，对水产动物麻醉作用见效快、复苏时间短和安全性高，对处理过的水产动物及人体接触均无害，还能够同时满足活鱼运输的安全性、高效性和低成本的要求，已被广泛应用于鱼类的生产、运输和科学研究中。因而，丁香酚可以考虑作为鲤鱼的麻醉剂使用。

丁香酚对淡水鱼麻醉的研究尚不多，综合丁香酚的优点，研究丁香酚对淡水鱼的麻醉作用是有实用意义的。将丁香酚与无水乙醇按 1：8 比例配制成不同浓度的丁香酚溶液。在室温 (16～24℃) 条件下，将鲤鱼 50 尾随机等分 5 组，每组 10 尾，分别放入 0.06g/L、0.12g/L、0.24g/L、0.48g/L、0.96g/L 丁香酚溶液中，观察其麻醉时间、复苏时间、复苏率、存活率，再连续观察 3 日，记录各组复苏率，观察麻醉过程和复苏过程中鲤鱼的生物行为特征出现时间，记录各浓度丁香酚溶液药浴鲤鱼的麻醉时间和复苏时间及各组的 3 日复苏率和 7 日存活率。麻醉时间是指鱼被放进麻醉剂溶液中至鱼体失去平衡的时间。复苏时间是指将麻醉的鱼放入清水后至鱼体翻正反射恢复的时间。复苏率是指复苏鱼数量占麻醉鱼数量的百分比。存活率是指麻醉后活体鱼数量占麻醉鱼数量的百分比。

表 8.1 是不同浓度丁香酚溶液药浴鲤鱼的实验指标。从实验结果来看，浓度在 0.06～0.96g/L，丁香酚溶液对鲤鱼具有良好而可靠的麻醉作用，其安全有效浓度为 0.06～0.48g/L，且 7d 存活率为 100%[5]。研究表明，丁香酚也是一种适宜的鲤鱼麻醉剂。

表 8.1　不同浓度丁香酚溶液药浴鲤鱼的实验指标(n=50)

药液浓度/(g/L)	麻醉时间/min	复苏时间/min	复苏率/%	存活率/%
0.06	16.05±11.32	1.85±2.53*	100	100
0.12	4.86±2.64	3.04±2.65*	100	100
0.24	2.57±1.22	10.27±4.27	100	100
0.48	1.02±0.47*	23.69±12.08	100	100
0.96	1.01±0.32*	46.43±19.38	80	100

注：$P<0.05$，*$P>0.05$

鱼类麻醉方法有多种，最方便且最常用的是药物溶液浸浴的方法即药浴的方法，溶液中药物经鱼鳃部吸收进入血液快速发挥全麻作用。无论 MS-222 还是丁香酚麻醉实验都可以采用药浴的方法。丁香酚的水溶解性好，适宜用药浴方法进行麻醉，能够同时满足高效性、安全性和低成本的实际应用要求。通过实验评估丁香酚作为鱼用麻醉剂的麻醉效果，也为将其开发为高效、经济和新型环保的水产麻醉剂获得实验依据。从安全、高效、简捷、易得和价廉的角度筛选鱼用麻醉剂，对比 MS-222 与丁香酚，由于 MS-222 比丁香酚毒性大且价格高，故丁香酚更适宜作为鱼用麻醉剂。

8.1.1.2　鱼的冰镇麻醉作用

药浴麻醉是最常用且最方便的鱼类麻醉方法。通常在室温条件下进行麻醉，鱼的麻醉时间很快，复苏时间也不是很长。MS-222 麻醉剂和丁香酚麻醉剂通常在常温(18～22℃)下进行药浴麻醉。影响鱼麻醉效果的因素很多，包括麻醉剂的种类、麻醉剂的浓度、麻醉环境的温度、复苏环境的温度、pH 值和溶氧量等。其中，麻醉环境的温度与复苏环境的温度是比较重要又比较容易控制的因素。一般麻醉药物的作用原理是首先抑制大脑皮质的活性，从而使得生物体进入痛觉丧失期，再逐步作用于小脑和基底神经节，最后作用于脊髓使生物体达到麻醉的状态[6]。随着生物体自身不断新陈代谢，体内麻醉药物被逐渐分解，生物体缓缓复苏至清醒状态，若采取人工降温手段适当降低生物体代谢速度与神经兴奋性，则可延长复苏时间，还可避免一次性大剂量或多次重复麻醉给生物体带来的安全隐患及多次操作带来的不便。作为低等变温动物，鲤鱼体温随水温变化而变化，无法消耗自身能量维持体温恒定，且在 15℃ 环境生长明显减缓，低于 10℃ 代谢活动水平显著降低，鲤鱼耐寒能力又很强，冬天可在一米多厚冰层下面寒冷水域不进食物而生活。由此提出设想，通过低温麻醉方法降低其代谢水平与氧的消耗以延长复苏时间而不影响生命状态是可以实现的，这样则可满足实验的要求。

根据实验研究，常温（18～22℃）条件下，丁香酚麻醉剂的安全浓度范围不超过 0.48g/L，麻醉鲤鱼的苏醒时间不超过 23min，且接近 18min 时鲤鱼已进入浅麻醉状态，开始有苏醒的迹象，不宜继续进行超过 25min 的实验操作[7,8]。为延长鱼的复苏时间，避免在较长实验中需多次进行麻醉的问题，也有助于较长时间的实验操作，故需要研究一种适宜的麻醉方法。作者将丁香酚药浴麻醉与低温麻醉方法相结合，研究低温环境温度对鲤鱼麻醉效果的影响，提出了一种冰镇麻醉法[7]。冰镇麻醉法是将实验动物先行常规麻醉后冰镇降温以延长其复苏时间的方法。

冰镇麻醉法是先药浴麻醉再冰镇降温。将用颗粒制冰机预先制作的小冰块置于泡沫盒中，将实验鱼进行药浴麻醉至深麻醉状态，再将鱼置于装满冰块的泡沫盒内包埋进行低温处理。选鲤鱼 90 尾。先按照药浴麻醉时的温度，将鲤鱼分成 20℃、10℃、0℃ 三大组，每大组 30 尾鱼。每一大组再按照复苏环境温度分 3 小组，每小组 10 尾鱼。复苏温度与麻醉温度不同的分组，采用分级变温模式降低鲤鱼损伤，如（15-10-5-0）℃表示将鲤鱼在 20℃ 环境麻醉后再依次浸于 15℃、10℃、5℃ 环境中，在 0℃ 环境进行复苏，分级变温阶度方法是按照每次 5℃ 分温度梯度。按照分组将鲤鱼置于盛有不同温度的 0.36g/L 丁香酚溶液的整理箱中药浴麻醉，记录鲤鱼进入麻醉 A3 期[9]的时间。经 5℃ 水温分级降温 3min 后，转移至盛满碎冰的 0℃ 环境手术台固定槽中包埋进行冰镇降温处理。

实验显示，20℃ 麻醉组与 10℃ 麻醉组的鲤鱼都能够苏醒且存活。0℃ 麻醉组鲤鱼中，其中 0℃ 环境复苏小组有 1 尾鲤鱼麻醉致死；10℃ 水温的麻醉温度，都能够苏醒且存活；0℃ 环境能够延长复苏时间且不影响复苏与存活，是比较理想的开颅手术和电极植入的环境温度。应用冰镇麻醉法可以使丁香酚麻醉的鲤鱼复苏时间比室温条件麻醉一般能够延长 3～5 倍，从实际应用情况来看，时间甚至可长达几小时，通常情况下是可以满足实验操作时间的需要。

研究表明，一定范围内，降低复苏环境温度，复苏时间则延长。较高温度的复苏环境能提高鲤鱼代谢水平，加快丁香酚在体内的分解代谢，鲤鱼兴奋性增强，从而缩短复苏时间；而低温的复苏环境不利于丁香酚在鲤鱼体内的分解代谢，加之低温对神经兴奋性的镇定作用，故鲤鱼复苏时间较长。同一复苏温度的鲤鱼相比较，在越低温度麻醉的鲤鱼，复苏时间越长。分析其原因，较低环境温度麻醉的鲤鱼，代谢处于较低水平，神经活动兴奋性较低；而较高环境温度麻醉的鲤鱼，虽也处于麻醉状态，但代谢水平可能相对低温环境麻醉的鲤鱼较高，或者说潜在的恢复能力较强。故可以推测,用同样浓度的麻醉剂溶液将鲤鱼麻醉至同样的程度,较低温环境的麻醉程度要比较高温环境的麻醉程度要更深。冰镇麻醉法中冰可以起到维持复苏环境 0℃的作用,不仅争取了较长的实验操作时间,也降低了手术致死的风险,还可以降低丁香酚浓度、减少资源浪费和降低麻醉剂中毒的风险。当然,温度对水生动物的麻醉效果还与水体 pH、动物种类与大小、麻醉剂品种和浓度等因素有关。将麻醉的鲤鱼中包埋于冰中,该法简捷、长效、节约和实用,还有助于延长复苏时间,可解决长时间实验操作需多次麻醉的实际问题,这对需较长时间操作的实验具有一定的实用价值。

已有文献[10]比较了丁香酚麻醉与降温麻醉鲤鱼的差异,其研究主要以鲤鱼运输的麻醉为目的进行单纯的降温麻醉与丁香酚麻醉之间比较,而本书是提出一种先麻醉再降温以延长复苏时间的方法,两者研究工作的方法和目的是不同的。该法麻醉时间较短及复苏时间较长,对鱼麻醉致死风险大大降低,适用于对鱼进行长时间实验。

根据麻醉过程和复苏过程中鱼的各种生物行为特征及出现的时间,提出了一种鱼的麻醉分期方法,如表 8.2[9]所示。

表 8.2 鱼的麻醉分期

	时期	符号	生物行为特征
麻醉期	1 期	A1	兴奋性略有降低,鳃盖扇动减缓,鱼鳍摆动减弱,翻正反射略有减弱,直立不稳
	2 期	A2	兴奋性明显降低,鳃盖扇动时有出现,鱼鳍时有摆动,翻正反射时有出现,侧翻水中
	3 期	A3	兴奋性基本消失,鳃盖扇动偶有出现,鱼鳍偶有摆动,翻正反射基本消失,侧卧水底

8.1.2 脑损毁实验

为研究脑运动区,采用脑科学常用的脑损毁方法[11]。脑损毁法是在动物麻醉状态下通过损毁脑区以对比损毁组动物和对照组动物生理功能异同的方法。该法就是在麻醉状态下将拟研究的动物脑区进行损毁,待动物复苏后观察动物的生物行为,对比损毁组动物和对照组动物生理功能的异同,通过判断损毁该脑区后动物生理功能的变化以反向推断其所代表的脑功能,因而脑损毁法在脑科学研究方面具有一定的实用价值。在鲤鱼脑科学研究方面,为揭示鲤鱼运动行为控制相关的脑功能区,探索鲤鱼运动控制人工诱导的实现方式及机制,选择了直流电损毁方法进行脑损毁实验。

鲤鱼的脑组织包括端脑、间脑、中脑、小脑和延脑。延脑是生命中枢,损伤延脑易造成鱼的死亡,不适宜进行脑损毁实验。在对鲤鱼颅骨解剖手术后发现,打开颅腔,除去脂肪组织和脑脊液,从颅骨背面的角度只能观察到端脑、中脑和小脑,后端的延脑在结构上是向下向后延伸，也不能通过颅骨切口观察到。因此，应用电损毁法分别损毁鲤鱼的端脑、中脑和小脑的部分区域，待手术恢复后观察其清醒状态下的行为，与对照组比较，研究端脑、中脑和小脑的损毁区域对运动行为的影响，依据被损毁位置对鲤鱼运动行为的影响推断此损毁点所属的运动功能区。

　　鲤鱼脑损毁实验分三组，分别进行端脑、中脑和小脑的损毁。鲤鱼的端脑和中脑均分为左右两部分，功能类似。在端脑上选择左侧 4 个位点进行损毁，将鱼分为 4 小组，每组 6 尾，其中 1 尾作为对照；在中脑上选择左侧 5 个位点进行损毁，分为 5 小组，每组 6 尾，其中 1 尾选为对照；小脑包括小脑瓣和小脑体，在小脑瓣上选择 5 个位点，分为 5 组，每组 6 尾，其中 1 尾为对照，在小脑本体上选择 6 个位点，分 6 组，每组 6 尾，其中 1 尾作为对照。鲤鱼脑损毁位点示意图见图 8.4，其中图 8.4(a) 是端脑损毁位点示意图，图 8.4(b) 是中脑损毁位点示意图，图 8.4(c) 是小脑瓣损毁位点示意图，图 8.4(d) 是小脑损毁位点示意图。

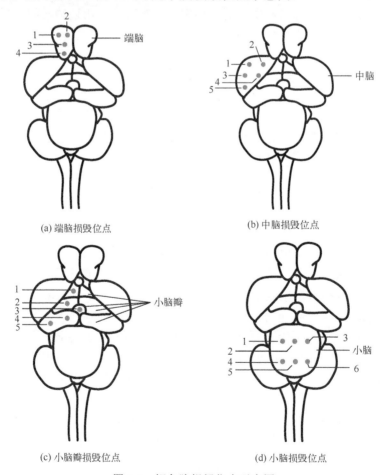

(a) 端脑损毁位点　　　　　　　　　　(b) 中脑损毁位点

(c) 小脑瓣损毁位点　　　　　　　　　(d) 小脑损毁位点

图 8.4　鲤鱼脑损毁位点示意图

　　鲤鱼脑损毁实验中，将鲤鱼麻醉并开颅。将损毁电极与电刺激器的阳极相连，参考电极与电刺激器的阴极相连。借助脑立体定位仪分别将电极植入到各脑损毁位点，实验组通以 60s 的 6V 直流电进行电损毁，对照组在与实验组相同位置植入电极而不通电。脑损毁完成后封闭颅腔。观察鲤鱼在水中的运动行为状态。将实验组与对照组进行对比，根据脑损毁后鲤鱼运动行为变化的情况，推断各损毁位点对应的脑运动区。

　　端脑损毁实验中，对照组和实验组中鲤鱼均能够正常游动。

　　中脑损毁实验中，对照组鲤鱼能够正常游动。实验组鲤鱼，损毁点 1 和 2 的两组鲤鱼，1 组的鲤鱼全部恢复直立状态，游动正常；2 组的鲤鱼 5 尾，其中 1 尾鲤鱼向左倾斜，左转时身体向左倾斜，右转时正常，其余鲤鱼保持直立状态，游动正常；损毁点 3、4 的两组鲤鱼，3 组的鲤鱼向左侧倾斜，左转时身体向左倾斜，右转时正常；4 组的鲤鱼 4 尾左侧倾斜，剩余 1 尾鲤鱼不能直立，身体摇摆，不能完成左右转；损毁点 5 的一组鲤鱼身体摇摆，不能正常游动。

　　小脑损毁实验包括小脑瓣损毁实验和小脑本体损毁实验两部分。小脑瓣损毁实验中，对照组鲤鱼能够正常游动。实验组鲤鱼，损毁点 1、2、4、5 的四组鲤鱼，向左侧即损毁一侧倾斜，左转向时身体保持倾斜状态，右转向保持正常状态，其中 1 组和 4 组分别出现 1 尾鲤鱼两侧摇摆，5 组的 1 尾鲤鱼侧卧水底，在游动时保持侧卧姿态；损毁点 3 的一组鲤鱼 5 尾均出现身体两侧摇摆的现象，其中 1 尾鲤鱼保持直立状态。

　　小脑本体损毁实验中，对照组鲤鱼能够正常游动。实验组鲤鱼，损毁位点 1 和 4 的两组鲤鱼，左侧倾斜，其中 4 组的 1 尾鲤鱼右侧倾斜；损毁位点 3 和 6 的两组鲤鱼，右侧倾斜，其中 3 组的 1 尾鲤鱼两侧摇摆；损毁位点 2 和 5 的两组鲤鱼，两侧摇摆。损毁位点 1、3、4、6 的四组鲤鱼在向损毁侧转向时均发生侧倾，在向未损毁侧转向时动作正常；损毁位点 2 的一组鲤鱼未出现直线向前游动的现象；损毁位点 5 的一组鲤鱼未出现后退。实验组表现出与损毁小脑瓣类似的现象，即鱼体失去平衡，一侧或两侧倾斜，甚至侧卧水底。

　　鲤鱼脑损毁实验中，损毁端脑对鲤鱼运动行为未见有显著影响。损毁中脑的鲤鱼呈现出反应能力减弱的现象，鲤鱼的平衡能力受到影响，表明鲤鱼中脑具有协调运动的生理功能。损毁小脑瓣的鲤鱼呈现出平衡障碍的现象，躯体向左侧或右侧倾斜；损毁小脑左侧，影响左转功能，损毁小脑右侧，影响右转功能，损毁小脑中部的鲤鱼丧失向前游动或后退的能力[12]。

8.1.3　电刺激实验

　　鲤鱼脑运动区的研究，可以采用脑科学研究中常用的电刺激法。通过使用电刺激方法发现脑运动区并进行三维立体定位，同时观察动物运动行为的变化，从而获得脑运动神经核团与运动行为之间的对应关系。鲤鱼的电刺激实验需将电极植入到相应的脑区，应用开颅法暴露脑组织进行电极的植入。开颅法的优点是电极植入精度较高，方便多个电极或电极阵列的植入操作；缺点是对颅脑的损伤较大，易造成出血和感染等，而且颅骨的切口封闭及防水处理有一定的难度。

应用开颅法的鲤鱼电刺激实验方法如下。

(1)鲤鱼麻醉：将鲤鱼药浴麻醉。

(2)开颅手术：将鲤鱼固定在脑立体定位仪及辅助装置上，开颅且暴露脑。

(3)电极植入：借助脑立体定位仪将电极分别植入脑内的相应位点，脑电极与控制平台的电刺激器通过导线相连。

(4)数据测量：应用脑立体定位仪对脑组织各部位的左右侧边缘、前后缘及中间位置进行坐标测量，记录脑组织各部位坐标值并统计。

(5)电极固定：将牙科水门汀滴到电极周围，颅骨切口即封闭，将搭载脑电极的鲤鱼机器人放入水中。

(6)控制实验：将电刺激器打开，刺激信号设置为正负矩形脉冲信号，电压范围 $1 \sim 5V$，频率范围 $1 \sim 10Hz$，重复电刺激 3 次，记录鲤鱼出现明显运动行为的电极植入位置，发现脑运动区并定位，从而获得脑运动区与运动行为之间的对应关系。

鲤鱼脑包括端脑、间脑、中脑、小脑和延脑。通过脑损毁实验，表明损毁端脑、中脑和小脑的鲤鱼行为表现与《鱼类分类学》[13]观点是基本一致的。通过脑损毁实验和电刺激实验两种研究方法，对鲤鱼脑生理功能有了进一步的了解：端脑与眼部和吻部的动作有关；中脑能引起尾鳍摆动和其他鱼鳍伸展；小脑也能引起尾鳍摆动和其他鱼鳍伸展，小脑还是机体活动的主要协调中枢，具有维持机体平衡、协调随意运动和调节肌紧张的生理功能；延脑既是感觉中枢，又是运动中枢，还是中枢神经系统最高级部位与脊髓之间感觉和运动通路的联络转换站，是"生命中枢"。将脑损毁实验与电刺激实验两者结合并相互验证，可以进行推测，与运动行为控制相关的鲤鱼脑运动区在中脑、小脑和延脑都存在。当然，由于实验的样本量还十分有限，加之操作的误差在所难免，因此有关鲤鱼脑科学实验的结果还有待于进一步验证与研究，但通过实验推断脑运动区的这些探索性实验工作还是可以为将来深入研究奠定一定的基础并具有参考价值的。

8.2　脑运动神经核团研究

脑组织中存在一定数量的脑运动神经核团，脑运动神经核团是与运动行为相关的神经核团。为了能够清晰观察脑运动神经核团并进行立体定位，通常采用组织形态学的方法。通过制作组织切片与染色，有助于进行脑运动神经核团的知识发现，确定脑运动神经核团并进行三维立体定位。对动物的体组织进行组织切片制备并染色，一直是研究组织学和细胞生物学的重要生物技术之一。通过组织切片与染色可以直观并准确地在显微镜下观察组织和细胞的结构、形态、确定细胞的位置及属性等，借助显微镜观察且可拍照记录。

组织切片包括石蜡组织切片和冰冻组织切片。石蜡组织切片在显微镜下观察，因其图像质量好和易得到连续切片，因而广泛应用于组织学观察中。相较于冷冻组织切片，石蜡组织切片成功率更高，因此研究鲤鱼脑组织切片时主要采用常规的石蜡切片制作技术。

在鲤鱼脑组织切片制作过程中，将麻醉的鲤鱼固定，在颅骨顶部做一开口并暴露脑，注入中性甲醛固定液浸入脑组织中固定 10 小时，将脑剥离置于中性甲醛固定液中浸泡 24 小时后取出。分别对比观察脑背面结构和腹面结构，使用手术刀做中纵切面观察。在体脑组织浸泡固定的操作比较简单，所获得的脑结构完整，能够较好地保留其原本状态。将固定的脑标本进行分割，鲤鱼脑组织切片取材切割位置如图 8.5 所示。

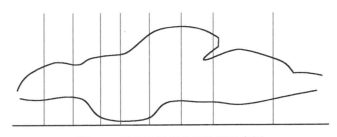

图 8.5 鲤鱼脑组织分割位置示意图

对脑标本进行常规的组织切片制备，依次进行脱水、透明、浸蜡、包埋、切片、染色和封片等制作过程，将组织切片在显微镜下拍照。通过对脑标本进行冠状切割，结合显微镜获得脑组织的显微图像，进而可进行脑神经核团的观察与标定。

8.2.1 端脑运动神经核团研究

对鲤鱼脑标本的端脑做横切，其取材位置和分区如图 8.6 所示。制作鲤鱼端脑横切的组织切片，借助显微镜获得端脑组织显微图像。

鲤鱼端脑位于脑的前端。经组织学观察，鲤鱼端脑基叶的表面上有沟状结构，基叶分为中轴叶、侧叶和楔叶。中轴叶位于端脑的中部与中间的脑室相接处，侧叶位于端脑的侧部，楔叶位于端脑的后侧部。侧叶与楔叶由"Y"状沟隔开，此沟由基叶的腹侧面延伸到端脑背面，其前端分叉成 Y 形；在基叶的腹面嗅沟将侧叶与中轴叶分隔开；在基叶中面，由端脑的前端到后端有一纵沟为界沟。由端脑前部横切面观察，内嗅沟比较明显，嗅沟中面有一嗅束，近于中面的为中嗅束，偏向侧面的为侧嗅束。鲤鱼端脑横切的组织切片图如图 8.7 所示。鲤鱼端脑具有纹状体结构，这是端脑的主要结构，鲤鱼中为原始纹体结构，此结构接收来自于嗅觉器官的上行纤维，而与嗅觉相关信息也从中通过。鲤鱼端脑可能与眼部和吻部的动作行为有关，尚未发现端脑与躯体运动功能有直接的密切关系。

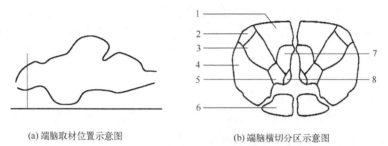

(a) 端脑取材位置示意图　　　　　　　　(b) 端脑横切分区示意图

图 8.6　鲤鱼端脑横切的取材位置和分区示意图

1. 端脑背部内侧区；2. 端脑背部背侧区；3. 端脑背部中央区；4. 端脑背部外侧区；
5. 端脑外侧部腹侧区；6. 视神经；7. 端脑背部腹侧；8. 端脑腹部腹侧区

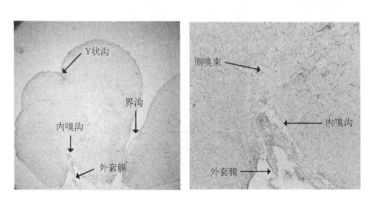

(a) 端脑横切的组织切片图(×40)　　　　(b) 端脑横切的组织切片图(×100)

图 8.7　鲤鱼端脑横切的组织切片图(见彩图)

8.2.2　中脑运动神经核团研究

对鲤鱼脑标本的中脑做横切，中脑横切的取材位置和分区如图 8.8 所示，鲤鱼中脑在间脑背部，分为背部和腹部，由背部的视盖及腹部的中脑基部和大脑脚构成。背部的两视叶向前向两侧突出，遮盖住间脑，整个背部为中脑盖，也称视盖。小脑瓣由后方延伸至视盖与基部之间的中脑，如图 8.9～图 8.13 所示。视盖分两部分，两部相接处的腹面有一纵枕。中脑丘位于中脑基部与视盖相接处，中隆起处于两中脑丘之间。视盖含较多的神经纤维，联合纤维很发达，如视盖联合层(图 8.9(b))，此层纤维通过纵枕连接左右两部的视盖，形成深层联合。视盖分为多个细胞层，层中有多条神经纤维，视盖的功能主要由神经纤维来发挥，视盖既是感觉中心又是视觉中

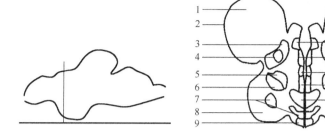

(a) 中脑取材位置示意图　　　　　　　(b) 中脑横切分区示意图

图 8.8　鲤鱼中脑横切的取材位置和分区示意图

1. 视盖联合层；2. 视盖；3. 视神经束；4. 前丘脑核；5. 前圆核；6. 圆核；
7. 外侧隐窝核；8. 丘脑背外侧核；9. 侧球核下部；10. 缰核；
11. 丘脑背内侧核；12. 丘脑腹内侧核；13. 视盖前核；14. 前球核

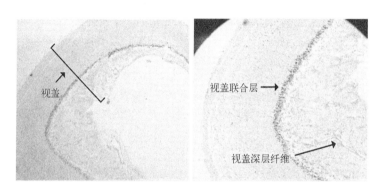

(a) 中脑视盖的组织切片图(×40)　　　　(b) 中脑视盖的组织切片图(×100)

图 8.9　鲤鱼中脑视盖的组织切片图(见彩图)

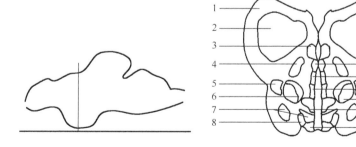

(a) 中脑-小脑瓣取材位置示意图　　　　　(b) 中脑-小脑瓣横切分区示意图

图 8.10　鲤鱼中脑-小脑瓣横切的取材位置和分区示意图

1. 视盖；2. 小脑瓣；3. 缰核；4. 被盖区；5. 扩散核外侧；6. 前圆核；7. 外侧隐窝核；8. 后隐窝核；
9. 丘脑背内侧核；10. 丘脑腹内侧核；11. 视盖前核；12. 圆核；13. 前球核；14. 血囊

心，鲤鱼的视盖视觉功能不发达。纵枕形成一个单独结构。中脑基部含有中脑侧核、扁豆核、峡核、中脑网状核和中脑深核。中脑侧核纤维形成侧纵束，一部分细胞形成峡核，峡核通过纤维与视盖相连，扁豆核处于中脑前部的中隆起内，与视盖有关联，网状核处于中脑腹部与间脑及小脑部分纤维相连，中脑深核处于峡核腹面临近侧纵束。中脑基部内神经核团中，中脑侧核处于中脑丘与小脑瓣相接位置，中脑丘与平衡功能相关，故中脑与运动功能有关。

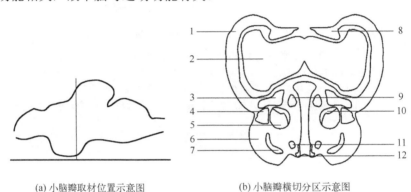

(a) 小脑瓣取材位置示意图　　　　　(b) 小脑瓣横切分区示意图

图 8.11　鲤鱼小脑瓣横切的取材位置和分区示意图

1. 视盖；2. 小脑瓣；3. 被盖区；4. 后丘脑核；5. 圆核；6. 扩散核下叶；7. 外侧隐窝核；8. 纵枕；
9. 丘脑背外侧核；10. 前圆核；11. 后隐窝核；12. 后球核

图 8.12　鲤鱼中脑-小脑瓣横切的组织切片图(×10)(见彩图)

8.2.3　小脑运动神经核团研究

对鲤鱼脑标本的小脑做横切，取材位置和分区如图 8.13 所示。制作小脑组织切片，借助显微镜获得小脑组织显微图像。小脑无脑室和室管膜组织，两侧突出形成侧叶，其中分布有颗粒细胞，是小脑颗粒层的一部分，称为颗粒隆起；小脑腹部有小脑腹脊结构(图 8.14)。通过小脑横切面可观察其有三层细胞结构，最外侧为分子层，细胞较小且分布稀疏，神经纤维较多；分子层往内为蒲氏细胞层，细胞较大且分布稀疏；蒲氏细胞层往内为颗粒层，细胞较小且分布密集(图8.14)。小脑瓣与小脑体相似，也有这三种细胞，因此推断小脑及小脑瓣的功能与此三种细胞有关联性。小脑有与中脑及延脑相连的传入神经纤维和传出神经纤维，有从视盖联合层及中脑侧核发出达小脑的视盖-小脑束，有从小脑蒲氏细胞层发出的分别连接中脑和延脑的小脑-中脑基束，有从中隆起发出的弓状纤维束(叶间联合)来连接小脑的两侧叶。小脑与运动协调和躯体平衡功能有关。

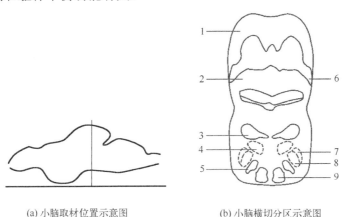

(a) 小脑取材位置示意图　　　　　(b) 小脑横切分区示意图

图 8.13　鲤鱼小脑横切的取材位置和分区示意图

1. 小脑；2. 小脑腹脊；3. 内侧核；4. 面感觉神经根；5. 面运动神经；6. 颗粒隆起；
7. 下行三叉神经根；8. 上行次级味觉神经束；9. 网状结构

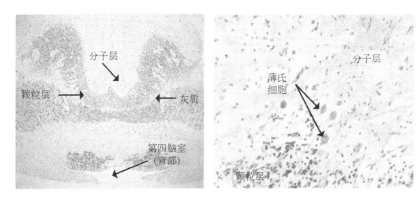

(a) 小脑背侧横切的组织切片图(×40)　　　　(b) 小脑细胞层组织切片图(×100)

图 8.14　鲤鱼小脑横切的组织切片图(见彩图)

　　水生动物的小脑较发达，在躯体运动中发挥重要作用。Donald 等[14]通过电刺激清醒状态下的短吻鳄的小脑，诱发其缓慢的强直运动。对于鱼类来说，小脑是躯体运动的最主要协调中枢，已有研究表明，切除小脑会造成鱼类的躯体平衡和运动功能紊乱，小脑体与小脑瓣越发达的鱼类，其游泳能力越强，行动越敏捷。

　　关于鲤鱼小脑神经核团的区域分布及神经纤维投射通道的研究至今相对较少，因而进行了鲤鱼麻醉状态下的急性实验，在此研究的基础上又进行了鲤鱼清醒状态下的慢性实验。慢性实验显示，若电刺激鲤鱼急性实验中的摆尾高频脑区，则能够诱导鲤鱼转向游动，并出现两种转弯方式：单摆尾转弯与巡游式转弯。两种转弯方式均与刺激频率呈相关性：高频信号刺激脑运动区多诱发鲤鱼的巡游式转弯，低频信号刺激脑运动区多诱发鲤鱼的单摆尾转弯，这与刺激鲤鱼中脑所得的实验结果是一致的。分析其原因可能是，低频信号刺激脑运动区多诱发鲤鱼的单摆尾转弯，随着刺激频率不断增加，鲤鱼的单摆尾频率也随着增加，由于惯性快速的摆尾动作也导致尾鳍向对侧轻微摆动，从而导致鲤鱼既向前同时又向单侧偏向的运动，即鲤鱼出现巡游式转弯的现象。对鲤鱼小脑中线位置给予电刺激，鲤鱼即刻的反应是加速前进，前进速度与电压大小相关，在一定范围内，电压越小，鲤鱼的前进速度也越慢；电压越大，鲤鱼的前进速度也越快，若电压增大超过一定程度，鲤鱼的运动行为则出现异常现象：猛然加速，剧烈挣扎，跃出水面，昏迷甚至死亡。实验表明，给鲤鱼进行电刺激，包括电压在内的电学参数是很重要的，过小或过大的电压均不利于鲤鱼运动行为控制，适宜的控制参数才利于生物行为控制。

　　对比鲤鱼的慢性实验与急性实验，急性实验的结果在慢性实验中可以重复出现，而且鲤鱼的反应更明显，故施加电刺激参数的强度相对要低。由此推测，这可能与鲤鱼意识的清醒程度有关，没有麻醉剂对脑的明显抑制作用，神经系统对外界刺激信号相对更敏感和运动系统活动相对更灵敏迅捷有关。电刺激清醒状态下鲤鱼小脑所诱导的运动行为要比麻醉状态下更复杂和多样，一方面，因为急性实验中在离水状态下鲤鱼的头部和躯体是被固定的，主要观察的是鱼鳍的反应；另一方面，鱼在水下环境中的运动方式是三维立体运动，除了前进、后退、左右转向、转圈和静止的运动形式外，还有上浮和下潜的运动形式。实验中还发现，若刺激延脑的一侧位点，可诱发某些鲤鱼转向刺激位点的异侧，这与刺激小脑诱发鲤鱼转向刺激位点同侧的实验结果有所不同，出现这种现象的原因是什么呢？对此我们做一个科学假设，造成此现象的原因是延脑中的运动神经纤维或传导束在某个区域发生了交叉再向后投射到躯体的对侧，在此基础上进一步设想，感觉神经纤维或传导束也可能在延脑中的某个区域发生交叉再向前投射到脑结构的对侧，即运动神经传导通路与感觉神经传导通路在同一区域发生交叉投射但方向相反，这是一个十分重要的科学问题，尚需通过大量实验进行深入系统地研究并加以确定。

　　在实验中发现一种现象，刺激不同位置脑组织所需要的参数不同。不同脑部相比，如刺激中脑控制鲤鱼出现运动行为所需电压高于刺激小脑控制鲤鱼出现运动行为所需电压；不同脑区相比，如刺激小脑蒲氏细胞层控制鲤鱼转向运动比刺激小脑中线位置控制鲤鱼前进运动所需刺激参数更大。究其原因，可能是不同脑部和不同脑区的神经元兴奋性不同或神经传导通道不同。在实验中发现一个特殊现象，如果靠近小脑的正中线位置电刺激，鲤鱼则会出现"刺激—回弹反应"，刺激—回弹反应是鱼只朝向刺激位点的同侧打转而在刺激停止后又朝向对侧翻转的现象。其机理尚不清楚，初步分析，鱼对外来的强加刺激进行抵抗并在自我意识控制下进行反向矫正，由于需要超过外来刺激引起的力量而会发生矫枉过正，由于矫枉过正而导致其行为向相反方向挣脱，由此出现了"刺激—回弹反应"这一特殊现象，真正的发生机理还需深入研究，这也是一个有趣的研究课题。在实验中还发现，个别鲤鱼在脑电极植入后侧卧于水底，经一定时间的恢复期可以恢复躯体直立，经组织学定位检查发现出现此现象时的脑电极植入较深，可能损伤了小脑下部的延脑。也有文献表明大鼠具有脑组织恢复能力[15]，据此推测鲤鱼可能也具有脑组织损伤后的自我恢复能力，表现为可以恢复直立。极少数鲤鱼在脑电极植入后死亡，可能延脑损伤严重，超过了自我恢复能力，无法自我恢复。已有研究表明，如果损毁鲤鱼延脑的一侧会导致对侧鳃盖的呼吸运动停止，如果损毁延脑的中部会导致两侧鳃盖的呼吸运动都停止，致其死亡。通过已有文献的研究和多次实验的验证，鲤鱼延脑存在着呼吸中枢。

8.2.4　延脑运动神经核团研究

对鲤鱼脑标本的延脑做横切，取材位置和分区如图 8.15 所示。制作延脑组织切片，借助显微镜获得延脑组织显微图像。延脑前部中间为面叶，为一单独结构，两侧是迷叶，面叶与迷叶间有舌咽叶，通过横切面可观察，如图 8.15～图 8.18 所示。延脑汇集由前方组织发出的神经纤维，具有与躯体感觉、运动相关的体部感觉柱、体部运动柱、内脏感觉柱和内脏运动柱。多条神经纤维的集合使得延脑成为鲤鱼的感觉及运动中心，也是鲤鱼的生命中枢[16]。

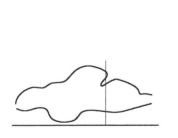
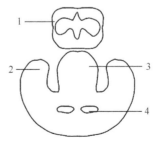

(a) 小脑-延脑取材位置示意图　　　　　　　(b) 小脑-延脑横切分区示意图

图 8.15　鲤鱼小脑-延脑横切的取材位置和分区示意图

1. 小脑；2. 迷叶；3. 面叶；4. 舌咽运动核

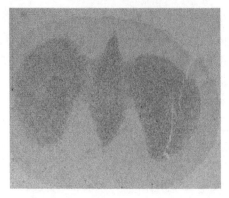

图 8.16　鲤鱼小脑-延脑横切的小脑部分组织切片图(×40)(见彩图)

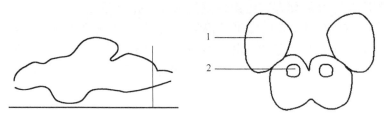

(a) 延脑取材位置示意图　　　　　(b) 延脑横切分区示意图

图 8.17　鲤鱼延脑横切的取材位置和分区示意图

1. 迷叶；2. 罗氏核

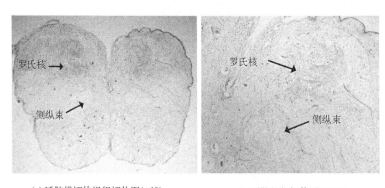

(a) 延脑横切的组织切片图(×40)　　　(b) 延脑组织切片图(×100)

图 8.18　鲤鱼延脑横切的组织切片图(见彩图)

　　鲤鱼间脑中的神经核团较少，神经纤维分布较广。上丘脑中的主要核团为缰核，由缰核发出纤维联系上丘脑各部，并与端脑及中脑视盖通过神经纤维进行联系；丘脑主要有侧膝核、前丘脑核、后丘脑核、圆核等，几个核团在分布位置上有一定相关性，使其在功能发挥上具有一定联系；下丘脑主要有前球核、腹球核、扩散核等。

鲤鱼脑下垂体为内分泌腺，处于间脑的腹面。鲤鱼的间脑属于鼻脑的一部分，可为嗅觉能力的发挥起到一定作用，但尚未发现与运动功能有直接关系。

通过鲤鱼脑部大体解剖结构及内部组织结构的辨识与分析，鲤鱼脑结构仍为一个比较复杂的网络结构，构成此网络结构的神经核团及其所发出的神经纤维等将脑联系为一个整体，鲤鱼脑的各部结构具有不同的生理功能及工作分工，但又通过神经纤维互相关联而构成神经网络结构，其机体功能的调控是由不同脑功能区共同协作相互配合来完成。

8.3　脑运动神经核团与运动行为对应关系研究

脑运动神经核团与运动行为对应关系是生物机器人运动行为控制的核心科学问题。获得脑运动神经核团与运动行为之间对应关系可以通过电刺激脑实验和脑损毁实验两个实验方法来实现。通过实验观察动物运动行为的变化，再将两个实验结合进行相互验证，可以探知与运动行为控制相关的脑运动区，从而获得脑运动神经核团与运动行为的对应关系。为研究鲤鱼脑运动神经核团与运动行为的对应关系，采取电刺激方法，将多个电极分别植入到鲤鱼端脑、中脑和小脑的多个指定位点。在鲤鱼麻醉状态下观察电刺激鲤鱼的运动行为反应，记录鲤鱼出现运动行为的脑电极植入位点坐标参数和电刺激参数；在鲤鱼清醒状态下观察电刺激鲤鱼的运动行为反应，记录鲤鱼出现运动行为的脑电极植入位点坐标参数和电刺激参数。利用阳极电流标记法对引起鲤鱼明显动作行为的脑组织刺激位点进行标记，通过普鲁士蓝反应使刺激位点显色，摘取鱼脑并固定脑标本，制作脑组织切片并进行染色，确定植入电极刺激点在脑组织中的位置，发现支配运动的脑神经核团，确定各神经核团的三维参数。为定位脑运动神经核团，采用化学刺激方法以确定引起鲤鱼运动行为的是神经元细胞体还是神经纤维束。

8.3.1　端脑运动神经核团与运动行为关系研究

应用脑立体定位仪对鲤鱼端脑进行定位，记录标志点与原点的相对坐标位置，为脑电极的端脑植入位置提供参考，开颅时根据所选脑区坐标进行操作。在刺激鲤鱼端脑实验中，刺激端脑相应位点时，主要现象是鲤鱼展现眼部和吻部的动作行为，未见躯体其他部位的运动，与损毁端脑的鲤鱼未表现出巡游运动异常的现象相一致。结合脑损毁实验的结果，损毁端脑，鲤鱼的躯体动作行为并未受显著影响，与鲤鱼同属硬骨鱼类的其他鱼，其端脑各神经核团的细胞群与神经核团的纤维束极大部分与嗅觉相关。有文献表明，有的鱼端脑出现了小部分的体区[17]。由此推断，鲤鱼的端脑可能与眼部和吻部的动作行为有关。表 8.3 是电刺激端脑部分位点的鲤鱼运动行为表现，以此可知不同位点的端脑运动神经核团与运动行为的关系。

表 8.3　电刺激端脑部分位点的鲤鱼运动行为表现

X/mm	Y/mm	Z/mm	反应
10.36	0	−15.28～−18.28	无反应
10.36	0.50	−15.65	嘴部多次张合
10.36	1.00	−15.62	嘴部张合
10.36	1.50	−15.67	嘴部张合
10.36	2.00	−15.31～−18.35	无反应
10.86	0	−17.45	嘴部张合
10.86	0.50	−15.97	嘴部张合
10.86	1.00	−16.14	嘴部张合，眼球内缩
10.86	1.50	−15.83	嘴部张合，眼球内缩
10.86	2.00	−15.66	嘴部张合，眼球内缩

8.3.2　中脑运动神经核团与运动行为关系研究

应用脑立体定位仪对鲤鱼中脑进行定位，记录标志点与原点的相对坐标位置，为脑电极的中脑植入位置提供参考，开颅时根据所选脑区的坐标进行操作。在刺激鲤鱼中脑实验中，刺激中脑相应位点时，主要现象是鲤鱼的尾部摆动及尾鳍展开。摆尾运动包括单侧摆尾和双侧摆尾，尾部摆动时多伴随着尾鳍展开，尾鳍的展开及展开的幅度可能与所支配肌肉的数量和收缩强度有关，当尾鳍肌肉收缩时尾鳍则往往伴随着展开。观察到的摆尾运动大多为单侧摆尾，且主要表现为向中脑位点受刺激一侧摆尾，偶尔出现向非刺激侧摆尾。表 8.4 是电刺激中脑部分位点的鲤鱼运动行为表现，以此可知不同位点的鲤鱼中脑运动神经核团与运动行为的关系。

表 8.4　电刺激中脑部分位点的鲤鱼运动行为表现

X/mm	Y/mm	Z/mm	反应
9.35	1.50	−16.45	左右摆尾
9.35	2.00	−16.40	右摆尾
8.85	2.00	−17.86	右摆尾
8.85	3.00	−18.26	右摆尾
8.85	4.00	−19.57	右摆尾
8.35	1.50	−16.48	右摆尾
7.85	3.50	−16.55	右摆尾
7.35	3.50	−18.08	左摆尾
7.35	3.50	−19.17	右摆尾

对能够诱发鲤鱼明显动作行为的中脑电刺激位点，应用普鲁士蓝法进行标记，

再进行心脏灌流，取出鱼脑并进行脑标本固定，制作脑组织切片，显微镜下观察。根据脑结构、神经核团及神经纤维对标记位点所属脑区进行识别。大多数能够引起鲤鱼出现明显动作行为的有效刺激位点集中于中脑的视盖和侧纵束。中脑有效刺激位点标记位置的鲤鱼数目统计，如表 8.5 所示。

表 8.5　中脑有效刺激位点标记位置的鲤鱼数目统计($n=20$)

标记位置	中脑	
	视盖	侧纵束
数量/尾	14	18

　　根据标记的刺激位点及观察的运动形式，刺激中脑视盖主要能够引起鲤鱼躯体转向等运动，也观察到有眼部运动的现象。从脑组织切片中观察，侧纵束所延伸的范围较广，从中脑到延脑的横切面都可见到；侧纵束由中脑侧核发出，中脑侧核在中脑中较发达，从中脑最前部延伸到最后部，如图 8.19 所示。

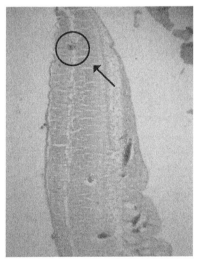 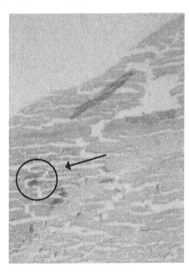

(a) 视盖有效刺激位点(×40)　　　　　　(b) 侧纵束有效刺激点(×40)

图 8.19　鲤鱼中脑有效刺激位点标记(见彩图)

　　损毁中脑部分区域，大部分麻醉的鲤鱼在苏醒后不能在水中保持直立状态，表现出向一侧倾倒或两侧来回摇摆的现象，严重者甚至表现为侧卧水底的现象。电刺激中脑视盖及视盖腹部的中脑基部都会引起鲤鱼尾鳍的摆动，刺激以上区域的一些位点可以出现转向运动及前进运动。根据脑损毁实验和电刺激实验推测，鲤鱼中脑中应含有与鱼体平衡及与游泳运动相关的脑区。有学者在金鱼运动控制研究中也发现中脑内侧纵束区与游泳运动相关[18]。通过实验研究发现这样的现象，刺激中脑视盖、中脑丘和侧纵束区域均能引起鲤鱼躯体的运动。通过组织学观察也发现，中脑丘含有中脑侧核，中脑侧核的神经纤维形成侧纵束，中脑侧核的一部分细胞形成峡核，峡核的神经纤维延伸至视盖，这几个区域在结构上是有所联系的。有研究认为，中脑侧核是与鲤鱼游泳运动相关的中心。视盖区域是视觉与非视觉外来感觉的相关中心，接受较多的神经冲动，因此其传导途径可能为视盖将神经冲动通过神经纤维投射至峡核，峡核是中脑侧核的一部分，中脑侧核通过解析所传导的神经信号对鲤鱼运动行为进行控制。根据实验研究并结合文献进行推论，中脑侧核可能为鲤鱼的游泳运动中枢，与鲤鱼的运动行为有着密切关系。

8.3.3　小脑运动神经核团与运动行为关系研究

应用脑立体定位仪对鲤鱼小脑进行定位，记录标志点与原点的相对坐标位置，为脑电极的中脑植入位置提供参考，开颅时根据所选脑区坐标进行操作。对能够诱发鲤鱼明显动作行为的小脑电刺激位点，应用普鲁士蓝法进行标记，再进行心脏灌流，取出鱼脑并固定脑标本，制作脑组织切片，显微镜下观察。根据脑结构、神经核团及神经纤维对标记位点所属脑区进行识别。能够引起鲤鱼出现明显动作行为的有效刺激位点主要集中于小脑瓣和小脑本体，小脑有效刺激位点标记位置的鲤鱼数目统计，如表 8.6 所示。

表 8.6　小脑有效刺激位点标记位置的鲤鱼数目统计(n=20)

标记位置	小脑瓣	小脑本体
	蒲氏细胞层	蒲氏细胞层
数量/尾	14	17

小脑瓣处于中脑两部中间及腹部位置，其含有与小脑中相同的三层细胞结构。通过实验发现，刺激小脑本体或小脑瓣的蒲氏细胞层均可引起鲤鱼运动行为的发生。刺激小脑本体或小脑瓣主要表现为鲤鱼的尾鳍摆动与伸展，尾部摆动与刺激中脑的现象类似，分为单侧摆动和双侧摆动。刺激小脑中线位置的多引起双侧摆尾，偶尔也出现单侧摆尾，分析偶尔出现单侧摆尾的原因可能是脑电极的位置发生了微小的位移；刺激不在中线位置的大多引起向刺激侧的摆尾，但也会出现双侧摆尾及向非刺激侧单摆尾，分析出现双侧摆尾及向非刺激侧单摆尾的原因可能也是脑电极的位置发生了微小的位移。表 8.7 是电刺激小脑部分位点的鲤鱼运动行为表现，由此可知不同位点的鲤鱼小脑运动神经核团与运动行为的关系。

对电刺激中能够引起鲤鱼尾部运动及鱼鳍伸展的有效刺激点进行刺激，观察其水中的实际运动模式。选取小脑(小脑瓣和小脑本体)的有效刺激点进行鲤鱼运动行为的观察，在小脑蒲氏细胞层(小脑瓣和小脑本体)进行标记。图 8.20 为有效刺激位点在鲤鱼脑部结构的示意图；图 8.21 为鲤鱼小脑有效刺激位点的标记，显示脑电极在小脑蒲氏细胞层的植入位点。蒲氏细胞层处于小脑中的分子层与颗粒层之间，细胞层尚不健全，仅能观察到分布无规律的体积较大细胞，与分子层和颗粒层能够区分开。

表 8.7　电刺激小脑部分位点的鲤鱼运动行为表现

X/mm	Y/mm	Z/mm	反应
0.34	0	−15.05	左摆尾
0.34	0	−15.56	左右摆尾
0.34	1.5	−14.95	右摆尾
0.34	1.5	−16.13	鱼鳍展开
1.84	0	−16.09	左右摆尾
1.84	0	−16.51	右摆尾
1.84	1.5	−15.74	左摆尾
2.84	−1.0	−15.18	右侧摆尾

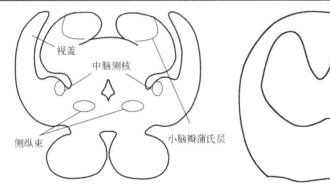

图 8.20　有效刺激位点在鲤鱼脑部结构的示意图

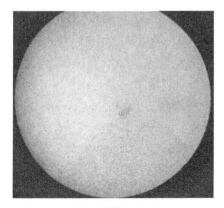
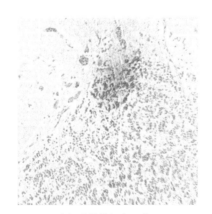

(a) 小脑横切(×40)　　　　　　　　(b) 小脑横切(×100)

图 8.21　鲤鱼小脑有效刺激位点的标记(见彩图)

损毁小脑和电刺激小脑的结果与中脑相似。损毁小脑部分区域，大部分麻醉的鲤鱼在苏醒后在游动或转向时出现侧倾现象。电刺激小脑会引起尾部摆动及尾鳍伸展，能够控制其在水中转向、前进和后退。硬骨鱼类的小脑有调节骨骼肌紧张性的作用，而通过实验也发现损毁小脑部分位点后鱼体出现弯曲的现象，也就是说鱼体两侧的骨骼肌紧张性发生了改变，这与已有文献的观点一致。依据损毁小脑和电刺激小脑的实验及文献来看，鲤鱼小脑与调节肌紧张、维持身体平衡、控制运动行为有着密切的关系。

刺激小脑大部分区域都会引起其躯体的运动，然而小脑内并未发现较为明显的神经核团，但却有较为丰富的神经纤维，如中脑-小脑束。中脑-小脑束分为前后两部分，前部为视盖-小脑束，起始于视盖联合层及中脑侧核；后部为中脑基-小脑束，起始于中脑扁豆核，并与中脑侧核相连达于小脑；前部接收视盖发出的神经冲动，后部与中脑侧核有功能上的联系,而此部分神经纤维是由小脑的蒲氏细胞层所发出。通过标记刺激位点的实验方法发现，刺激小脑的蒲氏细胞层能够引起鲤鱼的尾部摆动。小脑瓣的结构与小脑类似，同样也具有蒲氏细胞层，在功能上与小脑本体类似。基于此提出设想，小脑蒲氏细胞层可能为鲤鱼的身体平衡中枢，其神经通路可能为：中脑视盖作为鲤鱼视觉与非视觉的外来感觉中心接收外界刺激，通过神经纤维将神经冲动分别传递到中脑侧核和小脑蒲氏细胞层，蒲氏细胞层通过神经纤维与中脑侧核相连，蒲氏细胞层发出的下行神经束、中脑侧核发出的侧纵束分别达于延脑，再与脊髓相连，两者将传递的神经冲动进行解析，通过下行神经束及侧纵束将信号传递到脊髓，脊髓发出运动神经纤维支配骨骼肌，从而发挥作用控制鲤鱼的运动行为。当然这个设想也还需进一步的深入研究来检验。

电刺激鲤鱼所诱导的运动行为是由兴奋下行运动纤维束还是由刺激神经元胞体引起的？这是一个科学问题。为判断并确认电刺激鲤鱼所诱导的运动行为是由兴奋下行运动纤维束还是由刺激神经元胞体而引起的结果，应用化学刺激性方法检验。依据 L-谷氨酸钠浓度不同将鲤鱼分为 5 组：0.01mol/L、0.1mol/L、0.5mol/L、1mol/L谷氨酸钠溶液组、对照组(生理盐水)，每组 10 尾。借助微量注射器在小脑和延脑迷叶出现摆尾动作的高频位点，分别注射 0.2 μl 的 0.01mol/L、0.1mol/L、0.5mol/L、1mol/L 谷氨酸钠溶液、生理盐水，再进行离水电刺激实验诱导鲤鱼产生动作，确定诱导鲤鱼运动的谷氨酸钠适宜浓度。向小脑和延脑迷叶注射谷氨酸钠和滂胺天蓝，离水状态电刺激后再进行组织切片制备，通过形态学观察诱导运动行为的刺激位点在小脑和延脑迷叶神经元胞体中，利用化学刺激方法对诱导鲤鱼产生动作的小脑和延脑迷叶内的刺激位点验证与评估。

向鲤鱼小脑(3.03,−3.63,−20.59) 出现摆尾动作的高频位点注射谷氨酸钠溶液，主要出现左摆尾动作，出现左摆尾动作的概率从高到低依次为 0.01mol/L、0.1mol/L、0.5mol/L、1mol/L 谷氨酸钠溶液组；向鲤鱼延脑迷叶(−1.03,−11.48,−23.37) 出现摆尾动作的高频位点注射谷氨酸钠溶液，主要出现左摆尾动作，出现左摆尾动作的概率从高到低依次为 0.01mol/L、0.1mol/L、0.5mol/L、1mol/L 谷氨酸钠溶液组。从效果看，0.1mol/L、0.5mol/L、1mol/L 谷氨酸钠溶液组鲤鱼出现的摆尾动作没有 0.01mol/L 谷氨酸钠溶液组的现象明显且稳定，因此诱导鲤鱼运动的适宜的谷氨酸钠浓度为 0.01mol/L。向小脑和延脑迷叶注射溇氨天蓝溶液，鲤鱼出现左摆尾动作的溇氨天蓝标记点显示在小脑和延脑迷叶的左侧Ⅵ神经核处，鲤鱼出现右摆尾动作的溇氨天蓝标记点显示在小脑和延脑迷叶的右侧Ⅵ神经核处，组织形态学观察到电刺激引起的鲤鱼运动行为是刺激了神经元胞体的结果。通过对鲤鱼行为学的实验检测，确定了诱导鲤鱼动作行为的适宜 L-谷氨酸浓度为 0.01mol/L[19]。通过向小脑和延脑迷叶注射不同浓度的谷氨酸钠溶液，使小脑和延脑迷叶神经元兴奋，诱导鲤鱼产生动作行为。化学刺激小脑诱发的鲤鱼摆尾动作如图 8.22 所示，溇氨天蓝标记的鲤鱼摆尾的小脑刺激位点如图 8.23 所示。

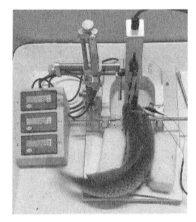

(a) 鲤鱼左摆尾

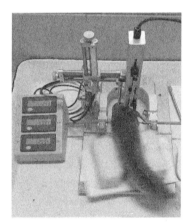

(b) 鲤鱼右摆尾

图 8.22　化学刺激小脑诱发的鲤鱼摆尾动作

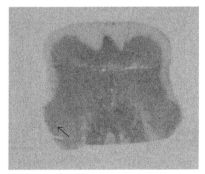

(a) 左摆尾刺激位点(箭头所指)

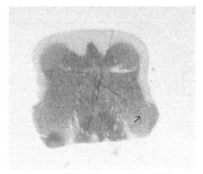

(b) 右摆尾刺激位点(箭头所指)

图 8.23　溇氨天蓝标记的鲤鱼摆尾的小脑刺激位点(×15)(见彩图)

电刺激鲤鱼小脑和延脑迷叶胞体可以诱发鲤鱼的运动,即鲤鱼小脑和延脑迷叶存在运动控制功能区。注射谷氨酸钠溶液后,诱发鲤鱼动作行为比注射生理盐水的现象要明显且稳定,故推测鲤鱼小脑和延脑迷叶运动区可能存在谷氨酸能神经元。向小脑和延脑迷叶注射谷氨酸钠与滂氨天蓝,制备组织切片,通过组织形态学观察到诱导鲤鱼产生运动行为的刺激位点在小脑和延脑迷叶的神经元胞体,应用化学刺激方法进行了对诱导鲤鱼产生动作的小脑和延脑迷叶的刺激位点进行了验证与评估。随着谷氨酸钠溶液浓度的逐渐升高,鲤鱼摆尾动作的概率逐渐下降,由此推测这种现象可能是由于谷氨酸钠浓度越高而对脑组织的刺激性就越大,则造成的脑组织损伤也越大。有关谷氨酸钠与鲤鱼运动行为调控之间的"量－效"关系还有待进一步研究。谷氨酸钠对生物行为的影响根据动物的不同而有所不同的。谷氨酸钠会抑制小鼠的分辨学习能力和记忆能力,不同浓度的谷氨酸钠对其分辨学习能力和记忆能力下降的影响不同,0.25g/kg 谷氨酸钠使其分辨学习能力和记忆能力下降,0.5g/kg 和 1.0g/kg 的谷氨酸钠使其分辨学习能力和记忆能力显著下降[20]。向蟾蜍脊髓灰质腹角注射 0.1mol/L 谷氨酸钠溶液,对其腓肠肌收缩的影响相对明显,可以促进腓肠肌的收缩[21]。应用化学刺激性方法可以进行研究与检验。

8.3.4　延脑运动神经核团与运动行为关系研究

应用脑立体定位仪对鲤鱼延脑进行定位,记录标志点与原点的相对坐标位置,为在延脑确定脑电极植入位置提供参考,在开颅时根据所选脑区的实际坐标位置进行操作。电刺激实验发现,刺激延脑能够引起鲤鱼运动行为的改变。根据所得的鲤鱼脑图谱可知 V 神经核、VI 神经核、VII 神经核及VIII神经核的三维立体坐标值,将脑电极分别植入各个脑神经核团的位置,通过脑电极进行电刺激。电刺激延脑迷叶神经核团的鲤鱼运动行为表现如表 8.8 所示。

表 8.8　电刺激延脑迷叶神经核团的鲤鱼运动行为表现(n=10)

核团	电压/V	运动形式及百分比
V 神经核	9	背鳍扇动,身体倾斜,无规律游动
VI 神经核(左)	7	左转向 75%
VI 神经核(右)	9	右转向 72.5%
VII 神经核	9	前进运动 65%,左转向 10%,右转向 5%
VIII 神经核	10	背鳍抖动,无规律游动
莫氏纤维	13	鱼体倾斜,翻滚游动

对刺激位点的组织学观察,电极准确植入延脑 V 神经核、VI 神经核、VII 核神经核和VIII神经核(图 8.24)。通过离水浅麻醉状态电刺激脑调控动作实验和水下自由状

态电刺激脑诱导实验，探索了延脑内Ⅴ神经核、Ⅵ神经核、Ⅶ核神经核、Ⅷ神经核功能。

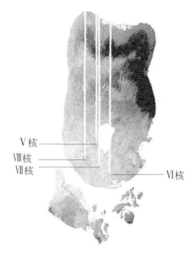

图 8.24　脑电极植入位点图（×10）

图 8.25 为化学刺激延脑迷叶诱发的鲤鱼摆尾动作。图 8.26 为滂氨天蓝标记的鲤鱼摆尾的延脑迷叶刺激位点，通过观察组织切片，可以看到产生左右摆尾动作的刺激位点的滂氨天蓝标记。

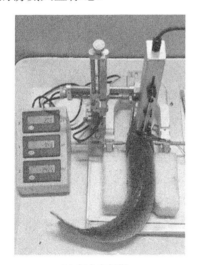
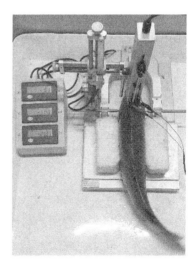

(a)　鲤鱼左摆尾　　　　　　　　　　　(b)　鲤鱼右摆尾

图 8.25　化学刺激延脑迷叶诱发的鲤鱼摆尾动作

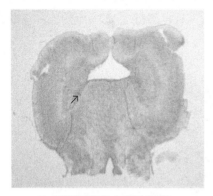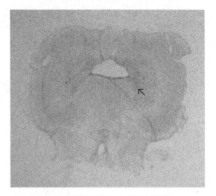

(a) 左摆尾刺激位点(箭头所指)　　　　　　　　(b) 右摆尾刺激位点(箭头所指)

图 8.26　滂氨天蓝标记的鲤鱼摆尾的延脑迷叶刺激位点(×15)(见彩图)

将电刺激和化学刺激实验进行相互印证并结合文献，研究与分析延脑部分神经核团与运动行为之间的对应关系，进行如下推论：延脑 V 神经核位于延脑腹侧部侧纵束的中面，由 V 神经核发出的神经纤维达于延脑侧面之外，运动纤维横穿中纵纤维束，通过此束与小脑连接，小脑与鲤鱼的平衡系统有密切关联，当刺激延脑 V 神经核时鲤鱼背鳍扇动，鲤鱼的背鳍具有维持身体平衡的作用，据此推测延脑 V 神经核可能与鲤鱼身体平衡的控制有关。

延脑 VI 神经核位于延脑腹部起首，左右各有一核。VI 纤维束由 VI 神经核向后发出伸出延脑的腹面，穿过中纵束的腹部，中纵束联系整个脑组织，左右两核各有一部分纤维互相连接。当刺激 VI 神经核时，刺激信号则可能通过中纵束将信号传给莫氏纤维，进而调控鲤鱼产生左转向或右转向的动作行为，若刺激左侧 VI 神经核或右侧 VI 神经核则可引起单侧的摆尾动作行为。从电刺激实验看，刺激延脑左侧 VI 神经核可控制鲤鱼的左转向运动，刺激延脑右侧 VI 神经核可控制鲤鱼的右转向运动。

延脑 VII 神经核位于延脑中部，在延脑中部的两侧，在第四脑室之侧，小脑腹脊的腹面，穿过中纵束的腹部，莫氏纤维与其有连接。当刺激 VII 神经核时，刺激信号则可能通过中纵束传输至莫氏纤维，由于莫氏纤维与鱼体平衡及尾部摆动有关，因此刺激 VII 神经核则可引起鲤鱼双侧的摆尾动作行为，鲤鱼出现前进运动的现象。从电刺激实验看，刺激延脑 VII 神经核能够控制鲤鱼的前进运动。

延脑 VIII 神经核位于小脑腹脊的腹面，由内耳前庭神经节而来，大部分纤维向前达于小脑，向后达于 VIII-侧线突，形成平衡区。当刺激 VIII 神经核时，刺激信号可传输到平衡区，鲤鱼则可出现身体失衡的行为。从电刺激实验看，刺激延脑 VIII 神经核，鲤鱼出现倾斜和背鳍抖动的现象，据此推测延脑 VIII 神经核可能与鲤鱼身体平衡的控制有关。

为判断电刺激鲤鱼所诱导的运动行为是由于兴奋下行运动纤维束还是由于刺激

神经元胞体而引起的结果,应用化学刺激性实验进行了检验。在鲤鱼小脑和延脑迷叶的细胞构筑方面,通过向鲤鱼的小脑和延脑迷叶内注射不同浓度的谷氨酸钠溶液,使鲤鱼小脑和延脑迷叶神经元兴奋,诱导鲤鱼产生动作行为,确定出诱导鲤鱼运动的谷氨酸钠适宜浓度。通过向鲤鱼的小脑和延脑迷叶注射谷氨酸钠与溦氨天蓝,通过组织形态学观察到诱导鲤鱼产生运动行为的刺激位点在小脑和延脑迷叶的神经元胞体,应用化学刺激方法实现了对诱导鲤鱼产生动作的小脑和延脑迷叶的刺激位点的验证与评估。

　　将电刺激方法和化学刺激方法的研究结果进行相互印证,并结合有关的科技文献,分析与推断出控制运动行为的鲤鱼脑运动神经核团,初步揭示出鲤鱼脑运动神经核团与运动行为之间的对应关系,可为鲤鱼机器人的运动行为控制提供一定的实验依据和理论指导。

参 考 文 献

[1]　洪德元. 迎接生命科学世纪的挑战——生命科学发展战略调研报告. 中国青年科技[J], 2000, 23(1): 46-50.

[2]　秉志. 鲤鱼解剖[M]. 北京: 科学出版社, 1960.

[3]　秉志. 鲤鱼组织[M]. 北京: 科学出版社, 1983.

[4]　Hoskonen P, Pirhonen J. Temperature effects on anaesthesia with clove oil in six temperature zone fishes[J]. Journal of Fish Biology, 2004, 64(4): 1136-1142.

[5]　Yong P, Yunhui W, Li X L, et al. Experimental study on anesthetic effects of eugenol on carassius auratus[C]. 2011 International Conference on Electronics and Optoelectronics, 2011, 1(6): 343-346.

[6]　李思发. 鱼类麻醉剂[J]. 淡水渔业, 1988, 18(1): 22-23.

[7]　姜斌. 面向水生动物机器人的鲤鱼行为控制基础研究[D]. 秦皇岛: 燕山大学, 2013.

[8]　武云慧. 水生动物机器人脑控制技术的研究[D]. 秦皇岛: 燕山大学, 2010.

[9]　彭勇, 刘哲, 武云慧, 等. 乌拉坦对鲫的麻醉效果[J]. 大连海洋大学学报, 2011, 26(6): 554-559.

[10]　张福林. 丁香酚对鲤鱼麻醉作用的研究[D]. 贵阳: 贵州大学, 2008.

[11]　刘芳, 李葆明. 学习和记忆研究用的脑区功能损毁和失活方法[J]. 中国行为医学科学, 2006, 15(3): 222-223.

[12]　沈伟超. 基于电刺激的鲤鱼机器人脑运动区定位及组织学研究[D]. 秦皇岛: 燕山大学, 2016.

[13]　李明德. 鱼类分类学. 第 2 版[M]. 北京: 海洋出版社, 2011.

[14]　Donald C, Goodman D C, Johnt S. Cerebellar stimulation in the unrestrained and unanesthetized alligator[J]. Journal of Comparative Neurology, 1960, 114(2): 127-135.

[15] Chen J, Li Y, Wang L, et al. Therapeutic benefit of intravenous administration of bone marrow stromal cells after cerebral ischemia in rats[J]. Stroke. 2001, 32(4): 1005-1011.

[16] 王婷婷. 基于 MRI 增强造影的鲤鱼脑运动区定位与三维重建[D]. 秦皇岛：燕山大学, 2019.

[17] 方静, 樊均德, 陈玥. 齐口裂腹鱼脑内 5-羟色胺免疫组织化学的定位观察[J]. 水生生物学报, 2012, 36(1): 143-147.

[18] Kobayashi N, Yoshida M, Matsumoto N, et al. Artificial control of swimming in goldfish by brain stimulation: confirmation of the midbrain nuclei as the swimming center[J]. Neuroscience Letters, 2009, 452: 42-46.

[19] 韩晓晓. 鲤鱼小脑和延脑迷叶脑图谱构建及细胞构筑的研究[D]. 秦皇岛：燕山大学, 2019.

[20] 刘晓丽, 霍展样, 刘世峰, 等. 谷氨酸钠对小鼠学习记忆能力及海马 CA1 区细胞数的影响[J]. 新乡医学院学报, 2002, 19(3): 175-177.

[21] 陆长亮, 张晓萌, 祝建平, 等. 向蟾蜍脊髓灰质腹角注射谷氨酸钠对腓肠肌收缩的影响[J]. 动物学研究, 2010, 31(1): 94-98.

第9章 水生生物机器人电刺激控制

人类进行生物控制是当今世界一个崭新的前沿高科技应用领域。生物机器人是人类通过生物控制技术使其运动行为受人类操纵的生物。当今生物机器人的控制方式主要有电刺激、光刺激、声刺激、磁刺激、机械刺激和化学刺激等，其中，电刺激控制是生物机器人的主要控制方式。电刺激控制可以采用有线控制和无线控制两种方式。

9.1 水生生物机器人有线控制

根据基础研究与实验观察的需要，水生生物机器人有离水电刺激控制和水下电刺激控制两种类型。

9.1.1 鲤鱼机器人离水电刺激控制

水生生物生活在水中，但对于鱼类来说，要想获知其运动行为方面的知识，一方面可以通过水下的运动行为状态来观察，另一方面还可以通过离水的运动行为状态来观察。尤其从生物控制角度来看，应用离水电刺激控制实验来了解脑运动区与运动行为的对应关系也是一种新颖的实用的研究方法和实验手段。通过电刺激指定的脑运动区来观察运动器官是否有动作行为的改变及何种状态的改变，以此推测对应的脑运动区的生理功能。

9.1.1.1 鲤鱼机器人离水有线电刺激控制

鲤鱼机器人离水有线电刺激控制实验以电刺激鲤鱼小脑为例。为获得鲤鱼小脑出现相应动作的脑控制位点坐标，将鲤鱼按照脑损毁实验 3 个探查位点分别植入脑电极进行实验分组：小脑左侧区组、小脑右侧区组、小脑中间区组。将自主研发的鲤鱼脑立体定位辅助装置[1]置于脑立体定位仪上搭配使用。将浅麻醉的鲤鱼固定在辅助装置上进行开颅手术，暴露脑，按照脑损毁实验 3 个探查位点分别植入脑电极，将脑电极固定于脑立体定位仪夹持杆上，将电极植入小脑运动区，再将电子刺激仪输出端正极连接刺激电极，输出端负极连接参考电极，参考电极插入颅腔内。在离水状态下将刺激电极从小脑表面推进，每推进 0.1mm 进行一次电刺激。电刺激仪参数设定为：正脉冲+负脉冲，连续波变压输出，电压为 3V，持续时间为 3s，将连续波变压输出设定为按 0.5V 递增，每隔 30s 刺激一次，直到鲤鱼开始出现动作作为刺激阈值，当鲤鱼出现明显动作时记录坐标参数。或以鲤鱼出现明显动作时的刺激强度确定为最大刺激强度，随后将刺激强度以 0.5V 幅值递减得到最小刺激强度，从而得到刺激阈值。每个刺激位点重复刺激 3 次。观察电刺激小脑不同位点诱发的鲤鱼动作行为，选取成功率高的刺激位点(图 9.1)，根据小脑探查位点的位置进行电刺激。此外也用同样方法对鲤鱼延脑探查位点的位置进行电刺激(图 9.1)，实验表明离水电刺激方法对鲤鱼延脑的研究也适用。

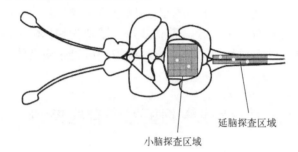

延脑探查区域

小脑探查区域

图 9.1　鲤鱼小脑和延脑的探查区域

通过实验发现，在浅麻醉状态下分别电刺激鲤鱼小脑的左侧区、右侧区和中间区，可以分别诱发出鲤鱼出现左摆尾、右摆尾和双侧摆尾的动作行为(图 9.2)。

(a) 鲤鱼左摆尾　　　　　　　　　　　　　(b) 鲤鱼右摆尾

图 9.2　电刺激小脑引发的鲤鱼摆尾动作

离水电刺激实验显示，在浅麻醉状态下对小脑进行电刺激可诱发鲤鱼尾鳍出现左摆尾、右摆尾及双侧摆尾动作。左侧摆尾动作的刺激位点在小脑左侧区，右侧摆尾动作的刺激位点在小脑右侧区，双侧摆尾动作的刺激位点在小脑中间区。据此推断：小脑左侧区与鲤鱼尾鳍左侧摆尾运动有关，即小脑左侧区与鲤鱼左转运动控制有关；小脑右侧区与鲤鱼尾鳍右侧摆尾运动有关，即小脑右侧区与鲤鱼右转运动控制有关；小脑中间区与鲤鱼尾鳍双侧摆尾运动有关，即小脑中间区的前部和后部区域与后退和前进的运动有关。诱发左侧摆尾动作的控制位点主要出现在小脑左侧区，诱发右侧摆尾动作的控制位点主要出现在小脑右侧区，诱发双侧摆尾动作的控制位点主要出现在小脑中间区，表明鲤鱼小脑与运动行为控制具有关联性。通过离水电刺激实验，可知鲤鱼的尾鳍与直线运动行为和转向运动行为密切相关，且发现并测定出鲤鱼出现动作行为的控制位点坐标。通过实际应用，可以认为离水电刺激实验也是鱼脑运动区发现及坐标定位的一种研究方法。

通过鲤鱼在离水状态下的电刺激实验可以在一定程度上反映部分脑区的生理功能，反映脑运动区与鱼鳍运动行为的对应关系，测量鱼脑反应明显的刺激位点坐标，可为脑电极植入进行水生生物机器人水下运动控制提供参考依据。本书仅以鲤鱼小脑为例，鲤鱼的其他脑区及鱼鳍也可采用离水电刺激控制实验方法进行观察与研究。通过实际应用表明，离水电刺激实验是揭示鱼脑运动区与运动行为对应关系的一种新颖的研究方法与技术手段。

9.1.1.2　研究鱼鳍运动实验台的研制

与陆生动物相比，鱼在水中的运动形式更具有多样性、复杂性和丰富性。鱼鳍是鱼运动的动力器官，鱼鳍不仅为鱼提供运动的动力，还决定着其前进、后退、静止、左转、右转、转圈、跳跃、上浮和下潜等多种运动形式，所以在水生生物机器人多种多样的三维立体运动控制方面，鱼鳍具有重要的科学研究价值。

鲤鱼的鱼鳍包括胸鳍 1 对、腹鳍 1 对、臀鳍 1 对、背鳍 1 个、尾鳍 1 个。为观察各个鱼鳍的运动形式，自主设计了一种研究鱼鳍的运动实验台(图 9.3)[2]。应用该装置，可以选择性固定鱼体的部位，但又不限制各个鱼鳍的活动，所以既能够起到固定鱼体的作用，又能够起到观察各个鱼鳍运动形式的作用，在鱼处于离水状态下

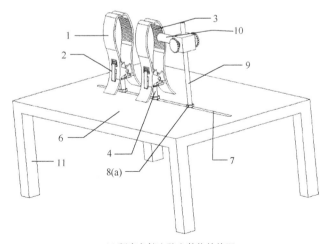

(a) 研究鱼鳍实验台整体结构图

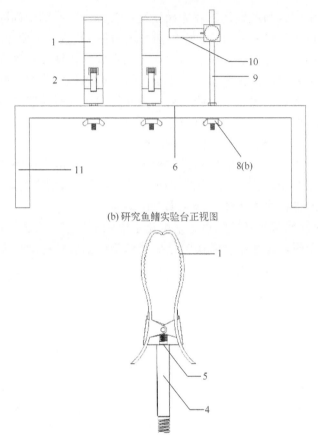

(b) 研究鱼鳍实验台正视图

(c) 固定夹结构示意图

图 9.3　研究鱼鳍运动实验台

1. 固定夹包括固定夹主体；2. 固定夹弹簧片；3. 固定夹棉层；4. 连接柱相连；5. 开孔；
6. 固定台；7. 横向固定台凹槽；8(a). 普通固定螺母；8(b). 蝶形固定螺母；
9. 鱼嘴固定柱；10. 鱼嘴固定杆；11. 固定支架

能够观察鱼鳍的运动形式，尤其在应用开颅法实施电刺激进行运动控制实验研究中使用与观察都比较准确和方便。另外，该装置也可用于鱼的头部手术、脑电极植入、脑组织提取和电生理刺激等方面。

　　如图 9.3 所示，研究鱼鳍运动实验台是由固定夹、固定台、固定支架、连接柱、固定螺母、鱼嘴固定装置组成。固定夹包括固定夹板、固定夹弹簧片、弹簧片圆孔、棉层。固定夹内侧附着棉层且可更换，用于增大鱼体与固定夹的摩擦力，防止固定夹在夹持鱼体时损伤鱼体表面；在固定夹的弹簧片中心处经处理具有一个圆孔，可通过螺母将其与连接柱固定；根据鱼体大小和长度，选用适当个数的固定夹，夹持位置应避开鱼鳍分别固定鱼体的不同部位。固定台为实心板，固定台中间具有一条横向贯穿的凹槽。连接柱两端都有螺钉,一端穿过固定台凹槽,通过固定螺母将其固定于凹槽上,连接柱另一端与固定夹连接,将固定夹固定于固定台上;通过滑动连接柱来调节连接柱间距以适应鱼体的大小和长度;连接柱螺纹处直径略小于固定台凹槽宽度和弹簧片开孔直径。固定螺母包括两种螺母:一种是蝶形螺母,用于连接柱与固定台下表面、鱼嘴固定柱与固定台下表面的固定,调节连接柱位置时方便操作;一种是六角螺母,用于其他需要固定螺母的部分。鱼嘴固定装置由鱼嘴固定柱和鱼嘴固定杆组成:鱼嘴固定柱是一端具有螺纹的金属柱,将有螺纹端竖直插入固定台凹槽,通过固定螺母固定于固定台凹槽;鱼嘴固定杆是一水平方向的金属杆,通过两个相对的螺钉垂直固定于鱼嘴固定柱上,可上下移动。

9.1.2　鲤鱼机器人水下电刺激控制

应用离水电刺激控制实验可以了解鱼脑运动区与运动行为对应关系,水下电刺激控制实验在认识鱼脑运动区与运动器官对应关系方面更翔实和更丰富。

鲤鱼机器人水下电刺激控制实验,采用有线控制方法,需将鲤鱼的脑电极通过导线与控制平台相连接进行电刺激控制。控制平台由 PXI 模块化仪器箱和 PC 机上虚拟刺激界面或控制界面等组成(图 9.4,图 9.5,图 9.6)。

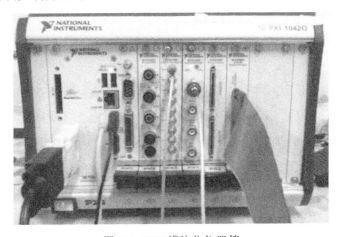

图 9.4　PXI 模块化仪器箱

PXI 模块化仪器箱的信号发生模块输出脉冲信号进行电刺激,虚拟刺激界面用于调节电压和频率等电刺激参数,通过控制平台发出各种电刺激信号来控制鲤鱼机器人的水下运动。

鲤鱼机器人水下电刺激控制实验以电刺激鲤鱼小脑为例。成年健康鲤鱼 18 尾,根据脑损毁实验和离水电刺激实验的 3 个脑区,将鲤鱼分为 3 组,每组 6 尾。将鲤鱼麻醉,分离头部皮肤,暴露颅骨,采用鲤鱼脑立体定位法画线分区,确定参考原

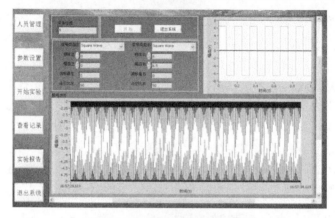

图 9.5　PC 机上虚拟刺激界面

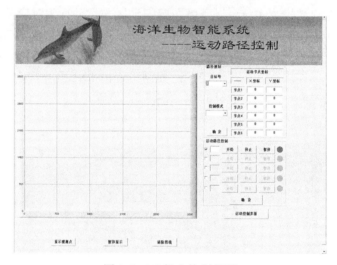

图 9.6　PC 机上控制界面

点位置，应用不开颅法植入脑电极。按照离水电刺激实验中得到的刺激位点 X 坐标值和 Y 坐标值在颅骨上钻孔，借助脑立体定位仪和自主研发的脑立体定位仪辅助装置进行脑电极的植入，根据鲤鱼机器人离水电刺激控制实验的数据，按已知刺激位点的三维坐标，在诱发单侧摆尾动作和双侧摆尾动作的鲤鱼小脑运动区植入脑电极，用热熔胶固定脑电极的同时封闭钻孔并做防水处理（图 9.7）。

　　将鲤鱼放回实验水池中，待鲤鱼清醒后观察其水中的运动行为，在 24 小时后进行鲤鱼机器人水下有线电刺激控制实验。将控制平台通过导线与鲤鱼的脑电极相连接用于电刺激控制，设置电刺激参数：电压为 1～20V，频率为 1～50Hz。在鲤鱼清醒状态下对相关小脑运动区施加刺激信号，通过控制平台输出正负双向矩形脉冲信号进行电刺激，对小脑的每个控制位点电刺激且重复 3 次，每次间隔 30s。将控制

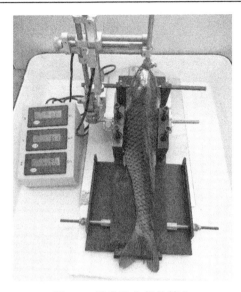

图 9.7　鲤鱼脑电极的植入

鲤鱼机器人时出现最明显运动行为时的电刺激参数定为最大刺激强度，随后以 0.5V 递减以得到刺激阈值。实时录像，记录鲤鱼机器人的运动模式和电刺激参数。

　　实验显示，当电刺激小脑时可引起鲤鱼游动，电刺激小脑可以控制鲤鱼的转向运动和直线运动。若刺激小脑正中线的两侧区域，鲤鱼可出现左转和右转的转向运动，如果给予连续刺激甚至可以引起鲤鱼出现转圈运动。若刺激小脑正中线的区域，鲤鱼可出现前进和后退的运动。鲤鱼的转向运动包括单次摆尾转弯和巡游式转弯两种转向方式。单次摆尾转弯是由一次单摆尾动作形成的转弯，鱼尾从伸直位置朝一侧方向摆出，到最大摆尾处随即回摆到原来的伸直位置。巡游式转弯是连续多次"摆出—摆回"单侧摆尾动作形成的转弯，若给予单次刺激可出现一次摆尾运动而发生转向，若给予连续刺激可出现连续摆尾而转圈，转圈可以看作是多次单一方向转向运动的累积。从实验现象看，鲤鱼的运动行为既与刺激频率相关，也与刺激电压相关，游动速度和身体变化幅度与刺激强度呈一定的关联性。在鲤鱼机器人水下电刺激控制实验中，电刺激小脑能够控制鲤鱼机器人的左转向、右转向、转圈、前进和后退等运动。图 9.8 为水迷宫中鲤鱼机器人左转向运动控制实验视频截图，图 9.9 为水迷宫中鲤鱼机器人右转向运动控制实验视频截图。

　　在鲤鱼离水电刺激控制实验中，由于鲤鱼是在离水状态时的动作行为表现，不能像在水中那样充分呈现出三维立体运动行为。对此，根据急性实验结果又设计的鲤鱼清醒自由状态下的鲤鱼机器人水下电刺激控制实验，弥补浅麻醉鲤鱼急性实验的不足之处，在鲤鱼自由游动状态下探究不同脑运动区与运动行为间的对应关系。

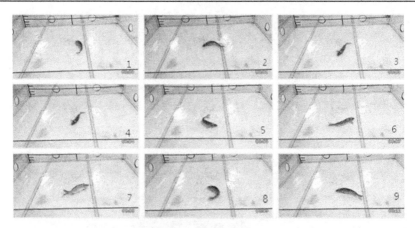

图 9.8　水迷宫中鲤鱼机器人左转向运动控制实验

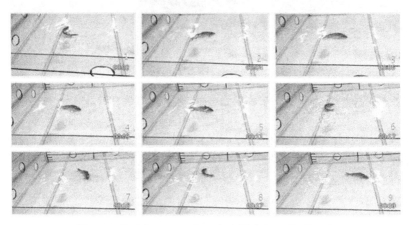

图 9.9　水迷宫中鲤鱼机器人右转向运动控制实验

通过在鱼脑组织内植入电极,应用导线将脑电极与控制台相连,由控制台发出各种控制指令信号通过导线到达脑电极刺激不同的脑运动神经核团支配不同的运动形式,则可控制鲤鱼机器人的水下各种运动行为,初步实现人类对鲤鱼机器人运动行为的控制。有线控制方式操作方便、简捷快速、省力省时和成本较低,是实验室中常用的一种水生生物机器人控制方式。但有线控制方式对鲤鱼机器人的运动距离和活动范围也会产生限制,难以在实验室外进行远距离和大范围的运动控制,因此还需要研制无线遥控系统以实现鲤鱼机器人水下运动的远程遥控控制。

9.2　水生生物机器人无线遥控

水生生物机器人的控制分有线控制和无线遥控两种方式。在实验室的基础研究阶段,水生生物机器人通常以有线控制方式为主,因有线控制方法传输的电刺激信号的稳定性和可靠性更好一些, 且将脑电极植入动物脑组织内与电刺激器相连就可以进行实验, 操作简捷易行, 时间也比较短, 实验成本也较低, 工作效率比较高。在室外实际应用时, 水生生物机器人须用无线遥控方式, 因有线控制方法存在导线对水生生物机器人缠绕而束缚其运动且不能长距离使用的问题。对此, 自主研发一种鲤鱼机器人无线遥控系统。

9.2.1　鲤鱼机器人无线遥控系统设计

从 20 世纪 30 年代起,研究人员便开始了动物脑电遥控遥测设备的设计与制作, 利用电磁感应原理, 以猴子作为被控对象, 对其进行了远程控制实验[3]。显然早期条件下开发的这些设备并不能满足当今神经科学与机电学科交叉融合研究的需要[4]。随着当代科学技术的快速发展, 脑电遥控遥测技术已经取得了长足的发展。国际上在积极开展生物机器人基础研究的同时, 为使其实用化, 也对无线遥控技术进行了研究。美国波士顿大学将一枚微型芯片植入鲨鱼体内, 通过植入脑电极发出刺激信号来遥控控制鲨鱼的运动[5,6]。俄罗斯在海龟脑中植入电极, 通过无线遥控刺激装置对脑神经核团进行电刺激远程指挥海龟的运动, 将携带遥控摄像机的海龟变成"间谍", 研究生态和刺探情报[7]。美国加州大学通过在甲虫身上搭载具有无线接收功能的刺激器, 再通过植入的刺激电极无线电遥控甲虫飞行[8]。日本通过电刺激金鱼中脑, 无线控制金鱼的前进和左右转向等动作[9]。中国也积极开展了生物机器人无线遥控技术的研究。山东科技大学通过遥控指令控制大鼠完成左右转、前进和转圈等动作[10], 之后又控制鸽子机器人的运动[11,12]。浙江大学采用蓝牙通信模块和 C8051F020 微处理器开发出大鼠遥控导航及行为训练系统, 实现了电压和电流两种刺激方式可选, 蓝牙无线通信电路可在 100m 范围内实现双向通信[13]。南京航空航天大学以 ATmega8L 和 CC1000 芯片为基础研制大壁虎机器人, 能在 300m 的开阔区域稳定工作[14]; 之后又研制一种微小型动物机器人遥控刺激系统, 能够实现无线刺激器的轻量化、微型化及低能耗的要求[15]。郑州大学研制一个大鼠遥控刺激系统, 控制大鼠的运动[16]。中国科学技术大学进行基于 ZigBee 的多个大鼠机器人控制的研究[17]。南京航空航天大学研制基于 3G 网络通信的动物机器人遥控刺激系统, 扩大了遥控范围[18]。这些遥控系统都能较好地应用于生物机器人的无线控制方面。

目前研制的生物机器人无线遥控系统大多是针对大鼠等陆地动物和鸽子等空中动物, 针对水生生物的尚未见详细报道。面向水生生物机器人使用的无线遥控系统的研制, 既要考虑无线通信技术、也要考虑水下环境、还要考虑水生生物等综合因素, 情况比较复杂, 技术难度也比较大。对此, 作者团队自主设计一种无线遥控系统, 在水生生物机器人无线遥控系统应用方面进行了探索性研究。

自主研制的一种面向鲤鱼机器人应用的无线遥控系统[19], 其组成主要包括上位机控制平台、无线接收和发送装置、无线刺激装置。上位机控制平台的控制参数与动物可做出的动作行为相对应。无线接收和发送装置在上位机控制平台与无线刺激装置之间进行控制指令与反馈信息传递。无线刺激装置用于刺激生物机器人电生理信号的输出，根据上位机控制平台发送的控制指令产生电信号对生物机器人进行控制。水生生物机器人无线遥控系统示意图如图 9.10 所示。

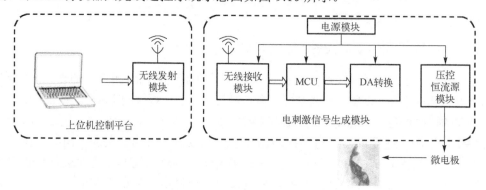

图 9.10　水生生物机器人无线遥控系统示意图

该系统包括：无线通信模块、电刺激信号生成模块、电源模块，可实现短距离水下无线通信，通过上位机的控制模板可实现在电压强度 0～10V、波宽 0～30ms、频率 0～50Hz、刺激时间 0～255s 范围内可调，能够根据实际应用需要调整参数。其中系统硬件包括无线通信模块、电刺激信号生成模块、电源模块；系统软件包括串口通信设置、运动模式选择。将微电极植入脑后，将无线电刺激器搭载于鲤鱼机器人上，利用上位机控制无线电刺激器，令刺激器发射信号通过电极刺激脑运动区，按照指令控制鲤鱼机器人的水下运动。

9.2.1.1　系统硬件设计

应用于鲤鱼机器人无线遥控系统的硬件包括无线通信模块、电刺激信号生成模块、电源模块(图 9.10)。

(1)无线通信模块。无线遥控系统中的电刺激装置是需搭载在鲤鱼机器人上使用，同时也需将无线通信模块中接收模块搭载在鲤鱼机器人上使用，PC 机将电刺激信号传输至电刺激器，因此需要实现水下无线通信。在基础研究阶段，根据实验室条件水下无线通信的需要，选择载波频率为 433MHz 的 RF 射频通信，主芯片选择 Silicon Lab 公司的 SI4463 芯片。SV610 无线通信模块如图 9.11 所示，操作比较简单，使用比较方便，采用标准 UART 接口，波特率多级可调，使相对操作较难的 RF 无线芯片变得简单易行，降低了设计难度，提高了通信稳定性。SV610 无线模块与处理器的 UART 结构连接，实现数据传输，模块将接收到的数据通过 SI4463 无线芯片发射出去，从而可实现电刺激器的无线遥控。

(2)电刺激信号生成模块。当水下无线刺激
模块接收到刺激指令时，处理器通过指令解析、
控制数据处理电路和 D/A 转换把数字信号转换
为模拟信号，进而实现后续的控制功能。处理器
采用 STM32L 系列处理器作为 CPU,主要完成信
号的数模转换、串行通信、低功耗控制等功能。
信号处理电路设计主要包括 STM32L151X 最小
系统、复位电路、晶振电路和调试测试接口等。
电路采用 D/A 数模转换芯片 MCP4728,处理器
将解析的控制命令通过 I2C 总线传输至

图 9.11　SV610 无线通信模块

MCP4728,芯片将电刺激数字信号转换为模拟信号,控制压控恒流源以实现控制功能。

(3)电源模块。依据无线遥控系统的需要,采用锂电池供电,同时还考虑到鲤鱼
机器人背负的电路板应尽可能轻便,因此选用 SF-903033 聚合物锂离子电池(创海电
子科技有限公司),额定电压为 3.7V,额定电容量为 900mAh,尺寸为 35mm×
30mm×8mm,重量为 16.80g。在实验中考虑到放电电流及其曲线、电池容量、放电
时长,尽可能提高平稳供电时间以增加刺激时间,同时刺激电路主控芯片的最低工
作电压为 3.3V,因此采用 MCP1603 稳压芯片,其他保护功能包括:UVLO、过温
和过电流保护。

9.2.1.2　系统软件设计

无线遥控系统的软件采用 LabVIEW 软件编写控制指令。利用位于 PC 机上的控
制面板,根据实验需要设置不同的刺激参数,选择相应通道,并通过串口通信将刺
激参数发送到无线信号发射台。控制系统的界面包括 4 部分:串口通信设置、运动
模式选择(刺激通道选择)、刺激参数设置、控制命令发送和反馈数据接收。鲤鱼动
物机器人行为控制系统的 PC 机控制面板如图 9.12 所示。

(1)串口通信设置。遥控系统 PC 机上的控制面板与遥控信号发射台的数据传输
使用的是串口通信。使用 VISA 实现串口通信,通过调用 VISA 中 VISA 串口配置、
VISA 写入、VISA 读取等标准 I/O 函数,实现上层应用程序与 COM 口总线仪器的
连接。当运行 LabVIEW 程序时,串口配置节点首先对串口进行配置,设置串口资
源(端口号)和串口通信的波特率,配置结束后等待数据发送或接收。点击"停止"
按钮时将关闭串口,再次点击时串口又重新打开。

(2)运动模式选择。运动模式选择(刺激通道选择)是用于选择遥控系统的通道,
不同通道对应不同运动模式。设计的遥控系统有 5 个通道,其中通道 1 为参考电
极,其他 4 个通道为刺激电极,每个通道参数可独立设置,在实验使用时选择指
定的通道。

图 9.12　　鲤鱼动物机器人行为控制系统的 PC 机控制面板

(3)刺激参数设置。刺激参数设置是刺激强度、刺激时间、刺激频率和脉冲宽度等参数的设置，由于动物个体及不同刺激位点的敏感度存在差异，故刺激强度、刺激时间、刺激的强度—时间变化率这三个参数阈值也会不同。因此，上位机发送的刺激强度、刺激时间、刺激频率和脉冲宽度控制指令应在一定范围内可调。每个通道刺激的电压强度在 0～10V、调节精度为 0.1V。虽然刺激频率和脉冲宽度分别可调，但考虑到相互的制约关系(周期应大于 2 倍脉宽)，应用时调节范围并没有那么大，因而可根据实际需要在一定范围内调节。刺激频率的调节精度为 1Hz。脉冲宽度的调节精度为 0.1ms。刺激时间在 0～255s 内可调，调节精度是 1s。

(4)控制命令发送和反馈数据接收。数据发送和接收区用来发送控制指令和接收下位机信号发射台反馈的信息。设置刺激参数，点击"开始"按钮，通过 VISA 写入节点将设置的刺激参数打包发送到下位机刺激信号发射台。发射台判断数据格式是否正确，再将数据格式信息和接收数据反馈到 PC 机控制面板，控制面板通过比较发送与接收的数据是否相同来确定通信是否成功。

9.2.1.3　无线遥控电刺激装置的防水处理

由于无线遥控电刺激装置是搭载于生物机器人上在水下环境中使用，所以在不影响动物运动的前提下保证电刺激系统稳定和持久的正常工作是进行长时间应用的必要基础。水下环境需对电刺激装置及电子器件进行防水处理，避免造成电路的损毁。为此，我们自主设计了面向水中环境用于电刺激装置防水处理的电刺激器防水包。

自主设计的一种电刺激器防水包[20]包括三层防水结构：内层的薄膜袋、中间层的泡沫、外层的薄膜袋。内层的薄膜袋是用流延聚丙烯薄膜制作不封口的口袋；中间层的泡沫是从泡沫一侧进入把中间掏空，将内层薄膜袋从开孔置入其内；外层的薄膜袋是用流延聚丙烯薄膜制作不封口的口袋,将装有内层防水袋的泡沫置入其内。内层、中间层、外层的三层防水结构共同构成一个电刺激器防水包。防水包不仅能够使电刺激装置在水中正常使用，且还能增大水中浮力以减轻电刺激装置在水中的重量以保证不影响动物在水中的运动。

电刺激器防水包在使用时，先将电刺激装置装入薄膜袋，将电刺激装置连接电极导线置于袋外，再将开口封闭，导线处用聚乙烯醇胶密封，将其置入泡沫内；泡沫层开口用与开口大小相同的泡沫薄板封闭，泡沫薄板开口用于引出导线，将开口泡沫板与中空泡沫用泡沫胶水黏合，引出导线处用胶水密封，将封闭的泡沫装入薄膜袋内；将外层薄膜袋开口封闭，导线处再用聚乙烯醇胶密封。将电刺激器防水包搭载固定在鲤鱼上，在水中环境即可使用。

电刺激器防水包通过对电刺激装置及引出导线处进行了三次防水处理，防水效果将通过水下实验进行实际检验。实验表明，在水中连续工作 2 小时，电刺激器在整个实验过程中一直处于正常工作状态，电刺激器防水处理装置及应用方法是可以避免由于渗水导致电路损毁的，由于电刺激器防水包内装有泡沫，泡沫还能够增大水中浮力以减轻电刺激装置在水中的重力，因此可以避免鲤鱼机器人搭载重物而影响其正常运动行为。该电刺激器防水包的防水效果有效、可靠、可行且使用方便。

9.2.2　无线遥控系统电刺激器搭载装置研制

在生物控制领域，无线遥控系统中的无线电刺激器搭载装置是不可缺少的一个重要技术。如果不能将无线电刺激器搭载装置搭载固定在水生生物机器人上，则无法实现对水生生物机器人水下运动的无线遥控控制。针对鲤鱼机器人如何搭载无线电刺激器的问题，需设计用于水生生物机器人的无线电刺激搭载装置及方法。

我们自主设计一种用于水生动物机器人的无线电刺激搭载装置及方法[21]，包括背部夹板、穿刺固定棒、固定扣、搭载板。该装置以背部夹板为主体，搭载板通过背部夹板的固定卡槽固定在背部夹板上，两个穿刺棒通过背部夹板上的穿刺孔穿过鱼的背部，使用 4 个固定扣将搭载装置固定于鱼背部上(图 9.13)。

背部夹板的材质为聚氨酯塑料，长方形的搭载板上部有一个向外开口的固定卡槽，并在槽末端设计了防脱落的三角形凸起，可使搭载板的两侧卡板固定在其中。两个背部夹板的长方形板分别开两个穿刺孔，穿刺固定棒可穿过穿刺孔。以体重1.5kg 鲤鱼为例，背部夹板长 7cm、宽 0.2cm、高 4cm，卡槽高度为 0.5cm；防脱落凸起高 0.2cm；穿刺固定棒的材质为聚氯乙烯，其一端为锥形结构，穿刺棒根长 5cm、半径 0.1cm；固定扣的材质为氟化矽氧橡胶，固定扣为半径 0.3cm、长 0.4cm 的圆柱体；搭载板材质为 KT 板，长 5cm、宽 5cm，为"凸"字形结构，其前端两侧分别有凸出长 4cm、宽 3cm 的长方形卡板。实际参数可根据动物外形和尺寸灵活调整。

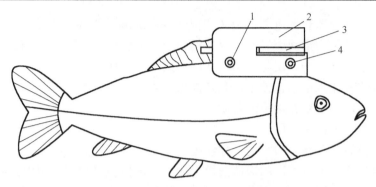

图 9.13　无线电刺激搭载装置示意图

以鲤鱼为例说明使用方法。将鲤鱼麻醉到浅麻醉状态，置于实验台上固定。选取鲤鱼背部最高的地方，两个背部夹板分别对称地放置在鲤鱼背部的两侧，以穿刺孔距鲤鱼背部最高的地方上下高 1cm 为准，通过标记物在穿刺孔留下标记。通过穿刺孔留下的标记将穿刺棒垂直穿过背部肌肉。将无线电刺激器用热熔胶固定于搭载板中央。在穿刺棒经标记位点垂直穿过背部，将两个夹板通过穿刺棒暴露在体外的部分固定于躯体两侧，再把搭载板推入背部夹板上的卡槽。剩下的 4 个固定扣套入穿刺棒的穿出部分，并贴紧背部夹板以防止固定扣的脱落。在将装有无线电刺激器的无线电刺激器搭载装置固定后，将鲤鱼机器人放入水中进行实验。自主设计的用于水生动物机器人的无线电刺激搭载装置及方法的突出特点是采用凹槽扦插的固定方式，大大降低了搭载无线电刺激器的难度，可以解决水生生物机器人无线电刺激器水下机械搭载的问题。

9.2.3　鲤鱼机器人无线遥控系统应用

将自主研制的装有无线电刺激器的水生动物机器人无线电刺激器搭载装置搭载在鲤鱼机器人上，通过导线与脑电极相连，再将鲤鱼机器人放入水迷宫内进行水下无线遥控。

在应用时，将鲤鱼麻醉，开颅，借助脑立体定位仪将刺激电极植入鲤鱼脑运动区。然而，电极植入脑运动区面临几个技术问题：脑是柔软的生物组织，电极植入脑内如何固定；水生生物机器人是在水中使用的，鱼被开颅后颅腔如何封闭；脑电极固定与颅腔封闭又如何协调配合；将鱼颅腔封固后防水怎么处理。面对这些问题，解决的思路是怎么将复杂的问题简约化处理。对此，我们发明了一种鲤鱼水生动物机器人颅腔防水封固方法[22]。先将鲤鱼麻醉，开颅，借助脑立体定位仪在鱼脑部特定位置植入刺激电极，根据开颅的形状和大小，制作一个透明的塑料片，将塑料片覆盖在开颅的区域，在塑料片后端中央位置用图钉将其固定在颅骨上，将牙科石膏涂抹在塑料片与鲤鱼贴合位置四周、图钉位置和导线穿出位置，防止水进入颅腔内，将脑电极的导线与无线电刺激器相连接，再将装有无线电刺激器的防水包搭载在鲤鱼上即可使用。

自主发明的鲤鱼水生动物机器人颅腔防水封固方法，通过水下实验的检验表明，可以解决电极植入脑内固定、颅腔封固、防水处理的问题，同时还兼顾解决脑电极的固定与颅腔的封闭协调配合问题，即应用一种方法可同时解决四个技术问题，即脑电极能够被封固在颅骨上并同时能够防止水进入颅腔内。由于在封闭颅腔时采用了透明塑料，所以还可实时观察脑电极植入的位置和是否脱落的情况。该方法可以固定脑电极、封闭颅腔、防水处理、观察电极植入情况，解决在开颅情况下颅腔防水封固等问题，因而有助于应用开颅法植入脑电极实现水生生物机器人水下无线遥控控制。

将鲤鱼机器人放入水迷宫中进行水下控制实验。在 PC 机的控制面板上调节刺激信号发生器参数，设置电刺激参数：连续波输出，正负脉冲，电压强度 0～10V，波宽 0～30ms，刺激频率 0～20Hz。选择通道分别控制鲤鱼机器人的前进、左转向与右转向等运动。应用自制的无线遥控系统对鲤鱼机器人(n=10)进行水下无线遥控控制实验，每个鲤鱼机器人重复实验 3 次，前进成功率为 60%，左转向成功率为 70%，右转向成功率为 80%。水迷宫中搭载摄像头的鲤鱼机器人控制实验如图 9.14 所示，鲤鱼机器人无线遥控控制实验如图 9.15 所示[23]。

图 9.14　水迷宫中搭载摄像头的鲤鱼机器人控制实验

应用无线遥控系统控制鲤鱼机器人水下运动，与有线控制鲤鱼机器人水下运动相比，同等电学参数刺激下，不如有线控制的实验效果理想，在实验过程中有时还出现电刺激信号滞后的现象。分析其原因，可能是由于电磁波在水中传播速度较慢且信号强度在穿过水面后会大幅衰减，因此无线遥控系统的性能还有待于将来改进与提升以满足实际应用的需要。自主研制的无线遥控系统既可以在陆生动物上应用，也可以拓展到水生动物上应用；既可以在陆地环境上应用，又可以延伸于水下

图 9.15　鲤鱼机器人无线遥控控制实验

环境中应用。但如果用于水下环境中的水生动物上，必须做好搭载电子装置的防水处理和脑电极的防水封固，还要维持搭载装置的重力与浮力的水中平衡，否则无线遥控系统也难以在水下环境中应用到水生生物机器人上。自主设计的一种面向鲤鱼水生动物机器人应用与搭载的无线遥控系统及其应用方法，通过水下实验的检验，具有可靠性、可行性和实用性，可为水生动物机器人的实际应用奠定一定的研究基础。

　　根据科学研究与实验观察的需要，水生生物机器人电刺激控制可以采用有线控制和无线控制两种方式，水生生物机器人有线控制方式又可以采用离水电刺激控制和水下电刺激控制两种类型。水生生物机器人有线控制方式主要适合于实验室中的基础研究，水生生物机器人无线遥控控制方式主要用于实验室外的实际应用。

　　生物机器人包括电刺激、光刺激、声刺激、磁刺激、机械刺激和化学刺激等多种控制方式和技术手段，电刺激控制是当今生物机器人领域的主要控制方式，在未来的基础研究与实际应用中，电刺激控制方还可以与其他控制方进行有机结合，扬长避短、优势互补，实现更有效和更长久地控制生物机器人的应用目的。

参 考 文 献

[1] 彭勇, 王婷婷, 闫艳红, 等. 一种鲤鱼脑立体定位辅助装置及定位方法[P]. 中国: ZL 201810352267.5, 2020-05-12.

[2] 杨育林, 彭勇, 沈伟超, 等. 一种研究鱼鳍运动实验台[P]. 中国, 201520039529.4. 2015.

[3] Light R U, Chaffee E I. Electrical excitation of the nervous system-introducing a new principle:remote control[J]. Science, 1934,79: 299-300.

[4] Arabi K, Sawan M. Implantable multiprogrammable microstimulator dedicate to bladder control[J]. Medical & Biological Engineering & Computing, 1996, 34(1): 9-12.

[5] Brown S. Stealth sharks to patrol the high seas[J]. New Scientis, 2006, 189(2541): 30-31.

[6]　Lehmkuhle M J, Vetter R J,Parikh H, et al. Implantable neural interfaces for characterizing population responses to odorants and electrical stimuli in the nurse shark, ginglymostoma cirratum[J]. Chemical Senses, 2006, 31（5）: A14.

[7]　袁海. "间谍海龟"显身手[J]. 知识窗, 2006,6（1）: 59-59.

[8]　Sato H, Berry C W, Casey B E, et al. A cyborg beetle: insect flight control through an implantable, tetherless microsystem[C].2008 IEEE 21st International Conference on Micro Electro Mechanical Systems, 2008, 164-167.

[9]　Kobayashi N, Yoshida M, Matsumoto N, et al. Artificial control of swimming in goldfish by brain stimulation: confirmation of the midbrain nuclei as the swimming center[J]. Neuroscience Letters, 2009, 452（1）: 42-46.

[10]　王勇, 苏学成, 槐瑞托, 等. 动物机器人遥控导航系统[J]. 机器人, 2006, 28（2）: 183-186.

[11]　卜文超, 苏学成. 放飞世界首只机器人鸟[N/OL]. 大众日报, 2007-03-02.

[12]　蔡雷, 王浩, 王文波, 等. 鸽子慢性电刺激用电极转接装置及其固定方法[J]. 动物学杂志, 2014, 49（2）: 280-285.

[13]　张韶岷, 王鹏, 江君, 等. 大鼠遥控导航及其行为训练系统的研究[J]. 中国生物医学工程学报, 2007, 26（6）: 830-836.

[14]　朱志坚, 王浩, 王文波, 等. 动物机器人的遥测遥控技术研究进展[J]. 电气与自动化, 2013, 42（3）: 151-154, 194.

[15]　谢合瑞. 微小型多通道生物机器人遥控刺激系统的研制[D]. 南京:南京航空航天大学, 2009.

[16]　李建华, 万红. 大鼠刺激器遥控系统的设计与实现[J]. 计算机工程, 2010, 36（18）: 288-290.

[17]　严霞, 倪化生, 黄炫. ZigBee 星形网络在动物机器人中的应用[J]. 电子技术, 2010, 48（8）: 14-15.

[18]　朱志坚, 王浩, 韩济华. 基于 3G 网络通信的动物机器人遥控刺激系统的研制[J]. 自动化与仪器仪表, 2017,（10）: 71-74.

[19]　彭勇, 王婷婷, 闫艳红, 等. 鲤鱼机器人无线遥控系统设计与应用[J]. 中国生物医学工程学报, 2019, 38（4）: 431-437.

[20]　彭勇, 巨亚坤, 沈伟超, 等. 一种电刺激装置防水包[P]. 中国, 201520260297.5. 2015.

[21]　彭勇, 王子霖, 张慧, 等. 一种用于水生动物机器人的无线电刺激搭载装置及方法[P]. 中国, 202110182107.2. 2022.

[22]　彭勇, 韩晓晓, 刘洋, 等. 一种鲤鱼水生动物机器人颅腔防水封固方法[P]. 中国, 201720630110.5. 2017.

[23]　彭勇, 张慧, 赵洋等. 水生动物机器人的研究现状与进展[J]. 中国生物医学工程学报, 2023, 42（5）: 610-616.

第 10 章　水生生物机器人光刺激控制

在生物机器人领域，国际上通常采用植入脑电极进行电刺激方法实现对动物机器人的控制，但植入式脑电极易导致机械损伤、出血、水肿、感染和炎症等脑损伤效应，脑损伤多伴有神经功能受损，如何解决这个难题一直是生物机器人领域的重要课题。美国斯坦福大学发现两种光敏基因在导入神经元之后会使其对蓝光和黄光表现出兴奋、抑制的变化，因此通过使用蓝光经由光纤刺激大脑控制大鼠运动[1]。韩国高等科学技术研究院通过给海龟施加视觉刺激诱发其产生特定行为，设计光刺激装置控制其行走路径；利用脑-机接口技术控制光刺激设备引导海龟移动；对海龟机器人提出一种混合动物-机器人交互的概念，机器人在海龟(宿主)身上通过"操作性条件反射"诱导海龟行为，利用光刺激诱导海龟转向[2-5]。重庆大学研制基于光电刺激的老鼠机器人，控制其向前及左右运动[6]。燕山大学进行鲤鱼机器人运动行为的光控研究，通过不同波长的光刺激视觉器官控制鲤鱼机器人运动[7]。如果应用光控制方法，则可避免开颅手术及植入脑电极对动物颅脑的机械损伤、出血、水肿、感染和炎症等脑损伤效应，从而延长动物的使用寿命和控制效果。应用光刺激方式可以避免对生物脑组织的损伤，因此对水生生物机器人光刺激控制方式进行研究是有实际应用价值和科学研究意义的。

10.1　水生生物机器人光刺激控制基础研究

应用光刺激方法进行水生生物机器人的控制，光源是对生物机器人实施光刺激的必要前提和重要基础，因而需对刺激光源进行筛选与分析，而且还需研究水生动物的趋光性及研制面向鲤鱼机器人水下运动控制应用的光刺激搭载装置及方法，从而有助于开展面向鲤鱼机器人水下运动控制应用的光刺激实验。

10.1.1　光源筛选

光源的选择需要充分考虑光源的材质、光源的功率、光源的稳定性、长时间使用时光源的温度和可用于水下环境等多方面因素。为了避免对鱼眼可能造成的伤害，需选用功率不大、无闪烁现象、温度不易升高和不易破碎的光源。根据研究目的和实验需要进行了筛选，将蓝色、绿色、黄色、红色的 LED 光作为鲤鱼机器人的光刺激光源[8]。

10.1.2　水生动物趋光性

为了研究水生动物的趋光性和开展多种水生动物趋光性的实验，我们自主研制了一种搭载光刺激装置的水迷宫[9]。该装置是由四个长方形侧壁构成的长方体。长方形的每个侧壁均有三个圆孔通道，一个为上层通道，两个为下层通道，三个通道呈等腰三角形的位置关系。圆孔通道分上下两层，光源 LED 灯固定在下层通道的上沿处，LED 灯通过导线与电刺激器相连。

选择蓝色、绿色、黄色、红色四种不同波长(455～780nm)的发光二极管 LED 作为鲤鱼趋光性研究的刺激光源。按照蓝色、绿色、黄色、红色不同波长的光将 40 尾实验鲤鱼随机分为 4 组，每组 10 尾，在实验室暗光环境中进行实验。将鲤鱼放入水迷宫内，点亮水迷宫左侧的 LED，水迷宫右侧无光，观察 LED 对鲤鱼运动行为的影响；关闭光源 5min，避免鲤鱼对 LED 光源产生适应性；再点亮水迷宫右侧的 LED，水迷宫左侧无光，观察 LED 对鲤鱼运动行为的影响。每种波长的 LED 在水迷宫左、右两侧各进行 3 次重复实验。利用双目立体摄像头记录鲤鱼的行为变化。

在鲤鱼趋光性实验中，在鲤鱼一侧实施光刺激时鲤鱼出现一侧转向记为"成功"，开始刺激之后没有明显转动或者出现无规律游动标记为"失败"，用成功率来衡量鲤鱼对不同波长光刺激的反应及其强度。实验显示，鲤鱼(n=40)在蓝色、绿色、黄色、红色四种不同波长光的光照条件下均躲避 LED 光源向暗处游动。但不同波长的光源鲤鱼行为变化表现出的程度不同，其中鲤鱼对蓝光波长(455～470nm)的表现最强烈，其次是红光波长(622～780nm)、黄光波长(577～597nm)、绿光波长(492～577nm)。双目立体摄像头记录的不同波长光下的鲤鱼趋光性实验视频截图如图 10.1 所示，不同波长光下的鲤鱼负性趋光率如表 10.1 所示。

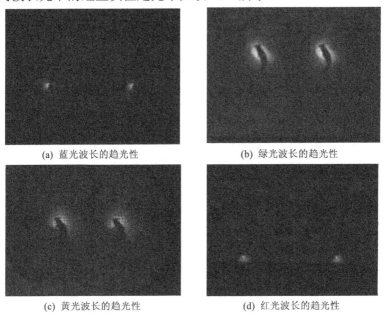

(a) 蓝光波长的趋光性　　　　　　　　(b) 绿光波长的趋光性

(c) 黄光波长的趋光性　　　　　　　　(d) 红光波长的趋光性

图 10.1　不同波长光下的鲤鱼趋光性实验视频截图(见彩图)

表 10.1　不同波长光下的鲤鱼负性趋光率(*n*=40)

波长	成功数/总次数	负性趋光率/%
蓝光(455～470nm)	32/40	80.0
绿光(492～577nm)	23/40	57.5
黄光(577～597nm)	26/40	65.0
红光(622～780nm)	29/40	72.5

10.1.3　水生生物机器人光刺激搭载装置位点确定

　　水生生物机器人光刺激搭载位点的确定，以鲤鱼为例进行实验研究。鲤鱼属于硬骨鱼，其颅骨结构的研究可为光刺激搭载装置植入颅骨时的搭载位点及钻孔深度提供依据[7]。将鲤鱼麻醉，开颅手术，找到两根细长的嗅茎，嗅茎上方空间存在较多的脂肪组织和脑脊液而无脑组织，将脂肪组织和脑脊液清除，用红色和紫色两根手术缝合线分别在两侧嗅茎下穿线，如图 10.2 所示。

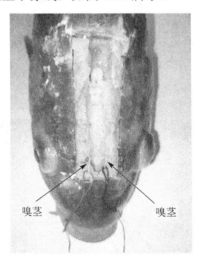

图 10.2　鲤鱼嗅茎

　　对体重 1kg 鲤鱼的不同位置颅骨断面厚度进行测量，端脑上方的颅骨厚度为 1.05mm，中脑上方的颅骨厚度为 2.50mm，小脑上方的颅骨厚度为 3.12mm。在距离颅骨中的额骨后沿 10mm 和距离鱼吻部 45mm 处，由于两根细长的嗅茎上方空间没有脑组织，此处颅骨又比较薄，既易将紧固螺钉植入颅骨内，也不会对脑组织造成机械损伤，故选择嗅茎上方的颅骨作为光刺激搭载装置紧固螺钉的适宜植入位点。在鲤鱼颅骨 1、2 处植入螺钉固定光刺激搭载装置(图 10.3)。

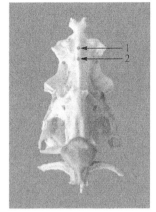

(a) 正面俯视图　　　　　　　　　　　(b) 反面俯视图

图 10.3　光刺激搭载装置的鲤鱼颅骨搭载位点

1. 紧固螺钉 1；2. 紧固螺钉

10.1.4　水生生物机器人光刺激搭载装置研制

根据研究目的和实验需要，我们自主研制了多种面向鲤鱼机器人水下运动控制应用的光刺激搭载装置。

10.1.4.1　一种光刺激搭载装置

自主研制了一种光刺激搭载装置[10]。将该装置搭载在鲤鱼头部，使其可实现不同角度、不同强度、不同波长的组合式光源对鲤鱼前进、后退和转向等二维平面运动行为的控制。

光刺激搭载装置由搭载板、跳线板、固定钉、导线、光刺激源组成。搭载板由万能板结合鲤鱼颅骨形状特点切割而成，形状呈"王"字型，可为 6 个光刺激源提供 3 组搭载桥平台：A 组搭载桥、B 组搭载桥、C 组搭载桥。双眼前上方位置为 A 组搭载桥、双眼正上方位置为 B 组搭载桥、双眼后上方位置为 C 组搭载桥，每组搭载桥的两端各安置一个光刺激源。跳线板用于导通搭载板与光刺激源，分别安放在每组搭载桥两端，焊接在搭载板上，将光刺激源插入每组搭载桥两端的跳线板插孔中以固定，鲤鱼左侧端为 LX、鲤鱼右侧端为 RX，从而确定光刺激源位置，且所有跳线板的负极连接在一起。光刺激搭载装置用钉固定，使用 3 个图钉或螺丝钉穿过搭载板和颅骨，呈三角形状，将该搭载装置固定于鲤鱼头部，使搭载装置中 A 组搭载桥固定在双眼的前上方，B 组搭载桥固定在双眼的正上方，C 组搭载桥固定在双眼的后上方。LED 灯为刺激光源，将 LED 灯插入跳线板插孔中，鲤鱼左侧端为 LXL、鲤鱼右侧端为 LXR。LED 灯可以根据波长的需要更换，可以选择多种组合的光刺激方式，既可用同种波长的光源在 3 组不同搭载桥位置刺激动物，也可用不同波长的光源组合刺激动物，还可在同一位置、同种波长的光源下改变光源的光强度刺激动物等多种组合方式。导线分别将 6 个跳线板的正极和负极与控制台的正极和负极对应连接，应用控制台即可对鲤鱼机器人进行光控。光刺激搭载装置整体结构示意图如图 10.4(a) 所示；光刺激搭载装置整体结构侧视图如图 10.4(b) 所示。

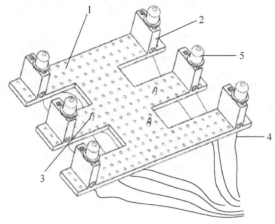

(a) 光刺激搭载装置整体结构示意图

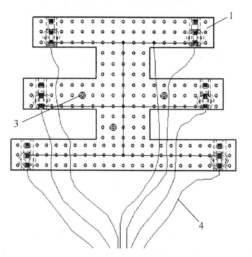

(b) 光刺激搭载装置整体结构侧视图

图 10.4　光刺激搭载装置示意图

1. 搭载板；2. 跳线板；3. 固定钉；4. 导线；5. 光刺激源

　　在实际应用时，先将鱼麻醉，再在颅骨上钻孔，在颅骨上距离眼球连线中点后、左和右等距处分别打孔，使用 3 个图钉或螺丝钉将光刺激搭载装置固定于头部。再将鱼放入水中，营造暗环境，利用基于 LabVIEW 的模拟平台发射光刺激信号，选择一定频率和幅值的直流方波信号进行光刺激。例如，用红色 LED 灯后可换蓝色

LED，即将蓝色 LED 灯替换红色 LED 灯插入跳线板插口内，继续进行光刺激实验，其他各种波长 LED 均如此。在使用中，光刺激搭载装置可根据鱼的头颅形状和尺寸及两眼距离来制作。

10.1.4.2　一种立体光刺激搭载装置

自主发明了一种立体光刺激搭载装置[11]。将该装置搭载在鱼头部，使其可实现不同角度、不同强度、不同波长的组合式光源对鲤鱼前进、后退、转向、上浮和下潜等三维立体运动行为的控制。

立体光刺激搭载装置是由搭载板、跳线板、固定钉、光源、导线组成，包括 7 组搭载桥和 13 个光源，除一组搭载桥只有 1 个光源外，其余各组搭载桥两端各安置 1 个光源。搭载板是根据鱼的颅骨形状特点和尺寸及对鱼眼不同刺激方位而用万能板切割形成的。搭载板两端为"摩天轮"型，包括 7 组搭载桥：A 组、B 组、C 组、D 组、E 组、F 组、G 组。除 A 组搭载桥在鱼头部正上方只有 1 个光刺激源外，其余组搭载桥两端各安置 1 个光源，共有 13 个光源。跳线板用于固定光源并实现光源与控制装置的连接导通。将跳线板插入每组搭载桥相应位置焊接固定，并将所有跳线板的正极引脚用导线连接，将光源引脚插入跳线板相应正负极的插孔中固定。用固定钉固定搭载装置。用 3 个图钉分别穿过搭载板和颅骨将光刺激搭载装置固定于鱼头部，使 A 组搭载桥固定在双眼中线的正前上方、B 组搭载桥固定在双眼的前上方、C 组搭载桥固定在双眼的前下方、D 组搭载桥固定在双眼的位置、E 组搭载桥固定在双眼的正下方、F 组搭载桥固定在双眼的后上方、G 组搭载桥固定在双眼的后下方。将光源 LED 灯插入跳线板插孔内，LED 灯可根据波长需要进行更换，可选择多种组合的光刺激方式，即可用同种波长的光源放在 7 组不同搭载桥位置，也可用不同波长的光源组合，还可在同一位置和同种波长的光源下改变光强度等多种组合方式。导线用于连接每个跳线板相应的正负极引脚及跳线板与控制台相应正负极引脚的对应连接。立体光刺激搭载装置主视图如图 10.5(a)所示，立体光刺激搭载装置正面俯视图如图 10.5(b)所示。

在实际应用时，先将鱼麻醉，再在颅骨上钻孔；在颅骨上距离眼球连线中点后、左、右等距处分别打孔，使用 3 个图钉或螺丝钉将装置固定于头部；再将鱼放入水中，在暗环境中利用基于 LabVIEW 的模拟平台发射光刺激信号，选择一定频率和幅值的直流方波信号进行光刺激。例如，用红色 LED 灯后可换蓝色 LED，即将蓝色 LED 灯替换红色 LED 灯插入跳线板插口内，继续进行光刺激实验，其他各种波长 LED 灯均如此。在实验中，立体光刺激搭载装置可根据鱼的头颅形状和尺寸及两眼距离来制作。

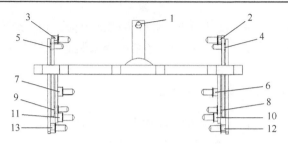

(a) 立体光刺激搭载装置主视图

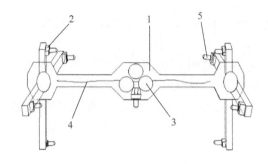

(b) 立体光刺激搭载装置正面俯视图

图 10.5 立体光刺激搭载装置示意图

1. A 组搭载桥；2、3. B 组搭载桥；4、5. C 组搭载桥；6、7. D 组搭载桥；
8、9. E 组搭载桥；10、11. F 组搭载桥；12、13. G 组搭载桥

10.1.4.3 一种可旋转光源的光刺激搭载装置及方法

自主发明了一种可旋转光源的光刺激搭载装置[12]。将该装置搭载在鲤鱼头部，使其可实现不同角度、不同强度、不同波长的组合式光源对鲤鱼运动行为的控制，在更换 LED 灯光源时，无须拆卸光刺激装置，只须转动本装置的旋转组件即可达到更换光源的效果，操作便捷、节省时间、降低成本。

可旋转光源的光刺激搭载装置由搭载板、同心通线管、旋转组件、LED 灯、排针、排母、导线、螺丝、螺钉构成。搭载板为矩形万能板，固定在鱼颅骨处以便搭载不同波长的发光二极管。同心通线管被焊接到外部的 LED 灯正负极针脚处，末端与旋转组件通过螺丝相连接；旋转组件为十字型结构，四端可搭载 4 种不同波长的 LED 灯，用螺丝在下方固定于同心通线管处，需要不同波长的 LED 灯时，方便转动旋转组件至固定位置，可以减少多次拆卸光刺激搭载装置对动物颅骨的损伤；LED 灯选用 10mm 的波长范围在 455~780nm；两个排母分别焊接在距矩形搭载板前后两端的 5mm 边缘处，上端排针通过排母连接 LED 灯正极，下端排针通过排母连接 LED 灯负极；导线一端焊接在 LED 灯脚处，另一端焊接在排针处，通过导线连接 LED 灯，导通电路；使用螺钉在颅骨上固定装置。可旋转光源的光刺激搭载装置主

视图如图 10.6(a)所示，可旋转光源的光刺激搭载装置仰视图如图 10.6(b)所示，可旋转光源的光刺激搭载装置侧视图如图 10.6(c)所示，可旋转光源的光刺激搭载装置俯视图如图 10.6(d)所示。

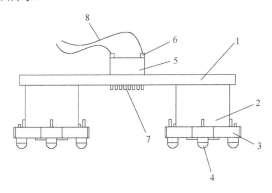

(a) 可旋转光源的光刺激搭载装置主视图

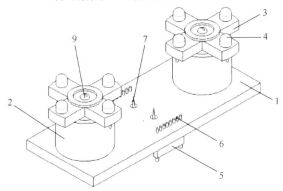

(b) 可旋转光源的光刺激搭载装置仰视图

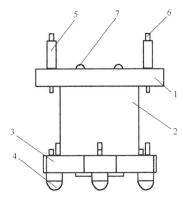

(c) 可旋转光源的光刺激搭载装置侧视图

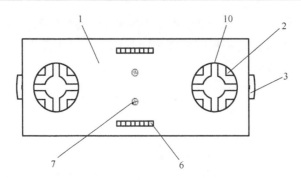

(d) 可旋转光源的光刺激搭载装置俯视图

图 10.6　可旋转光源的光刺激搭载装置结构示意图

1. 矩形搭载版；2. 同心通线管；3. 旋转组件；4. LED 灯；
5. 排针；6. 排母；7. 导线；8. 螺丝；9. 螺钉，10. 圆形孔

在实际应用时，先将鱼麻醉，再在颅骨上钻孔，使用图钉或螺丝钉将装置固定于头部；通过转动旋转组件将所需波长的 LED 灯转动到指定的位置；将可旋转光源的光刺激搭载装置通电，将实验鱼放于水中进行光控实验。每次更换 LED 灯时，不用拆卸这种可旋转光源的光刺激搭载装置，只需转动这个装置中的旋转组件即可。在实验中，可旋转光源的光刺激搭载装置可根据鱼的头颅形状和尺寸及两眼距离来制作。

10.1.4.4　一种用于鲤鱼机器人运动控制的光刺激搭载装置及方法

自主发明的一种用于鲤鱼机器人运动控制的光刺激搭载装置[13]。若将该装置搭载在鲤鱼头部上，既能够在暗光环境中又可以在亮光环境中使用，可以实现任何光照条件下鲤鱼机器人水下运动的光控。

该装置包括搭载板、遮光带、鱼鳍固定带、跳线板、不同波长 LED 灯、导线。搭载板是由万能板切割而成"王"字形，共有 6 组并联光源，每组各有两对串联光源，每对有两个 LED 灯组成；两个跳线板并排固定在搭载板的每条支路处；遮光带缝合在搭载板上，两条鱼鳍固定带采用同侧双交叉缝合在搭载板上，遮光带由九针折叠扁丝黑色遮阳网裁剪改造而成的长方形结构，缝合在搭载板上形成拱桥状以便适用于鱼头形状，鱼鳍固定带两端与搭载板同侧两角相连，两条固定带形成同侧双交叉，形成两个交叉点；搭载板通过鱼鳍固定带固定在头部，固定带形成的两个交叉点分别位于腹部和背鳍处，两条鱼鳍固定带是由两条黑色弹力松紧带交叉缝制而成；跳线板成对安插在搭载板的每条支路上，且在遮光带的内外对称分布；不同波长 LED 灯可根据需要安插在跳线板上，分为内排光源与外排光源，同一支路的内排光源与外排光源为串联，各支路光源为并联结构，遮光带的内排光源用于光控，遮光带的外排光源用于提示实验人员光控是否在进行。在应用时，根据鱼的形状和尺

寸制作光刺激搭载装置；将鱼麻醉，将装置经鲤鱼吻部套在鱼鳍下，遮光带前部为弹力松紧装置固定在吻部，防止装置向后脱落；将鱼鳍固定带卡在胸鳍下，防止装置向前脱落，两个固定带形成的两个交叉点分别位于腹部和背鳍位置，电路板内排光源与鱼头部处在遮光带内部，使鱼眼处在暗光环境中且只受到内排光源的照射；跳线板固定在搭载板上，每一支路上有两个跳线板并排连接在搭载板上，LED灯在跳线板上可拆卸；跳线板上每一条支路上的两个 LED 灯串联连接，同亮同灭，用于提示遮光带内光源状况；搭载板中心轴位置为主干路，连接电源正极，两边共有 6 条支路，每一支路都连有导线与电源负极接通，可导通或断开支路上导线，控制各支路跳线板上两个 LED 灯的亮灭，遮光带内排光源用于光控，遮光带外排光源用于提示光控是否在进行。将鲤鱼放入水中在有光和无光条件下均可进行光控实验。一种用于鲤鱼机器人运动控制的光刺激搭载装置示意图如图 10.7 所示，其中光刺激搭载装置示意图如图 10.7(a) 所示，光刺激搭载装置俯视示意图如图 10.7(b) 所示，搭载板和电路导线连接示意图如图 10.7(c) 所示，搭载板和鱼鳍固定带连接示意图如图 10.7(d) 所示。

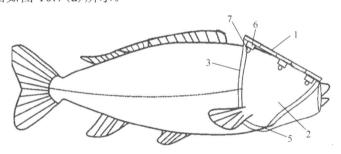

(a) 光刺激搭载装置示意图

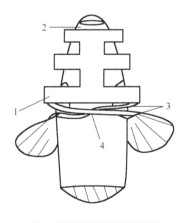

(b) 光刺激搭载装置俯视示意图

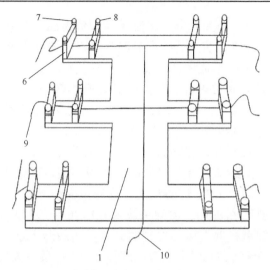

(c) 搭载板和电路导线连接示意图

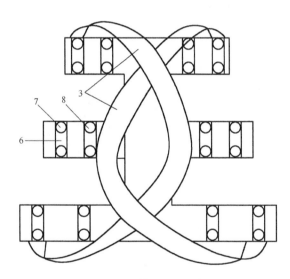

(d) 搭载板和鱼鳍固定带连接示意图

图 10.7 一种用于鲤鱼机器人运动控制的光刺激搭载装置示意图

1. "王"字型搭载板；2. 遮光带；3. 鱼鳍固定带；4. 上交叉点；5. 下交叉点；
6. 跳线板；7. 外排 LED 灯；8. 内排 LED 灯；9. 支路导线；10. 主路导线

10.2 水生生物机器人光刺激控制试验

依据鲤鱼趋光性实验研究的需要，设计一种搭载光刺激装置的水迷宫，可进行多方位和多角度的光源刺激对鲤鱼机器人运动行为影响的实验研究，有助于揭示不同强度、不同波长和不同角度光源刺激对鲤鱼机器人运动行为影响的作用规律。

10.2.1　搭载光刺激装置的水迷宫

发明搭载光刺激装置的一种水迷宫，该装置是一个多通道立体迷宫且搭载光刺激源，可实现多方位和多角度光刺激进行水生生物趋光性的实验研究，可用于水生生物运动行为控制的实验。

自主发明的一种搭载光刺激装置的水迷宫[9]是由四个长方形侧壁构成的组合式长方体，由底座、多插口插槽立柱、长方形侧壁、LED 灯组成。底座是将四根多插口插槽立柱摆放成正方形，通过外角件、T 型螺栓和法兰螺母在正方形的四个角处将相邻两插槽连接固定而成；多插口插槽立柱是有四个插口的长方体；每个侧壁均有三个圆孔通道，一个为上层通道，两个为下层通道，三个通道呈等腰三角形的关系，上层通道中心点在侧壁中垂线上，圆孔通道分上下两层，四个侧壁的 4 个上层通道相互呈 90° 角，四个侧壁的 8 个下层通道相互呈 45° 角；作为光源的 LED 灯固定在下层通道的上沿处，LED 灯可根据波长的需要进行更换，可以选择多种组合的光刺激方式，还可在同一位置、同一种波长的光源下改变光源的光强度进行多种方式的组合，将 LED 灯导线连接于电刺激器。在应用时，如将 1 个红色 LED 灯固定于水迷宫侧壁上层圆孔通道的下方，将 2 个蓝色 LED 灯固定于下层圆孔通道的下方，将 LED 灯通过导线分别与电刺激器相连，将水迷宫放置于实验水池中，向水池注水，水池水面高度与水迷宫高度相同，将鲤鱼移入水迷宫中，打开电刺激器的电源开关，对水迷宫中的鲤鱼进行光刺激实验，先应用红色 LED 灯光刺激，观察鲤鱼行为的反应，关闭红色 LED 灯，再应用蓝色 LED 灯光刺激，观察鲤鱼运动行为的反应(图 10.8)。

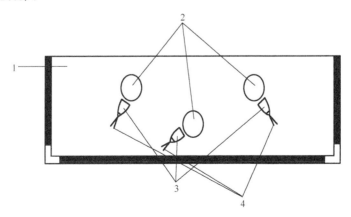

(a) 搭载光刺激装置的水迷宫侧视图

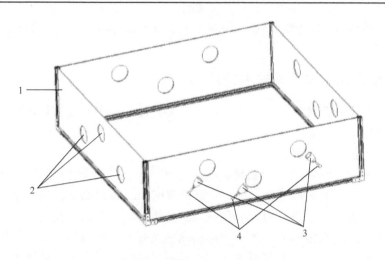

(b) 搭载光刺激装置的水迷宫整体图

图 10.8　搭载光刺激装置的水迷宫

1. 多通道立体水迷宫；2. 圆孔通道；3. 光刺激源；4. 导线

10.2.2　不同强度光刺激的水生生物机器人控制

通过鲤鱼趋光性实验发现，鲤鱼对不同波长光的敏感性是不同的，依此可以利用不同光源对鲤鱼机器人水下运动进行光控[13]。依据对鲤鱼机器人的光控作用研究[14]，将光刺激搭载装置固定在鲤鱼头部上，光刺激搭载装置上的 LED 灯位于鱼眼上方且距离鱼眼距离为 8mm，LED 灯的光照强度分别为 40lx、80lx、145lx、185lx 和 220lx，调节 LED 灯的不同光照强度。在不同的光照强度下，利用双目摄像头进行鲤鱼机器人运动行为控制实验的视频采集，并对视频进行处理与分析，通过计算鲤鱼机器人的运动参数，完成不同强度光刺激的鲤鱼器人运动行为控制效果的测试与评估。双目视觉系统的采样时间为 0.2s，采集 250 张图像，选取其中的 11 张图像，以 40lx 的光照强度实验为例，序列图像中的二维运动坐标和三维运动坐标，二维运动坐标的单位是 pt(像素)，三维运动坐标的单位是 mm，如表 10.2 所示。

表 10.2　序列图像中二维坐标和三维坐标(40lx)

帧数	左摄像头 (u_1, v_1)	右摄像头 (u_2, v_2)	三维坐标 (X, Y, Z)
142	(276, 370)	(218, 376)	(−44.88, 147.38, 975.32)
145	(270, 374)	(212, 380)	(−51.12, 151.54, 975.32)
148	(270, 378)	(211, 383)	(−50.25, 153.06, 958.79)
151	(271, 381)	(213, 387)	(−50.08, 158.82, 975.32)
154	(266, 385)	(207, 390)	(−54.34, 160.22, 958.79)

续表

帧数	左摄像头 (u_1, v_1)	右摄像头 (u_2, v_2)	三维坐标 (X,Y,Z)
157	(270, 388)	(212, 394)	(−51.12 166.1, 975.32)
160	(261, 391)	(202, 396)	(−59.45, 166.35, 958.79)
163	(257, 392)	(198, 398)	(−63.54, 167.37, 958.79)
166	(242,392)	(183, 397)	(−78.87, 167.37, 958.79)
169	(227, 384)	(168, 389)	(−94.2, 159.19, 958.79)
172	(239, 378)	(180, 384)	(−81.94, 153.06, 958.79)

实验中按照 LED 灯光照强度 40lx、80lx、145lx、185lx、220lx 将鲤鱼分 5 组，分别采集每组鲤鱼机器人(n=30)的运动参数，即每组重复 30 次，对各组数据进行统计处理，利用单因素方差分析，对不同光照强度下求取出的运动参数进行两两比较，采用 LSD 分析，将组别作为因子、运动距离和运动速度作为因变量进行统计分析，绘制一段时间内不同强度光刺激的鲤鱼机器人运动距离和运动速度的折线图（图 10.9，图 10.10）。研究表明，不同强度(40lx、80lx、145lx、185lx、220lx)光刺激鲤鱼机器人的运动距离和运动速度均发生变化，在一定范围内随着光照强度的增加，鲤鱼机器人的运动距离加大和运动速度加快，当光照强度达到 185lx 时，鲤鱼机器人的运动距离相对最大和运动速度相对最快。由此判断，光照强度可以影响鲤鱼机器人的运动行为，在不同光照强度刺激下，在一定范围内鲤鱼机器人的运动距离和运动速度会随着光照强度的增大而增大，反之亦然。

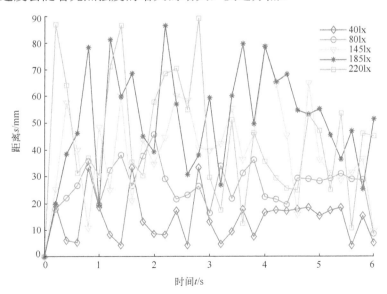

图 10.9　不同强度光刺激的鲤鱼机器人运动距离

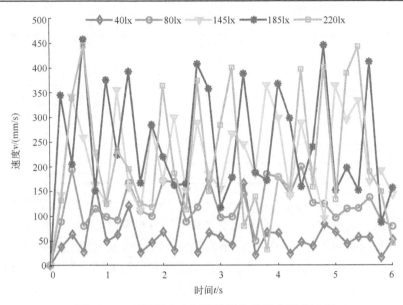

图 10.10　不同强度光刺激的鲤鱼机器人运动速度

　　在控制鲤鱼机器人前进、后退、左转和右转运动的实验中，为研究不同光照强度对鲤鱼机器人运动行为的影响，按照 LED 灯光照强度 40lx、80lx、145lx、185lx、220lx 将鲤鱼分 5 组，每组鲤鱼 30 尾。如表 10.3 所示，当光照强度为 185lx 时，对鲤鱼机器人运动控制的成功率相对最高；光照强度较低时，鲤鱼机器人的转向运动不明显；当光照强度较高时，可能会对视觉器官造成损伤，影响对鲤鱼控制的稳定性和重复性，容易引起鲤鱼无规则游动。

表 10.3　不同强度光刺激对鲤鱼机器人控制的成功率(n=30)

光照强度/(lx)	前进	后退	左转	右转	成功率/%
40	5	4	2	2	43
80	6	2	3	5	53
145	12	4	4	5	83
185	13	5	3	6	90
220	10	1	6	5	73

　　应用强度为 40lx、80lx、145lx、185lx、220lx 的 LED 灯对鲤鱼机器人进行光刺激，其中强度为 185lx 的光刺激对鲤鱼机器人运动控制的成功率相对最高。出现这种现象的原因可能是：当光照强度较小时，对视觉器官的刺激强度也较小，鱼的反应动作幅度也较小且频率也较慢，动作行为不够明显，故控制的成功率相对较小；而随着光照强度逐渐增大，对视觉器官的刺激强度也逐渐增大，鱼的反应动作幅度也逐渐增大且频率也逐渐加快，动作行为逐渐明显，故控制的成功率也逐渐增大；

当光照强度达到一定程度时，鱼的反应动作幅度最大且频率最快，动作行为最明显，故控制的成功率相对最高；但当光照强度超过一定程度时，控制的成功率不升反降，刺激过强时鱼出现一定程度的无规则游动，鱼不能有效完成指定的全部动作，故控制的成功率不是升高反而下降，推测可能是由于刺激强度超过鱼能够忍受的阈值，过强的外来刺激构成一定的伤害性刺激，从而导致鱼时而出现一些回避性的动作行为，表现出一定程度挣扎性的无规则游动动作现象，当然这个科学问题是需要再深入研究的，这项研究工作对将来应用光控方法控制生物机器人具有比较好的启发与参考的价值。

10.2.3　不同波长光刺激的水生生物机器人控制

依据前期对鲤鱼机器人的光控作用研究[14]，参照不同强度光刺激的鲤鱼机器人控制实验结果，在 LED 灯光照强度 40lx、80lx、145lx、185lx、220lx 各组中，其中强度为 185lx 的光控效果相对最明显，故选择 185lx 光照强度进行红色(622～780nm)、黄色(577～597nm)、蓝色(455～470nm)、绿色(492～577nm)波长的光刺激控制实验研究，完成不同波长光刺激的鲤鱼器人运动行为控制效果的测试与评估，方法与不同强度光刺激的鲤鱼器人运动行为控制实验一样。以红光的光控实验为例，实验序列图像中的二维坐标和三维坐标如表 10.4 所示，二维运动坐标单位为 pt，三维运动坐标单位为 mm。

表 10.4　序列图像中二维坐标和三维坐标(红光)

帧数	左摄像头 (u_1, v_1)	右摄像头 (u_2, v_2)	三维坐标 (X, Y, Z)
15	(271, 329)	(218, 336)	(−54.81, 114.64, 1067.33)
18	(284, 325)	(233, 328)	(−41.58, 114.41, 1109.19)
21	(304, 319)	(255, 324)	(−18.67, 111.69, 1154.46)
24	(321, 314)	(272, 320)	(2.25, 105.54, 1154.46)
27	(336, 307)	(288, 312)	(21.14, 98.94, 1178.51)
30	(356, 303)	(309, 308)	(47.25, 95.92, 1203.59)
33	(372, 296)	(325, 302)	(67.78, 86.94, 1203.59)
36	(386,290)	(339, 296)	(85.74, 79.24, 1203.59)
39	(402,285)	(355, 290)	(106.27, 72.82, 1203.59)
42	(412, 281)	(365, 287)	(119.1, 67.69, 1203.59)
45	(420, 275)	(374, 281)	(132.17, 61.3, 1229.75)

按照红色、黄色、蓝色、绿色将实验鲤鱼分 4 组，分别采集每组鲤鱼机器人(n=30)的运动参数，即每组重复 30 次。对数据进行统计处理，利用单因素方差分析，对不同光照强度下求取出的运动参数进行两两比较，采用 LSD 分析，将组别作为因子、

运动距离和运动速度作为因变量进行统计分析，绘制一段时间内不同波长光刺激鲤
鱼机器人运动距离和运动速度的折线图(图 10.11，图 10.12)。

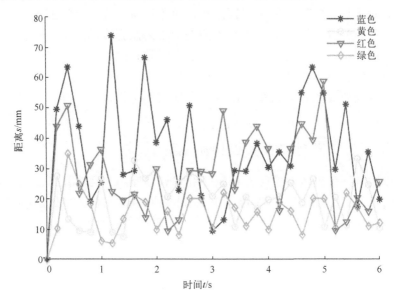

图 10.11　不同波长光刺激的鲤鱼机器人运动距离

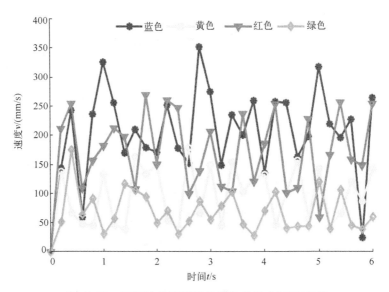

图 10.12　不同波长光刺激的鲤鱼机器人运动速度

研究表明，不同波长(622～780nm、577～597nm、455～470nm、492～577nm)
的光刺激对鲤鱼机器人的运动距离和运动速度均有影响。鲤鱼能够分辨红光、黄光、

蓝光、绿光 4 种不同波长的光，并在不同波长光的刺激下表现出不同的运动距离和运动速度。在相同时间内，受到不同波长光刺激的鲤鱼机器人运动距离由远及近分别是蓝光、红光、黄光、绿光，受到不同波长光刺激的鲤鱼机器人运动速度由快到慢依次是蓝光、红光、黄光、绿光。也就是说，在同等条件下，蓝光的刺激效果相对最显著，红光次之，黄光再次之，绿光的刺激效果相对最弱。

为研究不同波长的光对鲤鱼机器人运动行为的影响，按光源颜色不同将实验鲤鱼分 4 组：蓝光组、红光组、绿光组、黄光组，每组鲤鱼 30 尾，进行不同波长鲤鱼机器人的光控实验。如表 10.5 所示，波长最小的蓝光对鲤鱼机器人控制效果相对最佳，实验成功率相对最高，实验成功率从强到弱依次为蓝光、红光、黄光、绿光。

表 10.5　不同波长光对鲤鱼机器人控制的成功率（n=30）

光源颜色	前进	后退	左转	右转	成功率/%
绿	2	3	2	2	30
黄	2	4	4	2	40
蓝	5	6	4	3	60
红	4	4	3	4	50

依据实验可知，鲤鱼对蓝光刺激相对最敏感，红光次之，黄光再次之，绿光相对最弱。分析可能的原因是：自然界中的鲤鱼通常生活在浑浊的淡水中，水中环境的颜色多偏向黄色或绿色，所以鲤鱼对黄色和绿色的敏感性较低；由于生活环境中的蓝色和红色较少，所以鲤鱼对蓝色和红色的敏感性较高，当鲤鱼受到蓝光或红光刺激时，其动作行为更明显，且由于蓝光比红光的色相对比更鲜明，所以蓝光刺激作用相对最明显。此外，也有可能与鲤鱼的视觉器官乃至视觉中枢有关，这个科学奥秘有待于未来的深入研究。

10.2.4　不同角度光刺激的水生生物机器人控制

将光刺激搭载装置固定在鲤鱼头部，将鲤鱼机器人放入水中，选择眼球前缘、与眼平行、眼球后缘的光源刺激角度，将光刺激搭载装置上的 LED 灯光源放置在与鱼眼不同角度的位置上进行不同角度的光刺激控制实验研究，完成不同角度光刺激的鲤鱼器人运动行为控制效果的测试与评估，方法与不同强度光刺激的鲤鱼器人运动行为控制实验一样。

在研究不同角度光源对鲤鱼机器人运动行为影响的实验中，为减轻光刺激搭载装置的重量和应用的方便，采用 5mm 圆头三彩二极管（LED）作为光控实验用的刺激光源。同一个灯珠可以分别产生单色的红光、绿光、蓝光。将光刺激搭载装置搭载在鲤鱼头部上，位于搭载装置上的不同位置 LED 灯光源既可用于研究不同波长、不同刺激参数对鲤鱼机器人运动行为的影响，也可研究光源相对鱼眼不同角度对其运动行为的影响。如图 10.13 和图 10.14 所示，位点 1 和位点 2 处 LED 灯分别位于左眼和右眼的眼球前缘，使鱼感受刺激光源来自侧前方；位点 3 和位点 4 处 LED 灯分别与左眼和右眼平行，使鱼感受刺激光源来自正侧方；位点 5 和位点 6 处 LED 灯分别位于左眼和右眼的眼球后缘，使鱼感受刺激光源来自侧后方。

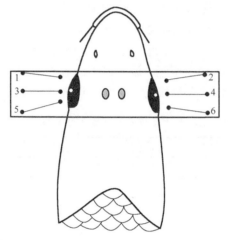

图 10.13　鲤鱼头部搭载不同角度光源的示意图

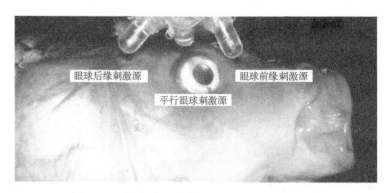

图 10.14　鲤鱼头部搭载不同角度光源的实物图

　　为研究不同角度光源刺激对鲤鱼机器人运动行为的影响，按刺激光源的位置将实验鲤鱼分 3 组：前方组、侧方组、后方组，每组鲤鱼 30 尾，进行不同角度光刺激的鲤鱼机器人控制实验。结果显示，当双侧光源位于眼前方时，鲤鱼机器人出现后退的现象；当双侧光源位于眼后方时，鲤鱼机器人出现前进的现象；当双侧光源位于侧方时，若点亮左侧光源，鲤鱼机器人出现右转运动的现象，若点亮右侧光源，鲤鱼机器人出现左转运动的现象。

　　结合鲤鱼趋光性实验的研究工作，不难理解不同角度的光刺激对鲤鱼机器人运动行为的影响。鲤鱼趋光性实验已表明，鲤鱼具有负性趋光性，即具有避光的特性，因此当鲤鱼受到光刺激时就会发生躲避光源的动作行为，表现为特定的行为现象。当受到双侧眼前方的光刺激时，鲤鱼出现后退的运动；当受到双侧眼后方的光刺激时，鲤鱼出现前进的运动；当受到单侧眼侧方的光刺激时，鲤鱼出现转向的运动，若受到眼左侧方的光源刺激时，鲤鱼出现右转的运动，若受到眼右侧方的光源刺激时，鲤鱼出现左转的运动。不同角度光源刺激对鲤鱼机器人运动行为影响的实验与鲤鱼趋光性实验的结果是一致的，并且也进一步验证了鲤鱼趋光性实验的研究结论。

10.3　水生生物机器人光刺激结合电刺激控制

采用电刺激方式控制生物机器人是一种主要的生物控制模式，但长时间电刺激会使动物产生疲劳性和适应性，导致控制精度下降和有效控制时间缩短。采用光刺激方式控制生物机器人也是一种生物控制模式，然而长时间光刺激也会出现同样的问题。通过大量实验已发现，无论是长时间单一的电刺激还是单一的光刺激都会出现控制能力减弱的问题，这是生物机器人领域面临的重要科学问题。对此，作者基于脑运动神经核团支配运动行为原理和鲤鱼负性趋光性原理，阐述了光刺激结合电刺激方式控制水生生物机器人的学术思想，提出了光-电结合刺激控制模式，研制出用于鲤鱼机器人运动行为控制的光电刺激结合装置，应用光-电结合刺激控制模式实现了鲤鱼机器人水下运动的控制[8,15,16]。将光刺激视觉器官与电刺激脑运动神经核团两种机理相结合，即将两种不同控制方法相结合是否可以避免单一控制方式引起动物的疲劳性和适应性从而实现更长时间有效控制，关于这个科学设想，已通过鲤鱼机器人水下运动行为控制实验进行了探索与验证。

10.3.1　水生生物机器人光刺激控制

鲤鱼视力较差，但对光却有着较强的敏感性。属于底层鱼类的鲤鱼有负性趋光性，故可利用负性趋光性原理通过光刺激视觉器官控制鲤鱼机器人的运动。将光刺激搭载装置搭载于鲤鱼头部，将鲤鱼机器人放在水迷宫中，选择红光、蓝光、绿光、黄光 LED 灯分别进行鲤鱼机器人光控实验,通过控制台分别进行单侧和双侧光刺激视觉器官从而控制鲤鱼机器人的运动行为[15]。以左侧红色光源刺激鲤鱼机器人控制其右转向运动行为为例，展示鲤鱼机器人受控右转向并达到约 270°的视频截图(图 10.15)，表明自主发明的光刺激搭载装置及光控方法是可以实现对鲤鱼机器人水下运动行为的控制。

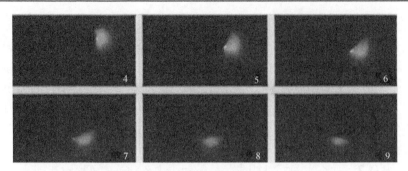

图 10.15　应用光控方法控制鲤鱼机器人右转向运动

10.3.2　水生生物机器人电刺激控制

　　将鲤鱼机器人放在水迷宫中，以有线控制和无线遥控两种方式分别控制鲤鱼机器人的水下运动，完成了前进、后退、转向、环绕水迷宫一周、穿越水迷宫通道的规划路径运动。无线控制鲤鱼机器人前进运动的视频截图如图 10.16 所示。鲤鱼机器人从迷宫下层某一圆孔通道位置出发直线运动到达同一侧壁下层圆孔通道位置，由迷宫侧壁的水平刻度线可测知鲤鱼机器人的前进距离；无线控制鲤鱼机器人左转向和右转向 90° 运动时，控制鲤鱼机器人从某一侧壁下层一个通道出发经左转向或右转向运动到达相邻侧壁通道，所走路径与两相邻侧壁之间通道连线构成等腰直角三角形，故所转角度为 90°。

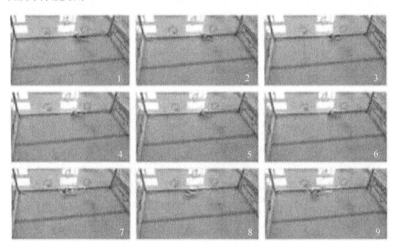

图 10.16　水迷宫内的无线遥控控制鲤鱼机器人前进运动

10.3.3　光电刺激相结合的鲤鱼机器人行为控制方法

　　在鲤鱼机器人光刺激控制和鲤鱼机器人电刺激控制的基础上，将光刺激与电刺激两种技术相结合，进行光电刺激技术相结合的鲤鱼机器人水下运动控制。将光刺激视觉器官和电刺激脑运动神经核团两种方式交替进行，旨在实现鲤鱼机器人水下运动的长时间有效控制，这项探索性研究工作对于解决单一刺激控制方式带来的动物疲劳性和适应性具有重要意义。

对此，作者自主发明一种光电刺激相结合的鲤鱼水生动物机器人行为控制方法[15]。将光刺激与电刺激相结合应用于鲤鱼机器人控制中，可提升鲤鱼机器人水下运动的控制能力。将脑电极植入到鲤鱼脑运动区，再将光刺激搭载装置固定在鱼头部，将控制台通过导线与脑电极和光刺激搭载装置相连将鲤鱼机器人放入水中，交替进行光刺激与电刺激来控制鲤鱼机器人的水下运动。

10.3.4　基于水迷宫的鲤鱼机器人光电刺激结合控制实验

作者自主发明一种观察测试水生动物行为控制能力的水迷宫装置及测试方法[17]。该装置为一长方体，4 个侧壁均有 3 个圆孔通道，通道分上下两层，上层通道圆孔共有 4 个，下层通道圆孔共有 8 个，4 个侧壁的 4 个上层通道圆孔相互呈 90°角，4 个侧壁的 8 个下层通道圆孔相互呈 45°角，侧壁有水平刻度线和垂直刻度线。将水生生物机器人置于迷宫内可观察与测试其三维立体运动形式和角度及运动距离。

应用时，麻醉鲤鱼，借助脑立体定位仪将电极植入脑运动区，再将光刺激搭载装置搭载在头部，刺激光源为 LED 灯，将鲤鱼机器人置于水迷宫中。以波长 455～470nm 蓝色波长的发光二极管 LED 为例，将光刺激和电刺激二者交替进行使用，每次刺激的时长为 30s。通过光电刺激技术相结合的控制方式，控制鲤鱼机器人前进、后退、原地转圈、左转向、右转向、环绕水迷宫、穿越水迷宫通道等运动。鲤鱼机器人的光电刺激结合控制实验表明，光电刺激技术相结合方法对鲤鱼机器人水下运动行为的控制具有有效性和长时性，光刺激与电刺激结合应用，比单一光刺激或单一电刺激的控制时间都长，可以避免单一光刺激或单一电刺激使鲤鱼产生疲劳性和适应性。

通过光电刺激技术相结合的鲤鱼机器人水下控制实验发现，光刺激视觉器官与电刺激脑运动神经核团两种方式交替使用，可以较长时间控制鲤鱼机器人的水下运动。这可能是因为两种刺激方法交替应用一定程度上能够避免单一的光刺激方式或电刺激方式长时间刺激使动物产生疲劳性和适应性。

基于光电刺激技术相结合的鲤鱼机器人水下控制研究工作，我们设想，关于多种控制方式使用的问题，在未来的实际应用中，可有几种情况和实施方案：可以将几种控制方式交替使用；也可以以一种控制方式为主，其他控制方式为辅；两种控制方式同时使用。当然多种控制方式混合应用的方案也是比较复杂的，需要充分做好前期研究工作。多种不同控制方式的有机结合使用，这是生物机器人控制领域值得研究的有趣且实用的科学课题。

参 考 文 献

[1] Gradinaru V, Thompson K R, Zhang F, et al. Targeting and readout strategies for fast optical neural control in vitro and in vivo[J]. The Journal of Neuroscience, 2007, 27(52): 14231-14238.

[2] Arnold K, Neumeyer C. Wavelength discrimination in the turtle pseudemys scripta elegans[J]. Vision Res, 1987, 27: 1501-1511.

[3] Lee S, Kim C H, Kim D G, et al. Remote guidance of untrained turtles by controlling voluntary instinct behavior[J]. PLoS One, 2013, 8: e61798.

[4] Kim C H, Choi B, Kim D G, et al. Remote navigation of turtle by controlling instinct behavior via human brain-computer interface[J]. Journal of Bionic Engineering, 2016, 13: 491-503.

[5] Kim D G, Lee S, Kim C H, et al. Parasitic robot system for waypoint navigation of turtle[J]. Journal of Bionic Engineering, 2017, 14: 327-335.

[6] 皮喜田, 徐林, 周升山, 等. 无创伤老鼠动物机器人的运动控制[J]. 机器人, 2011, 3(1): 71-76.

[7] 彭勇, 赵洋, 张乾, 等. 不同波长的光对鲤鱼机器人运动行为影响的研究[J]. 生物医学工程学杂志, 2021, 38(4): 647-654.

[8] 张乾. 鲤鱼机器人的光刺激控制及机理研究[D]. 秦皇岛: 燕山大学, 2021.

[9] 彭勇, 苏佩华, 王丽娇, 等. 一种搭载光刺激装置的水迷宫[P]. 中国, 201720630110. 5. 2017.

[10] 彭勇, 苏晨旭, 郭聪珊, 等. 一种光刺激搭载装置[P]. 中国, 201420696022. 1. 2014.

[11] 彭勇, 张凡, 苏洋洋, 等. 一种立体光刺激搭载装置[P]. 中国, 201720362604. X. 2018.

[12] 彭勇, 张乾, 张慧, 等. 一种可旋转光源的光刺激搭载装置及其方法[P]. 中国, 202011484913. 7. 2022.

[13] 彭勇, 韩晓晓, 王婷婷, 等. 一种用于鲤鱼机器人的光刺激装置及光控方法[J]. 生物医学工程学杂志, 2018, 38(5): 720-726.

[14] 刘佳宁. 鲤鱼机器人的光控作用研究[D]. 秦皇岛: 燕山大学, 2020.

[15] 彭勇, 韩晓晓, 刘洋, 等. 一种光电刺激相结合的鲤鱼水生动物机器人行为控制方法[P]. 中国, 201710905248. 6. 2017.

[16] 彭勇, 问育栋, 闫艳红, 等. 一种用于鲤鱼机器人运动行为控制的光电刺激结合装置[P]. 中国, 202211500771. 8. 2022.

[17] 彭勇. 一种观察测试水生动物行为控制能力的水迷宫装置及测试方法[P]. 中国, 201510043534. 7. 2018.

第 11 章 水生生物机器人控制效果检测与评估

水生生物机器人水下运动控制的有效性、精确性和长久性需要进行客观检测与科学评估,从而对水生生物机器人控制效果进行准确判断,有助于对水生生物机器人研究工作进行指导。计算机视觉(computer vision,CV)技术的概念是在 20 世纪 70 年代初提出的,伴随着电子信息和计算机网络等技术的快速发展,加上各种编程软件不断被研发出来并应用于计算机视觉领域,使计算机视觉技术越来越得到广泛应用。迷宫实验是学习和记忆研究中最常用的一种实验方法,对动物进行行为学实验是对药物和治疗方法研究的主要手段。而在生物控制研究领域,计算机视觉技术和迷宫实验同样也是非常需要的又是非常重要的研究方法和实验手段。

11.1 计算机视觉检测

计算机视觉技术越来越得到广泛应用并逐渐形成自己的理论体系和系统框架。许多图像处理技术也都得到巨大发展,此外,在变量优化这个概念下,计算机双目立体视觉、建模及边界检测等技术都被系统地描述为一类问题,并且在这些技术优化后得到更广泛的实际应用[1]。后来如人脸识别、指纹识别和光学字符识别技术等逐渐发展成熟。还研究出了基于统计模型的机器学习技术,它的出现引起了人们生活的巨大改变,如科研人员将其首次应用于面部识别技术[2]。当今各种理论和技术被不断发展与完善,应用更加广泛,更能理解视频图像中的目标信息。

11.1.1 计算机视觉系统设计

随着对生物机器人研究的深入,工作人员的工作环境也越来越复杂,逐渐从室内到室外,从陆地到空中和水下。生物机器人行为控制实验时间一般较长且不固定,在拍摄视频时会面临光照条件不理想及光照强度变化等情况,这不仅影响图像纹理信息,而且还会使图像中噪声畸变迅速增加,导致图像像素灰度的畸变,甚至会直接导致整个计算机视觉任务的失败。根据实验环境和实验要求,需要选择合适的光源类型,考虑到各方面因素,选择 LED 灯作为光源。控制目标场景的光照亮度在最优照明点可以使图像的对比度大,使拍摄系统表现更佳性能。为使在不同时间、不同地点每次实验光照亮度能够达到最佳效果,利用调光器改变输入光源电流有效值以达到调光的目的(图 11.1)。

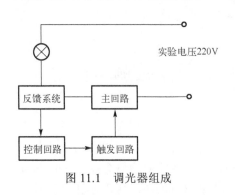

实验电压220V

图 11.1 调光器组成

由于水面会反射光线，光源摆放位置不当在视频中就会出现光源的映像，影响拍摄的质量，因此光源的摆设位置很重要。根据实验环境和光照条件的要求，将光源用三脚架固定，三脚架底部带有滚轮从而方便移动，此光照系统调整适当后，能够解决视频中光源映像及画面频闪的问题，使图像质量得到较大提高。为了得到鲤鱼机器人运动行为的三维轨迹图，采用定基线双目视觉摄像模块作为拍摄设备，通过数据线 USB 接口可直接连接计算机进行数据分析。

11.1.2 双目立体视觉标定

与陆生动物不同，水生动物运动形式的突出特点是三维立体运动。为了更好地获得鲤鱼机器人运动的三维轨迹图，采用双目立体视觉技术进行实验研究。随着技术的发展和需求的不断提高，双目立体视觉在计算机视觉领域中的位置越来越重要，通过不同角度的两个拍摄点对同一场景或者物体进行图形拍摄采集，然后利用三角形几何成像原理求解左右两个镜头采集图像同一个目标像素坐标值的偏差，从而得到物体三维信息[3]。双目立体视觉的标定即双目相机内参数与外参数求解的过程，其中外参数为两个拍摄镜头之间的位置变换，内参数为相机本身的参数[4]。我们采用 HNY-CV-001 的定基线双目视觉摄像模块(武汉莱娜机器视觉科技有限公司)作为拍摄设备。

11.1.3 鲤鱼机器人运动模型建立

运动目标检测即在以时间顺序排列的序列图像中，将目标物体从背景图像中提取出来，这是后续跟踪和行为处理的基础。鱼体的骨架提取是建立在图像分割检测的基础上，能够很好体现鱼体的形态特征和拓扑结构，通过鱼体骨架构建骨架模型以求取运动参数，对实验效果进行分析与检验。

采用帧间差分与混合高斯背景建模结合法对鲤鱼机器人目标进行提取。混合高斯背景建模法建立 k 个(一般 3～5 个)高斯模型对图像中每个像素点的特征进行表征，用模型与获取的像素点不断进行匹配，能够匹配的为背景点，如果与任意一个背景模型都不匹配，则该点为前景，即对应场景中的运动目标。由于混合高斯对场景环境复杂情况比较适用，尤其可以应对水池中鱼的监控点光照渐变影响及水草的摇摆等，但对光照的突变和摄像机的抖动等情况鲁棒性较差，此外算法本身的计算复杂度较高。帧间差分法与混合高斯背景建模结合法是将混合高斯建模法的前景图跟帧间差分图进行逻辑"与"运算，因为这两种算法各自有其优缺点，如用混合高斯背景建模获取的目标图像噪声少，图像中的鲤鱼内部内容较丰富，但鲤鱼目标的轮廓并不清晰。与此相对，用帧间差分法得到的目标图像轮廓较清晰明显，利用两者特点结合互补，会使检测效果得到较大提升。在鲤鱼机器人目标方面，取前 3 帧构建混合高斯背景，第 4 帧起进行前景提取。图 11.2 是应用混合高斯模型帧间差分法对第 68 帧鲤鱼机器人目标的检测。

图 11.2　混合高斯模型帧间差分法对鲤鱼机器人目标的检测(第 68 帧)

在对视频帧去噪后利用中轴变换法对鲤鱼骨架进行提取，除搭载装置部分外，可获得较完整的鲤鱼骨架结构，再对图像进行骨骼细化，将断裂连通域连接，得到鱼体骨架。图 11.3 为第 61 帧视频图像，从图中看出，鲤鱼骨架与鲤鱼整体形态能够较好吻合，这为后面采集鲤鱼实验数据奠定了基础。

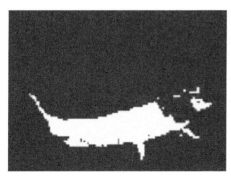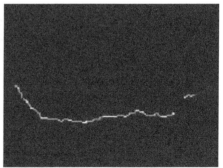

图 11.3　鲤鱼机器人鱼体骨架(第 61 帧)

鲤鱼在水中的运动姿态多种多样，这是鲤鱼的运动器官——胸鳍、背鳍、腹鳍、臀鳍和尾鳍共同作用的结果，尤其在幅度较大的运动中，其中尾鳍起到了更显著的作用，尾鳍不仅能够提供前进的动力，还能控制运动的速度，改变运动的方向，甚至能使鱼做出加速、快速原地转圈、跃出水面等剧烈运动。因为鲤鱼各鱼鳍具有协同作用，所以根据鱼尾数据也能基本看出其他各鱼鳍的参数波动，因此针对鱼尾的摆动来建立骨架模型。直接从二值图像中获取鱼尾摆幅和摆动频率是很难实现的，因此在提取的鱼体骨架基础上建立骨架模型，从而求取出鲤鱼各种摆尾运动的参数。鲤鱼骨架运动模型如图 11.4 所示，由于鱼体的摆动是鱼体后半部分的摆动，故在模型中标定鱼尾 3 个关键点：参考点 1、参考点 2 和尾部端点，借由这些参考点来方便计算尾鳍摆动的频率和幅值，并以鲤鱼体轴为参考线建立坐标系。

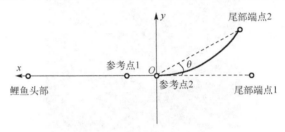

图 11.4　鲤鱼骨架运动模型

为验证计算方法的可行性，使用双目摄像机对鲤鱼自由游动状态下的运动进行拍摄，图像分辨率和双目合成后输出帧率分别为 2560×720、30fps，所得结果如表 11.1 所示。

表 11.1　鲤鱼尾鳍摆动频率的实验结果

测试数据	鱼尾摆动次数/n(左)	鱼尾摆动次数/n(右)	摆动频率 f/Hz
1~2000	79	78	1.171
3001~5000	72	72	1.081
7001~12000	193	190	1.140
16001~26000	387	383	1.149

所用鲤鱼尾鳍参数获取方法充分利用了计算机视觉的优点，能够应用在实际中。从表 11.1 可以看出，通过此方法获取的运动参数与实际基本相符，为鲤鱼机器人运动行为控制的检测提供了方法与参考。

11.1.4　鲤鱼机器人目标跟踪

为获得水迷宫中鲤鱼机器人的运动参数，首先从视频图像中算出鲤鱼机器人在各帧图片上的坐标位置，再把位置坐标按时间顺序关联，得出鲤鱼机器人完整的二维运动轨迹图像，为后面的三维轨迹重建奠定基础。如图 11.5 所示，利用质点跟踪算法算出鲤鱼机器人各帧中的质心位置。

利用 MATLAB 将获取的每帧图片中的质心坐标在坐标系中表示出来，再将各坐标点按顺序连接，所得的连线即可表示鲤鱼机器人运动的二维运动轨迹(图 11.6)。

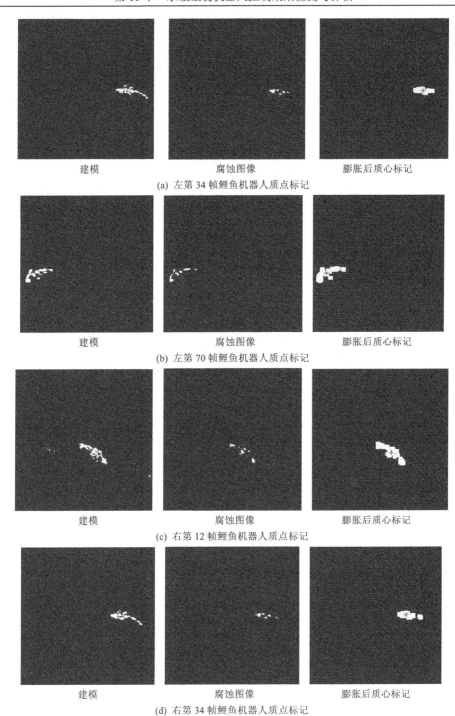

建模　　　　　　　　　腐蚀图像　　　　　　　膨胀后质心标记

(a) 左第 34 帧鲤鱼机器人质点标记

建模　　　　　　　　　腐蚀图像　　　　　　　膨胀后质心标记

(b) 左第 70 帧鲤鱼机器人质点标记

建模　　　　　　　　　腐蚀图像　　　　　　　膨胀后质心标记

(c) 右第 12 帧鲤鱼机器人质点标记

建模　　　　　　　　　腐蚀图像　　　　　　　膨胀后质心标记

(d) 右第 34 帧鲤鱼机器人质点标记

图 11.5　鲤鱼机器人的质点标记

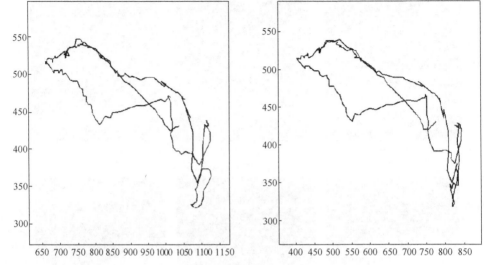

图 11.6　鲤鱼机器人的二维运动轨迹图

11.1.5　鲤鱼机器人运动轨迹三维重建

在完成鲤鱼机器人的目标检测、跟踪及二维运动轨迹绘制的基础上，结合上面的研究方法，进行三维坐标的求取和三维轨迹的绘制。从视频中选取一段视频序列图像(200~400 帧)，根据鲤鱼机器人的二维坐标，运用三维运动轨迹坐标求取公式计算出三维坐标。表 11.2 为 200~400 帧序列图像中随机 20 帧的二维和三维坐标值，其中二维运动轨迹与三维运动轨迹质心坐标单位分别为 pt 和 mm。

表 11.2　200~400 帧序列图像中随机 20 帧的二维和三维坐标值

帧数	左摄像头 (u_1, v_1)	右摄像头 (u_2, v_2)	三维坐标 (x, y, z)
206	(1005, 429)	(743, 420)	(83.9597, 26.7409, 326.2644)
218	(846, 511)	(603, 505)	(51.0689, 49.1428, 351.7748)
223	(792, 536)	(540, 525)	(36.3236, 53.3589, 339.2114)
224	(781, 536)	(529, 529)	(33.6914, 53.3589, 339.2114)
245	(683, 520)	(433, 520)	(10.3234, 49.9336, 341.9251)
252	(667, 520)	(408, 514)	(6.2395, 48.1985, 330.0436)
253	(665, 518)	(408, 514)	(5.8188, 48.1052, 332.6120)
258	(685, 505)	(428, 505)	(10.8959, 44.7125, 330.0435)
260	(699, 505)	(442, 502)	(13.7963, 45.0606, 332.6120)
264	(719, 502)	(464, 498)	(18.6339, 44.7059, 335.2207)
282	(801, 440)	(540, 438)	(37.1503, 29.3801, 327.5145)
285	(828, 444)	(573, 440)	(44.4092, 31.0156, 335.2207)

根据表 11.2 中坐标值绘制鲤鱼机器人运动的三维运动轨迹图(图 11.7)。

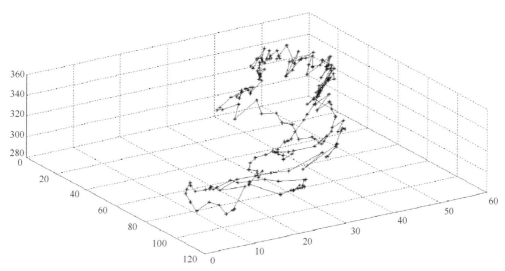

图 11.7　鲤鱼机器人运动的三维运动轨迹图

11.2　水迷宫研制

　　学习和记忆障碍一直是神经学方面研究的一个热点问题，也是医学领域一个难以攻克的难点。对动物进行行为学实验是对药物和治疗方法研究的主要手段，而迷宫实验是学习和记忆研究方面中最常见的一种实验方法和技术手段。在生物控制领域，迷宫同样也是生物控制研究中需要的一种重要研究方法和实验手段。根据研究目的与实验性质不同，一些学者设计了多种迷宫装置，在国际上典型的有 Morris 水迷宫(图 11.8)、Y 型迷宫(图 11.9)、T 型迷宫(图 11.10)、八臂迷宫(图 11.11)、跳

(a) 示意图　　　　　　　　(b) 实物整体图　　　　　　　(c) 实物内部图

图 11.8　Morris 水迷宫

图 11.9　Y 型迷宫　　　　　图 11.10　T 型迷宫　　　　图 11.11　八臂迷宫

台及穿梭箱等。在种类众多的迷宫中，由英国心理学家 Morris 在 20 世纪 80 年代设计的 Morris 水迷宫的应用更为广泛，Morris 水迷宫是用来检测动物学习记忆能力的[5]。但现有的迷宫多用于爬行动物和哺乳动物使用的，而用于水生动物进行生物控制研究的迷宫尚未见文献报道。

11.2.1　中央台阶式八臂迷宫

作者自主设计了面向水陆两种动物运动行为控制能力以及动物学习记忆能力测试的一种中央台阶式八臂迷宫装置[6]。该装置可用来测试动物对食物的选择学习能力及记忆能力，可用于动物运动状况的观察及测试对动物运动行为控制的效果等。

如图 11.12 所示，中央台阶式八臂迷宫包括分隔臂、中央凹陷区、中央台阶。分隔臂为八臂结构，相邻两臂结构之间呈 45°角，八臂结构构成八个通道；中央台阶位于迷宫的中心，为两层的一体结构，两层结构形状均为正八棱柱，上层结构面积较小，下层结构面积较大，两层的一体结构构成台阶，在迷宫中可以安装和拆卸；迷宫中间有一正八边形中央凹陷区用来放置中央台阶，能够使中央台阶稳定坐落在迷宫的中央区内，由于中央凹陷区的凹陷较浅，所以在不放置台阶时也不影响动物在迷宫中的运动。

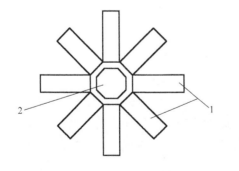
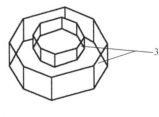

(a)迷宫俯视示意图　　　　　　　(b) 中央台阶示意图

图 11.12　中央台阶式八臂迷宫图
1. 分隔臂；2. 中央凹陷区；3. 中央台阶

在鲤鱼机器人运动行为控制实验研究中，在中央台阶式八臂迷宫的正上方安装一个摄像头，采集鲤鱼机器人运动的视频图像，捕获的视频信号在计算机窗口中实时显示，通过操作计算机中虚拟控制台来开始或停止记录鲤鱼机器人运动轨迹和实验参数。实验时，先把中央台阶式八臂迷宫放入实验水池中，再将鲤鱼麻醉，将电极植入到鲤鱼脑运动区并搭载电子刺激器，将鲤鱼机器人置于迷宫内，通过控制台向鲤鱼机器人发送控制指令，对其脑运动区施加模拟电信号，进行多角度转向、前进和后退等运动形式的控制，观察与评价在迷宫装置中不安放台阶时鲤鱼机器人二维平面运动的控制效果；后将中央台阶放置于迷宫中央凹陷区，使之构成新的迷宫装置既中央台阶式八臂迷宫，将鲤鱼机器人放入迷宫八臂结构的某一通道中，控制鲤鱼机器人上台阶和下台阶及在台阶处转向，观察与评价在迷宫中安放台阶时鲤鱼机器人三维立体运动的控制效果。此外，若将大鼠或家兔放在中央台阶式八臂迷宫中，还可用于陆生动物进行上台阶和下台阶及在台阶处转向的运动行为控制和学习记忆的实验研究。

11.2.2　双层立体多通道水迷宫

自主发明一种观察测试水生动物行为控制能力的水迷宫装置及测试方法[7]。该装置可方便拆装及自由组合，其四个侧壁的通道分为上下两层，不仅可观察水生动物的前进、后退、多角度转向和原地转圈的二维平面运动，还能够观察水生动物上浮和下潜的三维立体运动，非常适用于水生生物机器人运动行为控制的多角度和三维立体运动观察与测试的实验研究，也适用于水生动物的学习和记忆等方面的实验研究。

如图 11.13 所示，发明的水迷宫为双层立体多通道水迷宫。该装置为一长方体结构，由 4 个长方形侧壁、多插口插槽、外角件、T 型螺栓、T 型螺母、法兰螺母、L 型连接板、专用头螺栓构成。长方形侧壁由透明玻璃制成，每个侧壁均有 3 个圆孔作为通道，其中 1 个为上层通道圆孔，2 个为下层通道圆孔，3 个通道圆孔呈等腰三角形的关系，上层通道圆孔中心点在侧壁平面中垂线上，通道能够允许水生动物通过。水迷宫通道分上下两层，上层通道圆孔共有 4 个，下层通道圆孔共有 8 个，4 个侧壁的 4 个上层通道圆孔相互呈 90°角，4 个侧壁的 8 个下层通道圆孔相互呈 45°角。插槽由合金制成，呈长方体型，有 4 个插口，分别位于长方体每个面的中线处。将4 根长度相同的多插口插槽先摆放成正方形底座形状，再通过外角件、T 型螺栓和法兰螺母在正方形四个角处将相邻两插槽连接固定。正方形底座与分别位于底座四个角上的立柱通过 L 型连接板、T 型螺母和专用头螺栓固定组成水迷宫的框架。由固定底座与 4 个立柱连接固定成长方体结构框架，再由 4 个侧壁插入框架四面相应插槽组合而成。每个长方形侧壁均有水平刻度线和垂直刻度线，水平刻度线用于表示水平面的距离，垂直刻度线用于表示垂直面的高度。如图 11.13（b）所示，制作的水迷宫长为 200cm，宽为 200cm，高为 55cm；圆孔直径为 15cm；上层通道圆孔圆心距侧壁上缘为 17.5cm，距两侧边缘均为 100cm；下层通道圆孔圆心距侧壁下缘为 17.5cm，距两侧边缘分别为 58.5cm 和 141.5cm。

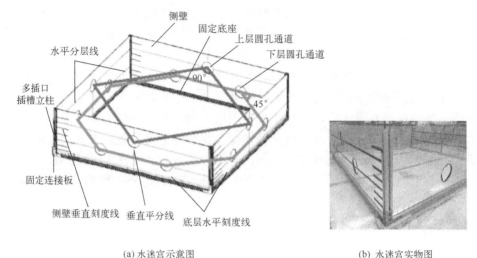

(a) 水迷宫示意图　　　　　　　　　　　　　　(b) 水迷宫实物图

图 11.13　双层立体多通道水迷宫（见彩图）

　　应用时，在实验水池内安装水迷宫，再向水池注水，水池的水面高度与水迷宫高度相同，在水迷宫的上方安装摄像头，摄像头捕获实验动物视频信号通过图像采集卡与计算机连接，通过计算机观察与记录运动轨迹和实验参数。将鲤鱼机器人置于水迷宫内，应用无线通信遥控技术对鲤鱼机器人进行遥控控制。水迷宫 4 个侧壁的 4 个上层通道相互呈 90° 角，四个侧壁的 8 个下层通道相互呈 45° 角，侧壁的水平刻度线可反映水平面的距离，以此观察与记录鲤鱼机器人前进、后退、停止、多角度转向和原地转圈的平面运动形式与实验参数；水迷宫 4 个侧壁的通道分为上下两层，侧壁的垂直刻度线可反映垂直面的高度，以此观察与记录鲤鱼机器人上浮、下沉的立体运动形式与实验参数。应用无线控制装置发出指令信号，通过模拟电生理信号控制鲤鱼机器人进行指定运动并通过指定通道圆孔，根据能否通过指定的通道来判断控制效果，并根据通过指定通道需要实验次数进行判断。在实际应用中，可以结合水迷宫的结构特点来设计不同的规划运动路径，进行平面路线和立体路线的运动控制，控制水生生物机器人完成指定的规划路径。

11.2.3　搭载光刺激装置的水迷宫

　　自主发明一种搭载光刺激装置的水迷宫[8]。该装置是在双层立体多通道水迷宫的基础上搭载刺激光源，其功能是可多角度和多方位对水生动物进行光刺激，观察水生动物对不同波长、不同强度、不同频率、不同角度光刺激的反应现象和用于水生生物机器人的运动行为控制。

在发明的一种观察测试水生动物行为控制能力水迷宫装置及测试方法[7]基础上,用 LED 灯做为光源,将 LED 灯固定于水迷宫通道的下方。LED 灯可根据研究目的需要进行更换,也可选择多种组合的光刺激方式,还可在同一位置、同一种波长的光源下改变光源的强度和频率等参数进行多种方式组合的应用。将 LED 灯的导线连接于电刺激器,将迷宫放入实验水池中,再将水生生物机器人放于迷宫内即可进行实验。

例如,在实验时,可将 1 个红色 LED 灯固定于水迷宫侧壁上层圆孔通道的下方,将 2 个蓝色 LED 灯固定于下层圆孔通道的下方。将水迷宫置于实验水池中,将 LED 灯通过导线分别与电刺激器相连,向水池注水,水池水面高度与水迷宫高度相同,将实验鲤鱼移入水迷宫中,打开电刺激器的电源开关,对水迷宫中的鲤鱼进行光刺激实验。先应用红色 LED 灯进行光刺激,观察与记录鲤鱼行为的反应,关闭红色 LED 灯;再应用蓝色 LED 灯进行光刺激,观察与记录鲤鱼行为的反应。

11.2.4　组合式多臂水迷宫

自主发明一种组合式多臂迷宫[9]。该装置包括分隔臂、组合式台阶。分隔臂由两个侧板和一个封口板构成而形成单向通道结构,两个侧板一端由封口板封口,另一端为开口结构;分隔臂设若干个,其开口端周向依次连接并在中部合围成一个中心空区,每个分隔臂的单向通道内均沿长度方向设有一个组合式台阶。中心空区是被试动物由一个通道去往其他通道的中转区,根据分隔臂数量决定中心空区形状。动物在分隔臂内可行进至通道尽头回转,从一个分隔臂经中心空区移至另一分隔臂。不同臂数的迷宫其分隔臂之间的角度不同,这样有助于增加研究内容的多样性且提升被试动物转向精确性的研究。分隔臂由透明材料制成,以便于观察迷宫内的动物状态与行为现象。分隔臂设有 3～12 个,各个分隔臂的臂长、臂宽和臂高均相同,若干个分隔臂周向均布,即相邻的两个分隔臂之间形成的角度相同,不同数量的分隔臂可围成不同臂数的迷宫。组合式台阶包括台底、台阶、台面,台面设置于台底顶部,台面一端与台底之间由台阶连接,另一端与台底之间也由台阶连接,台面两端的两组台阶对称设置,两组台阶与水平面均呈 45° 角,适用于陆生动物的攀爬,也适用于水生动物的上浮和下潜。因而既可用于水生动物的上浮和下潜等运动控制的测试,也可用于陆生动物的运动控制、觅食和学习记忆能力的测试。为使组合式台阶的整体长宽与分隔臂内的单向通道配合,组合式台阶的整体长度与分隔臂内的单向通道的长度相等,组合式台阶的宽度与分隔臂内的单向通道的宽度相等。封口板的两端与两个侧板之间分别由一固定插槽固定,固定插槽由不锈钢焊接而成,其横截面为 L 型,插接在两个侧板与封口板的连接处;固定插槽的 L 形结构能够保证封口板与侧板的稳定连接。分隔臂的每个侧壁均有水平刻度线和垂直刻度线,水平刻度线用于表示水平面的距离,垂直刻度线用于表示垂直面的高度(图 11.14)。

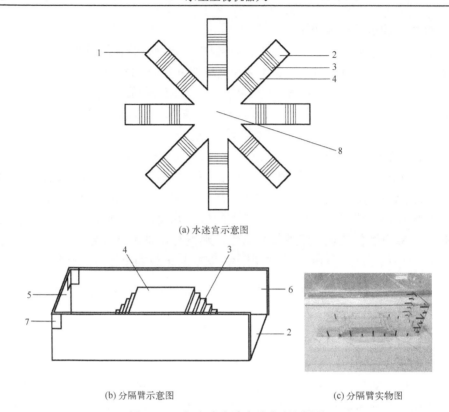

(a) 水迷宫示意图

(b) 分隔臂示意图　　　　　　　　　　　　　(c) 分隔臂实物图

图 11.14　组合式多臂水迷宫(见彩图)

1. 分隔臂；2. 台底；3. 台阶；4. 台面；5. 封口板；6. 侧板；7. 固定插槽；8. 中心空区

　　在应用时，先在实验水池内安装组合式八臂迷宫，再向水池注水，水池的水面高度与迷宫高度持平，在迷宫上方安装摄像头，摄像头采集实验动物视频信号通过图像采集卡与计算机连接，通过计算机观察与记录运动轨迹和实验参数。将鲤鱼机器人置于组合式多臂迷宫内，应用无线通信遥控技术对鲤鱼机器人进行遥控控制。迷宫分隔臂构成 45°、90°、135° 和 180° 角，以此观察鲤鱼机器人前进、后退和多角度转向的平面运动；分隔臂侧壁的水平刻度线反映鲤鱼机器人的水平行走距离，垂直刻度线反映鲤鱼机器人上浮和下潜的高度；分隔臂中的组合式台阶，用以观察鲤鱼机器人上浮和下潜的立体运动；以中心空区为原点，建立鲤鱼机器人在迷宫中三维空间位置坐标系，通过计算机定位其运动情况。应用无线控制装置发出指令信号，通过模拟电生理信号控制鲤鱼机器人的运动，进行前进、后退、停止、多角度转向、上浮和下潜等动作。根据能否完成指定动作和完成动作所需次数及运动轨迹，分析与评估对鲤鱼机器人运动控制的能力和精度。在不同的实验中，可依据不同的研究目的，结合迷宫的结构特点来设计不同的规划运动路径，进行平面路线和立体路线的水生生物机器人运动行为控制。

11.3　基于计算机视觉技术和水迷宫的水生生物机器人运动检测与评估

我们将计算机视觉技术与水迷宫有机结合，对鲤鱼机器人水下运动行为控制效果进行检测与评估[10]，这项研究工作对不断改进和优化水生生物机器人控制的实验方法与技术手段具有重要的作用。

11.3.1　鲤鱼机器人控制效果检验

对鲤鱼机器人运动行为控制效果进行了实验检验尤其是水迷宫内鲤鱼机器人水下控制实验(图 11.15)，以期不断改进控制方法与技术手段。鲤鱼的离水状态和水下控制实验表明，刺激延脑的效果较明显，故选取刺激延脑的鲤鱼运动轨迹数据进行效果分析。当鲤鱼处于自由泳动状态时，其平均游动距离基本保持不变，虽有停留，但一般不会突然急剧游动，所以距离曲线波动不显著；但当鲤鱼机器人接收到控制指令时就会迅速做出相应反应，其游动距离在单位时间内有较大变化。因此，根据这一特性统计鲤鱼受到刺激时距离变化的数据，并根据公式与统计的三维坐标值绘制 $s\text{-}t$ (平均距离-时间)曲线(图 11.16)。当鲤鱼机器人接收控制指令时曲线出现较大峰值，当鲤鱼机器人接收停止指令时曲线波动较平缓且距离值较小。

图 11.15　水迷宫内鲤鱼机器人水下控制实验

从图 11.17 和图 11.18 可以发现二者之间的相互联系，且还可直观看出鲤鱼机器人所处状态和具体参数。通过这些数据的采集，以及通过调整电压、频率、波形和刺激时间以改变鲤鱼机器人的运动状态，从而使控制不仅仅局限在前进、后退、左右转向等行为模式上面，还可使控制更加深入具体。

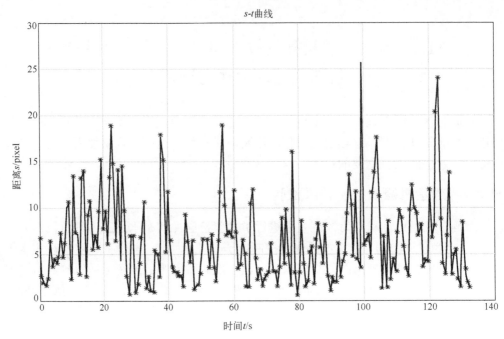

图 11.16 鲤鱼机器人运动的距离曲线

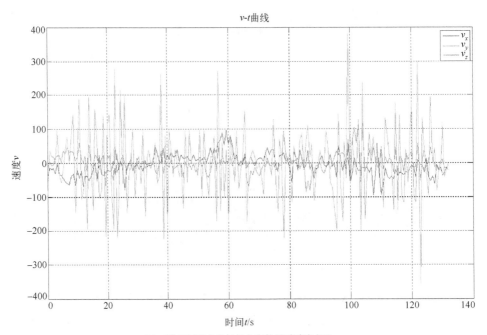

(a) 二维坐标下各坐标轴方向的运动速度曲线

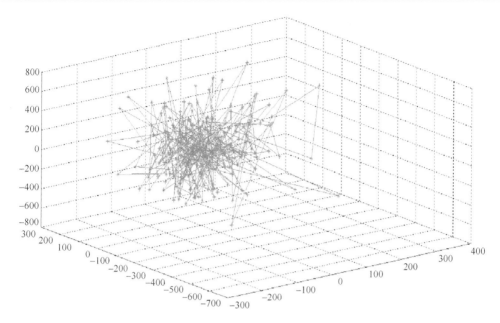

(b) 三维空间内的运动速度曲线

图 11.17　鲤鱼机器人运动速度曲线

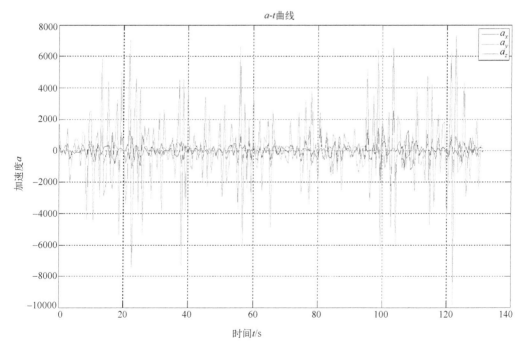

(a) 二维坐标下各坐标轴方向的运动加速度曲线

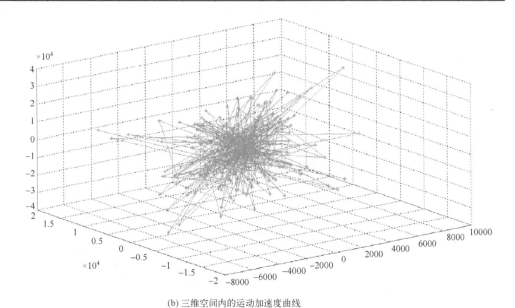

(b) 三维空间内的运动加速度曲线

图 11.18　鲤鱼机器人运动加速度曲线

图 11.17 和图 11.18 只是反映了鲤鱼机器人的运动状态，不能从中看出鲤鱼机器人的运动形态。为了更加全面地进行检测与分析，引入运动状态下的转角来体现鲤鱼机器人的运动形态特征，根据统计视频中的三维坐标值绘制(转角-时间)曲线，如图 11.19

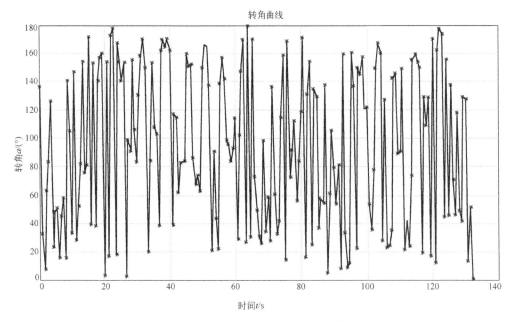

图 11.19　鲤鱼机器人运动的转角曲线

所示。转角曲线反映的是鲤鱼机器人运动的转动角度，结合速度或加速度的正负则可以判断鲤鱼机器人左右转向、前进和后退的运动行为，而且通过以上曲线图可以计算出具体的转动角度，对鲤鱼机器人运动行为控制的分析具有研究意义。

以上求取的参数能够很好地将受控中的鲤鱼机器人运动形态和运动活性描述出来。当实验鲤鱼受到刺激时，运动参数会有变化，通过这些变化可以判断鲤鱼机器人控制的成功与否，对成功控制的鲤鱼机器人运动行为实验还可以通过求取运动参数来确定控制的精确程度。

11.3.2　鲤鱼机器人可控程度评估

选取健康成年鲤鱼 60 尾，每尾鱼实验 10 次，每次实验提取 4 个特征(距离、速度、加速度、转角)，故所用样本数据库为 60×10×4，从中随机选取 40×10×4 用于创建神经网络分类器的输入，受控标志作为输出，网络迭代次数设置为 1500 次，期望误差设为 10^{-6}，学习速率设为 10^{-2}，如图 11.20 所示。设定参数后开始神经网络的训练，样本数据库外数据用于测试神经网络训练效果，最终得到鲤鱼机器人可控程度评估测试模型。

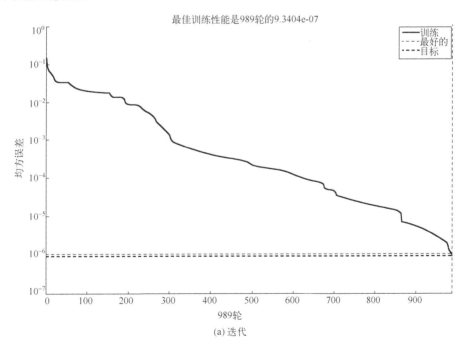

(a) 迭代

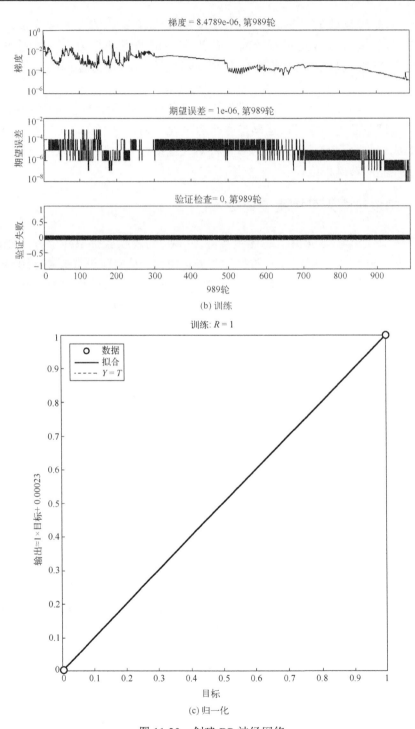

(b) 训练

(c) 归一化

图 11.20　创建 BP 神经网络

通过建立 BP 神经网络，对鲤鱼小脑和延脑的两组数据进行控制效果测试。将两组数据导入神经网络分类器当中，归一化处理后，开始对其进行检测，用检测到的受控总量/检测到的样本总量×100%即可得到受控比率。建立好的可控程度测试模型准确率高达 98%。BP 神经网络分类结果如下。

实验的条件，控制总数：600，小脑：300，延脑：300；训练控制总数：400，小脑：200，延脑：200；测试控制总数：200 ，小脑：100，延脑：100。测试结果：小脑受控正确识别：97，误识别：3，识别率 p1：97%；延脑受控正确识别：99，误识别：1，识别率 p2：99%，受控识别率：98%，建模时间：31s。

应用计算机视觉技术和迷宫对鲤鱼机器人运动控制有效性和精确性检测与评估，有助于对控制效果分析与判断，对改进与优化水生生物机器人控制的方法和手段以及指导水生生物机器人的研究和应用具有重要指导意义。

参 考 文 献

[1] Terzopoulos D. Multilevel computational processes for visual surface reconstruction[J]. Computer Vision Graphics & Image Processing, 1983, 24(1): 52-96.

[2] Turk M, Pentland A. Eigenfaces for recognition[J]. Journal of Cognitive Neuroscience, 1991, 3(1): 71-86.

[3] 马颂德, 张正友. 计算机视觉一计算理论与算法基础[M]. 第 1 版. 北京: 科学出版社, 2009.

[4] 郭志全. 计算机视觉关键算法的并行化实现[D]. 西安: 西安邮电大学, 2016.

[5] Morris R. Developments of a water-maze procedure for studying spatial learning in the rat—science direct[J]. Journal of Neuroscience Methods, 1984, 11(1): 47-60.

[6] 彭勇, 巨亚坤, 沈伟超, 等. 一种中央台阶式八臂迷宫装置[P]. 中国, 201520338834. 3. 2015.

[7] 彭勇. 一种观察测试水生动物行为控制能力的水迷宫装置及测试方法[P]. 中国, 201510043534. 7. 2018.

[8] 彭勇, 苏佩华, 王丽娇, 等. 一种搭载光刺激装置的水迷宫[P]. 中国, 201720630110. 5. 2017.

[9] 彭勇, 左悦. 一种组合式多臂水迷宫[P]. 中国, 201910961404. X. 2019.

[10] 张凡. 基于计算机视觉和水迷宫的鲤鱼机器人生物控制检测研究 [D]. 秦皇岛: 燕山大学, 2017.

彩 图

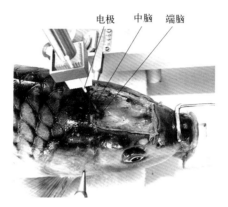

图 3.4　第一片鱼鳞前缘开口植入电极图

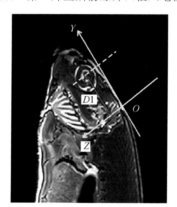

图 3.13　鲤鱼冠状划痕距眼球中心距离示意图

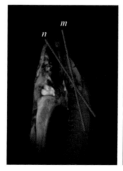  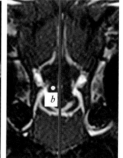

(a) 定位项图像　　　　(b) 矢状位图像　　　　(c) 轴状位图像

图 3.14　鲤鱼脑组织目标位点定位方法示意图

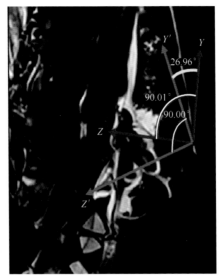

图 3.15 坐标系夹角的测量

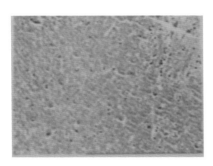

(a) 正常小脑切片图

(b) 铜电极对小脑影响切片图

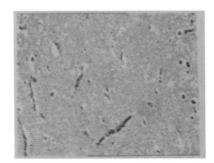

(c) 不锈钢电极对小脑影响切片图

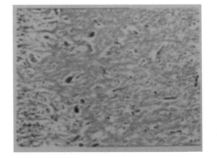

(d) 银电极对小脑影响的切片图

图 4.3 电极对鲤鱼小脑影响的组织切片图(×10)

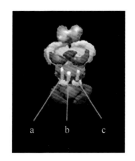

图 4.7　脑电极在鲤鱼小脑中的三维重建

a. 控制左转向的脑电极；b. 控制前进的脑电极；c. 控制右转向的脑电极

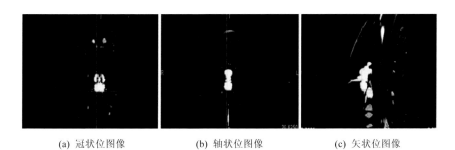

(a) 冠状位图像　　　　　　(b) 轴状位图像　　　　　　(c) 矢状位图像

图 6.12　鲤鱼脑组织的阈值提取

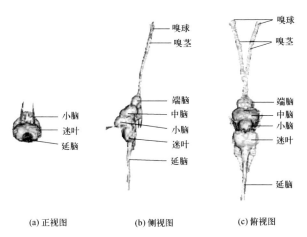

(a) 正视图　　　　(b) 侧视图　　　　(c) 俯视图

图 6.13　鲤鱼脑组织图像的三维重建

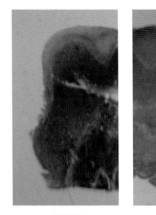

(a) 髓鞘染色　　　　　(b) 尼氏染色

图 7.19　小脑腹侧组织切片图

(a) 髓鞘染色　　　　　(b) 尼氏染色

图 7.20　小脑背侧组织切片图

(a) 尼氏染色　　　　　(b) 髓鞘染色

图 7.21　延脑迷叶腹侧组织切片图

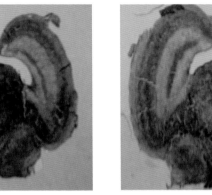

(a) 髓鞘染色　　　　　(b) 尼氏染色

图 7.22　延脑迷叶背侧组织切片图

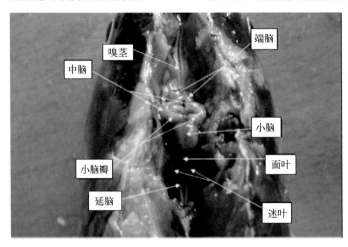

(a) 脑结构解剖背面图

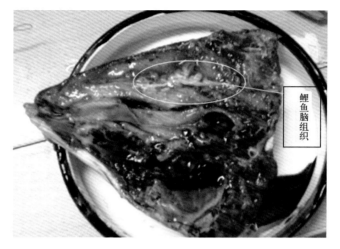

(b) 脑结构解剖侧视图

图 8.2 鲤鱼在体脑结构解剖图

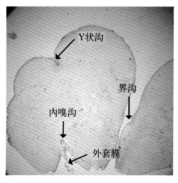

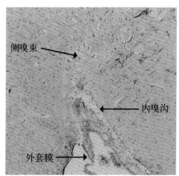

(a) 端脑横切的组织切片图(×40)　　　　(b) 端脑横切的组织切片图(×100)

图 8.7 鲤鱼端脑横切的组织切片图

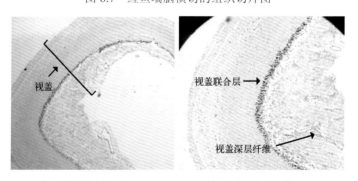

(a) 中脑视盖的组织切片图(×40)　　　　(b) 中脑视盖的组织切片图(×100)

图 8.9 鲤鱼中脑视盖的组织切片图

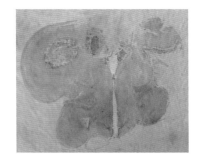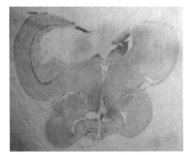

图 8.12　鲤鱼中脑-小脑瓣横切的组织切片图(×10)

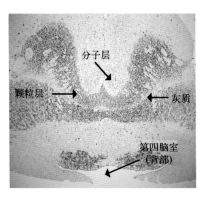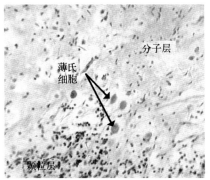

(a) 小脑背侧横切的组织切片图(×40)　　　(b) 小脑细胞层组织切片图(×100)

图 8.14　鲤鱼小脑横切的组织切片图

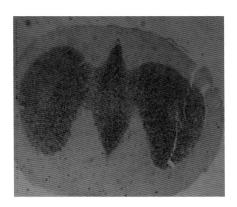

图 8.16　鲤鱼小脑-延脑横切的小脑部分组织切片图(×40)

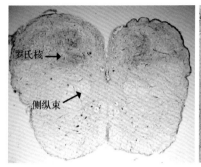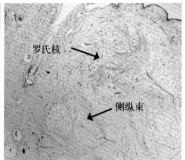

(a) 延脑横切的组织切片图(×40)　　　　　(b) 延脑组织切片图(×100)

图 8.18　鲤鱼延脑横切的组织切片图

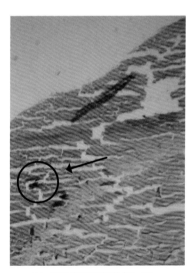

(a) 视盖有效刺激位点(×40)　　　　　(b) 侧纵束有效刺激点(×40)

图 8.19　鲤鱼中脑有效刺激位点标记

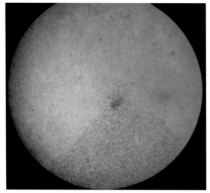

(a) 小脑横切(×40)

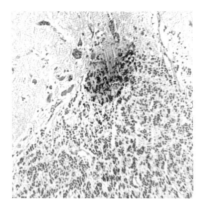

(b) 小脑横切(×100)

图 8.21　鲤鱼小脑有效刺激位点的标记

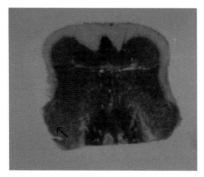

(a) 左摆尾刺激位点(箭头所指)

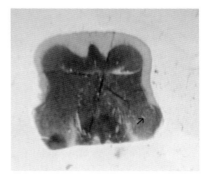

(b) 右摆尾刺激位点(箭头所指)

图 8.23　滂氨天蓝标记的鲤鱼摆尾的小脑刺激位点(×15)

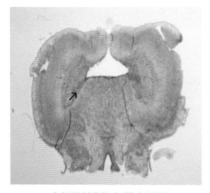

(a) 左摆尾刺激位点(箭头所指)

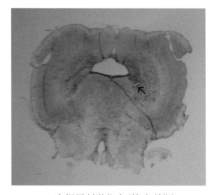

(b) 右摆尾刺激位点(箭头所指)

图 8.26　滂氨天蓝标记的鲤鱼摆尾的延脑迷叶刺激位点(×15)

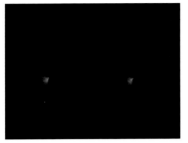

(a) 蓝光波长的趋光性

(b) 绿光波长的趋光性

(c) 黄光波长的趋光性

(d) 红光波长的趋光性

图 10.1　不同波长光下的鲤鱼趋光性实验视频截图

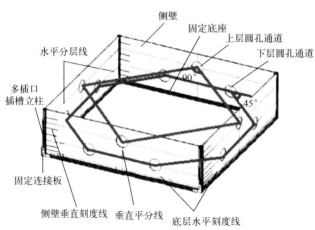

(a) 水迷宫示意图

(b) 水迷宫实物图

图 11.13　双层立体多通道水迷宫

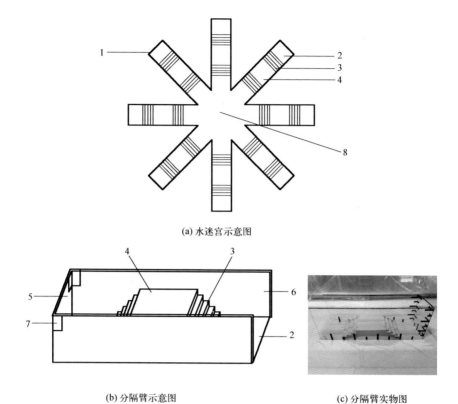

(a) 水迷宫示意图

(b) 分隔臂示意图

(c) 分隔臂实物图

图 11.14　组合式多臂水迷宫

1. 分隔臂；2. 台底；3. 台阶；4. 台面；5. 封口板；6. 侧板；7. 固定插槽；8. 中心空区